정원식물 생산기술

식재지침 및 **관리** 매뉴얼

정원식물 생산기술
식재지침 및 관리 매뉴얼

초판인쇄 | 2018년 8월 10일
초판발행 | 2018년 8월 17일

지 은 이 | 권영휴 · 김지은 · 김석진
펴 낸 이 | 고명흠
펴 낸 곳 | 푸른행복

출판등록 | 2010년 1월 22일 제312-2010-000007호
주   소 | 경기도 고양시 덕양구 통일로 140(동산동)
         삼송테크노밸리 B동 329호
전   화 | (02)3216-8401 / FAX (02)3216-8404
E-MAIL | munyei21@hanmail.net
홈페이지 | www.munyei.com

ISBN 979-11-5637-092-5(13520)

* 본 저서는 농촌진흥청 공동연구사업(과제번호 : PJ010190)의 지원을 받아 출판되었습니다.
* 이 도서의 국립중앙도서관 출판예정도서목록(CIP)은 서지정보유통지원시스템 홈페이지(http://seoji.nl.go.kr)와
  국가자료공동목록시스템(http://www.nl.go.kr/kolisnet)에서 이용하실 수 있습니다.
  (CIP제어번호: CIP2018022248)

정원식물 생산기술
식재지침 및 관리 매뉴얼

권영휴 · 김지은 · 김석진 共著

푸른행복

머리말

급속한 산업화 및 도시화에 따라 도시환경은 파괴되고 수질오염, 대기오염, 쓰레기문제, 소음공해 등 여러 가지 환경문제가 발생하고 있다. 이러한 문제들을 해결하기 위해 다양한 분야에서 여러 노력들이 나타나고 있다. 그중 도시의 미적환경 개선 및 생태계 복원을 위해 정원식물을 도입하여 녹지율을 높이고, 쾌적한 도시환경을 조성하고자 하는 노력이 각 분야에서 나타나고 있다. 주거단지 주변의 정원 조성, 도시내 생태공원 조성, 옥상과 벽면 등의 인공지반 녹화, 하천정비에 따른 수변녹지 조성 등이 그 예이다. 또한 고속도로를 비롯한 각종 도로의 개설로 인한 주변 훼손지를 복구하기 위해 친환경적인 경관조성이 시행되고 있다(산림청, 2007).

도시녹화 및 정원에 사용되는 식물재료에는 수목, 초본류, 지의류 등이 있다. 이 중에서 수목은 녹화공간과 경관 구성에 빼놓을 수 없는 주된 재료로서, 키가 큰 교목성 수목, 줄기와 가지가 뚜렷하지 않고 키가 작은 관목, 그리고 덩굴성 수목으로 구분된다(산림청, 2007). 교목과 관목, 덩굴류는 단기 임업 소득원으로 매우 중요하며, 2017년에 약 4,878만 본(6,043억 원)이 생산되어 다양한 녹지공간에 활용되었다.

조경에 이용되는 초본류는 건축법 제32조 제2항의 규정에 따른 건설교통부고시 제2000-159호(2000. 6. 20) 조경기준에 의하면 '옥잠화, 수선화, 백합 등 주로 꽃이 좋은 초본성 식물'이라는 포괄적인 범위로 정의된다. 이를 구체적으로 정리하자면 오래전부터 우리나라에 토착화된 자생종이나 외국에서 유래된 도입종 및 개량종, 그리고 산과 들, 하천변, 습지, 늪지,

호수 등에 생육하고 있는 선태류 및 지피류를 포함하여 꽃과 열매, 줄기 등이 조경 및 원예 가치가 있는 초본성 식물로 정의할 수 있다(산림청, 2007). 초본류 중 조경용으로 많이 활용되는 야생화의 경우 2017년에 3,726만 본(382억 원)이 생산되었다.

점차 커져가는 도시녹화 시장에서 녹화식물의 안정적인 공급이 이뤄지기 위해서는 적기에 대량으로 생산하고 관리할 수 있는 기술이 필요하고, 효율적인 유통과 현장적용을 위한 규격화 및 표준화가 필수적이다. 그러나 국내 도시녹화 및 정원용 식물은 생산기술 및 유통규격이 표준화되지 못해 산업의 확대가 곤란한 실정이다. 특히 농가에 실질적으로 적용 가능한 생산기술의 매뉴얼 부재로 종자처리와 파종, 육묘 등에 많은 시행착오가 따르고 있다. 이러한 생산기술의 부재는 생산단가를 높여 인건비 상승과 함께 농가의 수익감소 요인으로 작용한다.

이 책은 정원에 이용되는 주요 정원식물과 정원공간별 녹화에 적합한 식물의 선정, 정원식물의 수형과 식재 가이드라인, 정원식물의 유통수종과 규격 빈도분석, 국내외 정원식물의 품질기준, 교목, 관목, 초본류의 생산과 재배기술 등에 대한 농가의 기반기술 및 선진국가의 첨단기술 등을 전문가의 자문을 거쳐 통합·정리하였다. 이러한 모든 내용을 농가에서 또는 일반인들이 정원식물을 생산하고 관리하는 데 실제적으로 활용할 수 있기를 바란다.

대표저자 권영휴

CONTENTS

제7장 초본류 (주요 정원식물의 생태적 특성과 재배기술 및 이용사례)

제1장

정원식물의
개요와 종류

1. 정원식물의 의미

정원식물이란 정원에 이용되는 교목, 관목, 덩굴류, 초본을 말한다. 교목이란 관목과 구별하기 위한 명칭으로 목질인 곧은 줄기가 있고 줄기와 가지를 명확하게 구분할 수 있는 수목을 말한다. 라운키에르(Raunkiaer)는 수형식물(樹形植物, Phanerophyte)을 수고에 따라 교목형(30m 이상), 아교목형(8~30m), 소목형(2~8m) 및 관목형(2m 이하)으로 구분하였다. 수고별 교목의 구분은 학자에 따라 다르지만 일반적으로 4m 이상 자라는 것을 교목이라고 한다. 교목에는 주목, 전나무, 소나무, 자작나무, 느티나무, 회화나무 등이 있다.

관목은 교목에 비해 수고가 낮고, 줄기는 뿌리 가까이 또는 땅속에서 여러 갈래로 갈라지며 총생하는 것이 특징으로, 원줄기를 뚜렷이 구별하기가 어렵다. 일반적으로 관목은 가지의 폭이 넓게 자라며 보통 4m 이하로 자라는 수목을 말한다. 관목에는 꽝꽝나무, 회양목, 철쭉, 진달래, 개나리, 명자나무, 장미, 박태기나무, 작살나무, 화살나무, 조팝나무 등이 있다.

덩굴류는 잎이나 줄기 또는 가지가 덩굴 모양으로 변하여 생육하는 것을 말한다. 덩굴식물은 흡착근이나 덩굴손 등으로 벽면을 타고 올라가는 특성이 있다. 덩굴식물에는 능소화, 노박덩굴, 등나무, 인동, 포도나무, 담쟁이, 머루, 송악, 오미자나무, 멀꿀 등이 있다.

초본류는 한해살이, 두해살이, 여러해살이, 알뿌리식물 등으로 구분된다. 한해살이풀은 봄에 종자가 발아하여 꽃을 피우고 열매를 맺은 후 가을이 되면 고사하는 식물을 말한다. 두해살이풀은 종자가 발아한 당년에는 영양생장만 하고 이듬해에 꽃을 피우는 식물이다. 여러해살이풀은 뿌리가 여러 해 동안 생장하는 식물을 이른다. 알뿌리식물은 뿌리 또는 줄기의 일부가 알처럼 둥글게 커져 양분과 수분을 저장하는 여러해살이 식물이다. 한해살이 · 두해살이풀에는 봉선화, 꽃향유, 산괴불주머니, 조개나물 등이 있다. 여러해살이풀에는 복수초, 비비추, 옥잠화, 꽃창포, 금낭화, 노루오줌, 기린초, 원추리, 국화 등이 있다. 알뿌리식물에는 상사화, 말나리, 백합, 달리아, 칸나 등이 있다.

2. 주요 정원식물

정원에 이용되는 주요 정원식물은 전국 102개 사례지(공동주택, 공원, 기타)의 식물현황 및 전국 농가 자생식물 생산량의 빈도, 전문가 자문을 거쳐 다음과 같이 총 150종을 선정하였다.

1) 목본

(1) 상록교목 : 상록교목은 연중 푸른 잎을 유지하는 나무로, 줄기와 가지의 구별이 뚜렷하고 곧게 자라며 수고가 보통 4m 이상인 나무를 말한다. 주요 정원식물로 이용되는 상록교목은 다음과 같다.

동백나무, 먼나무, 소나무, 주목, 태산목

(2) 낙엽교목 : 낙엽교목은 가을이 되면 낙엽이 지는 나무로, 줄기와 가지의 구별이 뚜렷하고 곧게 자라며 수고가 보통 4m 이상인 나무를 말한다. 주요 정원식물로 이용되는 낙엽교목은 다음과 같다.

계수나무, 노각나무, 느티나무, 단풍나무, 마가목, 매실나무, 백목련, 산딸나무, 산사나무, 산수유나무, 살구나무, 상수리나무, 이팝나무, 자귀나무, 층층나무

(3) 상록관목 : 상록관목은 연중 푸른 잎을 유지하는 나무로, 교목보다 수고가 낮고 일반적으로 줄기는 뿌리 가까이에서 여러 개가 총생하는 특징이 있다. 주요 정원식물로 이용되는 상록관목은 다음과 같다.

금목서, 꽝꽝나무, 남천, 눈주목, 다정큼나무, 돈나무, 목서, 사철나무, 영산홍, 피라칸다, 회양목

(4) 낙엽관목 : 낙엽관목은 가을이 되면 낙엽이 지는 나무로, 교목보다 수고가 낮고 일반적으로 줄기는 뿌리 가까이에서 여러 개가 총생하는 특징이 있다. 주요 정원식물로 이용되는 낙엽관목은 다음과 같다.

개나리, 갯버들, 겹철쭉, 꽃댕강나무, 낙상홍, 덜꿩나무, 명자나무, 물싸리, 박태기나무, 병꽃나무, 보리수나무, 부용, 산수국, 산철쭉, 섬백리향, 수수꽃다리, 조팝나무, 좀작살나무, 쥐똥나무, 찔레나무, 키버들, 화살나무, 황매화, 흰말채나무

(5) 덩굴나무 : 잎이나 줄기, 가지가 덩굴 모양으로 변하여 자라는 것으로, 흡착근이나 덩굴손 등을 이용하여 벽에 부착되어 자라는 경우가 많다. 주요 정원식물로 이용되는 덩굴나무는 다음과 같다.

> 담쟁이, 마삭줄, 송악, 인동, 줄사철나무

2) 초본

(1) 한해살이풀 : 1년초라고도 하며 파종한 그해에 꽃이 핀 후 종자를 맺고 고사한다. 줄기가 연하고 줄기의 관다발에 있는 형성층이 1년 내에 기능이 정지되어 2차생장을 하지 않는다. 지상부뿐 아니라 지하부도 1년 내에 고사한다. 주요 정원식물로 이용되는 한해살이풀은 다음과 같다.

> 꽃향유, 왕골

(2) 여러해살이풀 : 종자에서 발아한 풀이 월동하여 여러 해 동안 개화·결실하는 것으로 다년초 또는 숙근초라고 한다. 지하부가 여러 해 이상 생존하며 일생 동안 몇 차례 이상 개화·결실한다. 주요 정원식물로 이용되는 여러해살이풀은 다음과 같다.

> 갈대, 감국, 개미취, 골풀, 구절초, 금낭화, 금불초, 기린초, 꼬리풀, 꽃무릇, 꽃창포, 꿀풀, 노랑꽃창포, 노루오줌, 눈개승마, 달뿌리풀, 도깨비고비, 돌나물, 돌단풍, 동의나물, 맥문동, 동자꽃, 두메부추, 둥근잎꿩의비름, 땅채송화, 띠, 마타리, 매발톱, 매자기, 물레나물, 물억새, 미나리, 바위취, 배초향, 벌개미취, 범부채, 부들, 부처꽃, 붉노랑상사화, 붓꽃, 비비추, 사사조릿대, 산국, 산부추, 석창포, 섬기린초, 섬초롱꽃, 수크령, 술패랭이꽃, 숫잔대, 쑥부쟁이, 애기기린초, 앵초, 옥잠화, 용담, 용머리, 우산나물, 원추리, 은방울꽃, 일월비비추, 제비동자꽃, 좀개미취, 좀비비추, 종지나물, 줄, 참나리, 참억새, 창포, 초롱꽃, 큰고랭이, 큰까치수염, 큰꿩의비름, 타래붓꽃, 태백기린초, 터리풀, 털머위, 털중나리, 톱풀, 패랭이꽃, 하늘매발톱, 할미꽃, 해국

(3) 수중식물 : 식물체의 일부 또는 전체가 물속에서 생육하는 식물을 말한다. 수중식물은 생육유형에 따라 고착형과 부표성 수중식물로 구분한다. 고착형 수중식물에는 정수식물, 부엽식물, 침수식물이 있다. 부표성 수중식물은 식물체의 대부분이 수면에 떠 있는 부유식물이다. 주요 정원식물로 이용되는 수중식물은 다음과 같다.

> 어리연꽃, 연꽃, 흑삼릉

3. 정원의 유형

1) 자연지반

하부에 인공구조물이 없는 자연 상태의 지층 그대로인 지반으로서 공기, 물, 샘물 등의 자연순환이 가능한 지반을 말한다. 자연지반 녹화의 예로 정원, 공원 등이 있다.

2) 인공지반

건축물의 옥상(지붕을 포함)이나 포장된 주차장, 지하구조물 등과 같이 인위적으로 구축된 건축물이나 구조물로서 식물생육이 부적합한 불투수층의 구조물 위에 자연지반과 유사하게 토양층을 형성한 지반을 말한다. 인공지반 녹화의 예로 옥상녹화, 벽면녹화 등이 있다.

(1) 옥상녹화 : 인공적인 구조물 위에 인위적인 지형, 지질의 토양층을 새로 형성하고, 식물의 식재를 통해 조경공간을 조성하는 것이다.

① 일반적인 분류

- 저관리 · 경량형 : 토심 20cm 이하로 주로 인공경량 토양을 사용하며, 지피식물 위주로 식재한다. 관수, 예초, 시비 등의 관리를 최소화하고, 구조적 제약이 있는 곳이나 유지 · 관리가 어려운 기존 건축물의 옥상 또는 지붕을 주로 활용한다.
- 관리 · 중량형 : 토심 20cm 이상, 주로 60~90cm 깊이에서 지피식물, 관목, 교목 등으로 구성된 다층구조로 식재한다. 관수, 시비, 전정 등의 관리가 필요하며, 구조적인 문제가 없는 곳을 활용한다.
- 혼합형 : 토심 30cm 내외에서 지피식물과 키가 작은 관목 위주로 식재하며, 저관리 또는 관리 · 중량형을 단순화한다.

② 유지 · 관리 방식에 따른 분류

- 관리 : 식생 및 시스템의 내구성에 대한 지속적이고 집약적인 관리가 가능한 경우로, 사람의 접근이 용이하고 공간의 이용이 전제된 경우에 채택하는 관리방식이다. 특히 관수관리는 시스템의 토심과 식재를 결정하는 데 중요한 변수로 작용하며, 일반적으로 교목을 식재하는 중량형의 경우에는 집약적인 관리가 필수적이다.
- 저관리 : 시스템의 유지 · 관리가 최소한으로 필요한 경우로, 사람의 접근이 어렵고 녹화공간의 이용을 전제로 하지 않는 경우에 채택하는 것이 바람직하다. 식물

의 생장과 시스템 유지·관리를 위해 최소한의 관수, 시비, 예초, 전정 등의 관리가 필요하다.

- 비관리 : 시스템의 내구성과 건물의 안전관리 외에 관수, 시비, 예초, 전정 등의 관리를 전혀 하지 않는 경우나, 식물이 자생할 수 있는 식재기반을 조성하고 자연적인 식생의 생장을 유도하는 특수한 경우에 해당한다.

③ 적용방식(면적)에 따른 분류

- 전면녹화 : 옥상이나 지붕 전체를 녹화하는 방식으로, 옥상녹화의 효과를 극대화할 수 있는 장점이 있다. 녹화의 효율성과 경제성을 고려할 때 부분녹화보다 전면녹화가 바람직하다.

- 부분녹화 : 옥상의 일부를 녹화하는 방식으로, 기존의 플랜트박스형이 대표적인 예이다. 적용대상 공간이 구조적인 한계가 있거나, 방수·배수 등의 문제로 전면녹화가 불가능한 경우에 적용하며, 경계부를 세심히 처리하고 소재 선택에 유의해야 한다.

④ 지붕경사에 따른 분류

- 평탄형 : 평지붕 또는 평탄한 옥상에 적용되는 시스템으로, 사람의 이용을 전제로 하는 경우에 바람직하다. 구조체의 배수구배 설정에 유의해야 하며, 옥상녹화의 다양한 유형에 적용할 수 있다.

- 경사형 : 경사지붕에 적용되는 시스템으로, 빗물이나 바람으로 인한 시스템의 붕괴나 토양유실을 방지할 수 있는 개발이 중요하다. 관리, 특히 관수대책을 최소화할 수 있도록 계획하고, 주로 저관리 또는 경량형 녹화 시스템을 적용한다.

(2) 벽면녹화 : 건축물이나 구조물의 벽면을 식물을 이용해 전면 또는 부분적으로 피복녹화하는 것이다.

① 녹화형태에 따른 분류

- 흡착등반형 녹화 : 녹화대상 건축물 또는 구조물 벽면의 표면에 흡착형의 덩굴식물을 이용하여 벽면을 흡착등반하게 하는 방법이다.

- 권만등반형 녹화 : 건축물 또는 구조물의 벽면에 네트나 울타리, 격자 등을 설치하고 덩굴을 감아올리는 방법이다.

- 하직형 녹화 : 건축물 또는 구조물 벽면의 옥상부나 베란다에 식재공간을 만들어

덩굴식물을 심고, 생장에 따라 덩굴을 밑으로 늘어뜨려 벽면을 녹화하는 방법이다.

- 컨테이너형 녹화 : 건축물 또는 구조물의 벽면에 덩굴식물을 식재한 컨테이너를 부착시켜 녹화하는 방법이다.

② **녹화수법에 따른 분류**

- 벽면에 기반을 설치하는 경우 : 일정한 크기의 패널 형상 배지기반을 만들어 식물을 식재하며, 양생기간이 경과한 후에 벽면에 플랜터를 설치하는 수법이다. 건축 또는 토목 구조물의 벽면에 직접 배토를 붙이고, 라스망 등의 지지재로 눌러서 미끄럼 등을 방지한 후 식물을 식재한다.
- 벽면이 기반이 되는 경우 : 포러스한 콘크리트를 직접 배지로 하고, 그곳에 식물을 식재하는 콘크리트형 수법이다.

③ **관리에 따른 분류**

- 경관대응형 : 식물 중에 꽃 등도 포함하며, 경관성의 배려가 필요한 벽면을 대상으로 하고 자동관수 · 시비장치가 딸린 시스템이 필요하다.
- 조방형 : 식물에 의해 덮여 있으며, 경관성을 그다지 배려하지 않아도 되는 벽면을 대상으로 하고 최저의 관리가 필요한 시스템이다.

4. 공간별 녹화를 위한 식물의 종류

1) 자연지반용 식물

(1) 교목·관목 : 자연지반에 이용되는 교목과 관목은 실용적 가치와 형태미가 뛰어나 관상가치가 높고, 식재지의 불량한 환경에 대한 적응력과 병충해에 대한 저항성이 강한 것이 좋다. 또한 이식이 용이한 것을 선택한다. 수형이 아름답고 유지 · 관리가 용이한 다음과 같은 나무들을 이용한다.

> 개나리, 계수나무, 남천, 눈주목, 느티나무, 단풍나무, 동백나무, 마가목, 매실나무, 먼나무, 백목련, 사철나무, 산딸나무, 산수국, 산수유, 산철쭉, 살구나무, 상수리나무, 소나무, 수수꽃다리, 영산홍, 이팝나무, 조팝나무, 주목, 층층나무, 태산목, 화살나무, 회양목 등

(2) 초본 : 자연지반에 이용되는 초본류는 주변환경과 조화될 수 있는 형태와 색상으로 꽃이 아름답고 유지 · 관리가 용이한 다음과 같은 초본들을 이용한다.

감국, 개미취, 구절초, 금낭화, 금불초, 기린초, 꽃창포, 노랑꽃창포, 노루오줌, 달뿌리풀, 돌나물, 동의나물, 땅채송화, 매발톱꽃, 매자기, 맥문동, 무늬둥굴레, 물싸리, 미나리, 바위취, 벌개미취, 부처꽃, 붓꽃, 비비추, 사사조릿대, 산국, 섬기린초, 섬백리향, 섬초롱꽃, 수크령, 쑥부쟁이, 옥잠화, 원추리, 일월비비추, 좀비비추, 참억새, 패랭이꽃 등

2) 인공지반의 옥상녹화용 식물

(1) 교목·관목 : 인공지반 옥상녹화에 이용되는 교목과 관목은 수형이 아름답고 단정한 나무로서 크게 자라지 않고 바람에 잘 견딜 수 있는 수종을 선택한다. 크게 자라지 않는 다음과 같은 나무들을 이용한다.

낙상홍, 단풍나무, 덩굴장미, 매화나무, 머루, 백목련, 백철쭉, 산딸나무, 산수국, 산수유, 소나무, 수수꽃다리, 자산홍, 조팝나무, 좀작살나무, 홍단풍, 화살나무, 황금조팝, 황매화, 회양목 등

(2) 초본 : 인공지반 옥상녹화에 이용되는 초본류는 형태와 꽃의 색상이 아름답고 유지관리가 용이한 초종을 선택해야 한다. 다음과 같은 초본들을 이용한다.

관중, 감국, 구절초, 기린초, 꽃범의고리, 꿀풀, 노랑원추리, 돌단풍, 두메부추, 리아트리스, 맥문동, 무늬둥굴레, 무늬옥잠화, 바위취, 범부채, 베르가모트, 상록패랭이, 서양톱풀, 섬백리향, 송악, 아주가, 애기솔, 애플민트, 초코민트, 층꽃, 큰꿩의비름, 털머위, 하늘매발톱 등

3) 인공지반의 벽면녹화용 식물

인공지반의 벽면녹화에 자생식물인 초본류를 이용할 수 있다. 자생식물은 꽃이 아름답고 유지·관리가 용이한 식물을 이용한다. 이를 위한 초본에는 다음과 같은 것들이 있다.

구절초, 금낭화, 금불초, 기린초, 까치수염, 꽃창포, 꿩의비름, 노랑꽃창포, 노랑붓꽃, 노랑어리연꽃, 노루오줌, 담쟁이, 도라지, 돌나물, 동자꽃, 두메부추, 둥근잎꿩의비름, 둥굴레, 땅채송화, 매미꽃, 매발톱, 맥문동, 머위, 무늬둥굴레, 물레나물, 바위취, 배초향, 백리향, 벌개미취, 범부채, 병꽃나무, 부들, 부처꽃, 붓꽃, 비비추, 산부추, 상록패랭이, 섬기린초, 섬초롱꽃, 세덤, 수련, 수크령, 쑥부쟁이, 아주가, 앵초, 엉겅퀴, 옥잠화, 용담, 원추리, 으아리, 은방울꽃, 인동, 제비꽃, 참나리, 창포, 큰꿩의비름, 톱풀, 패랭이꽃, 하늘매발톱, 할미꽃 등

제2장

주요 정원식물의
수형과 식재 지침

식재를 설계할 때에 주로 참고하는 자료는 국토해양부 승인 『조경설계기준』(한국조경학회, 2013), 『조경설계기준』(SH공사, 2010), 『설계지침(조경)』(한국토지주택공사, 2013) 등이 있다. 참고 자료에서 식재 지침이라 할 수 있는 식재간격, 식재밀도 등을 살펴보면, 특히 교목과 관목의 경우에 너비, 흉고직경 등을 기준으로 식재간격을 제시하고 있어 나무들이 다 자랐을 때 서로 겹치거나 포개지는 문제가 생길 수 있다. 이는 수형을 고려하지 않고 적용한 기준이기 때문이다. 따라서 제2장에서는 주요 정원식물 중 교목·관목 50종을 성상별·수형별로 분류한 뒤 평면도와 입면도의 식재 지침을 개발하여 제시하였으며, 초본류 100종은 『4대강 생태복원을 위한 자생식물 식재 가이드북』(농촌진흥청, 2009), 『지피식물도감』(숲길, 2011), 『설계지침(조경)』(한국토지주택공사, 2013) 등의 문헌자료를 통해 식재본수(㎡)를 조사하여 평면도 식재 지침을 제시하였다.

1. 정원식물의 형태별 분류

정원식물로 이용되는 나무들은 다음과 같이 9가지 형태로 나눌 수 있다.

〈표 2-1〉 정원수의 9가지 형태

구분	수형 및 식재 지침	종류	모양
구형	• 수관이 공 모양이다. • 수형이 둥그렇게 옆으로 퍼지는 경향이 있으므로 식재 간격을 띄어 성목이 되어도 수형이 유지되도록 해야 한다.	먼나무, 반송, 수국 등	
타원형	• 수관이 타원 모양이다. • 성목이 되어도 옆으로 퍼지기보다는 위로 크는 경향이 있으므로 식재 간격을 많이 띄우기보다는 적절한 간격을 유지하는 것이 좋다.	동백나무, 박태기나무, 치자나무, 태산목 등	
우산형	• 수형의 밑부분이 수평으로 잘린, 우산처럼 생긴 모양이다. • 수형이 우산형으로 퍼지는 경향이 있으므로 식재 간격을 띄어 성목이 되어도 수형이 유지되도록 해야 한다.	복숭아나무, 왕벚나무, 조형향나무, 편백, 화백 등	

구분	수형 및 식재 지침	종류	모양
부채형	• 수관의 윗부분이 수평 또는 곡선으로 된 모양이다. • 수형이 옆으로 퍼지는 경향이 있으므로 식재 간격을 적절히 띄어 성목이 되어도 수형이 유지되도록 해야 한다.	계수나무, 팽나무 등	
기둥형	• 기둥과 같이 긴 수관을 형성하는 것이 특징이다.	노간주나무, 포플러, 향나무 등	
원뿔형	• 수관의 형태가 뾰쪽한 것으로 긴 삼각형 모양이다. • 성목이 되어도 옆으로 퍼지기보다는 위로 크는 경향이 있으므로 식재 간격을 많이 띄우기보다는 적절한 간격을 유지하는 것이 좋다.	낙엽송, 삼나무, 전나무, 향나무 등	
원정형	• 곁가지가 잘 발달하여 옆으로 넓게 줄기와 가지가 형성되는 수형으로 가장 많은 형태이다. • 수형이 동그랗게 옆으로 퍼지는 경향이 있으므로 식재 간격을 적절히 띄어 성목이 되어도 수형이 유지되도록 해야 한다.	산딸나무, 산사나무, 살구나무, 상수리나무, 이팝나무 등	
포복형	• 줄기가 지표를 따라 생육하는 형태이다.	눈향나무, 섬향나무 등	
피복형	• 수관의 하단이 지표 가까이 닿아 자라는 형태이다.	눈주목, 산철쭉, 조릿대, 진달래 등	

2. 정원식물의 성상별 식재 지침

1) 상록교목류 식재 지침

(1) 구형 : 먼나무

수형이 동그랗게 옆으로 퍼지는 경향이 있으므로 식재 간격을 띄어 성
목이 되어도 수형이 유지되도록 해야 한다.

▲ 먼나무 식재 초기

▲ 먼나무 수형

▲ 먼나무 수형

(2) 타원형 : 동백나무, 태산목

성목이 되어도 옆으로 퍼지기보다는 위로 크는 경향이 있으므로 식재 간격을 많이 띄우기보다는 적절한 간격을 유지하는 것이 좋다.

식재 초기 모습	수형 완성 후 모습

▲ 동백나무　　　　　▲ 태산목

(3) 우산형 : 소나무

수형이 우산형으로 퍼지는 경향이 있으므로 식재 간격을 띄어 성목이 되어도 수형이 유지되도록 해야 한다.

식재 초기 모습	수형 완성 후 모습

▲ 소나무 식재 초기

▲ 소나무 수형

▲ 소나무 수형

(4) 원뿔형 : 주목

　성목이 되어도 옆으로 퍼지기보다는 위로 크는 경향이 있으므로 식재
간격을 많이 띄우기보다는 적절한 간격을 유지하는 것이 좋다.

식재 초기 모습	수형 완성 후 모습

▲ 주목 식재 초기　　　　▲ 주목 수형　　　　▲ 주목 수형

2) 낙엽교목류 식재 지침

(1) 구형 : 단풍나무, 매실나무

수형이 동그랗게 옆으로 퍼지는 경향이 있으므로 식재 간격을 띄어 성목이 되어도 수형이 유지되도록 해야 한다.

▲ 단풍나무   ▲ 매실나무

(2) 타원형 : 노각나무, 마가목, 백목련

성목이 되어도 옆으로 퍼지기보다는 위로 크는 경향이 있으므로 식재 간격을 많이 띄우기보다는 적절한 간격을 유지하는 것이 좋다.

식재 초기 모습	수형 완성 후 모습

▲ 백목련　　　　　　　▲ 마가목

(3) 우산형 : 느티나무, 산수유, 층층나무

수형이 옆으로 퍼지는 경향이 있으므로 식재 간격을 적절히 띄어 성목
이 되어도 수형이 유지되도록 해야 한다.

식재 초기 모습	수형 완성 후 모습

▲ 느티나무　　　　　　　▲ 층층나무

26

(4) 부채형 : 자귀나무

수형이 옆으로 퍼지는 경향이 있으므로 식재 간격을 적절히 띄어 성목
이 되어도 수형이 유지되도록 해야 한다.

식재 초기 모습	수형 완성 후 모습

▲ 자귀나무 수형　　　　　　　　　　▲ 자귀나무 수형

(5) 원뿔형 : 낙엽송, 삼나무, 전나무

성목이 되어도 옆으로 퍼지기보다는 위로 크는 경향이 있으므로 식재
간격을 많이 띄우기보다는 적절한 간격을 유지하는 것이 좋다.

식재 초기 모습	수형 완성 후 모습

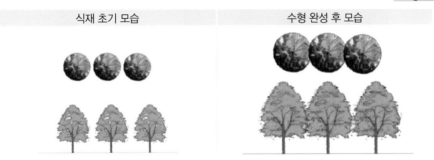

▲ 낙엽송

▲ 전나무

(6) 원정형 : 산딸나무, 산사나무, 살구나무, 상수리나무, 이팝나무
   수형이 동그랗게 옆으로 퍼지는 경향이 있으므로 식재 간격을 적절히
   띄어 성목이 되어도 수형이 유지되도록 해야 한다.

| 식재 초기 모습 | 수형 완성 후 모습 |

▲ 산딸나무   ▲ 살구나무

3) 관목류 식재 지침

관목의 수목 규격과 성장속도를 고려하여 아래 그림과 같은 간격으로 식재한다.

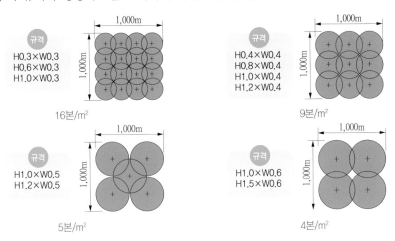

규격
H0.3×W0.3
H0.6×W0.3
H1.0×W0.3

16본/m²

규격
H0.4×W0.4
H0.8×W0.4
H1.0×W0.4
H1.2×W0.4

9본/m²

규격
H1.0×W0.5
H1.2×W0.5

5본/m²

규격
H1.0×W0.6
H1.5×W0.6

4본/m²

4) 초본류 식재 지침

초본류의 규격과 성장속도를 고려하여 아래 그림과 같은 간격으로 식재한다.
초본류 초종별 초장과 최적규격, 식재본수는 〈표 2-2〉와 같다.

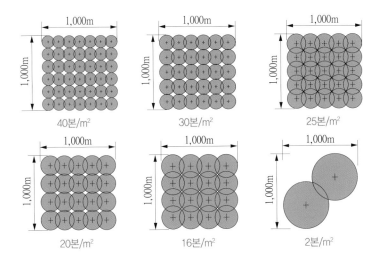

40본/m²

30본/m²

25본/m²

20본/m²

16본/m²

2본/m²

<表 2-2> 초본류 100종의 초장과 식재본수

구분	초본류	초장	최적규격	식재본수(m²)			비고
				최소	중간	최대	
대형	갈대	100~150cm	8cm 포트	30	36	49	
	갯버들	100~200cm	8cm 포트	2	4	5	
	참억새	100~200cm	8cm 포트	30	36	49	
	담쟁이	10m 이상	L=0.4m	2	4	8	
	물억새	100~150cm	8cm 포트	30	35	40	
	송악	5m 이상	10cm 포트	30	36	49	
	달뿌리풀	100~150cm	8cm 포트	30	36	49	
	줄사철나무	5m 이상	L=0.6m	~	4본/m	~	
	부들	100~150cm	8cm 포트	30	36	49	
	인동	5m 이상	2~3년, L=0.4m	~	4본/m	~	
	개미취	100~300cm	8cm 포트	36	40	60	
	마삭줄	5m 이상	L=0.4m	30	36	49	
	부용	200cm	8cm 포트	20	25	30	
	연꽃	60~150cm	10cm 포트	20	25	30	
	줄	80~150cm	8cm 포트	30	36	49	
	터리풀	100cm	8cm 포트	30	36	49	
	왕골	80~150cm	8cm 포트	20	25	30	전문가 자문
	찔레꽃	100~200cm	15cm 포트	2	4	8	전문가 자문
	키버들	200~300cm	8cm 포트	2	4	5	전문가 자문
	고랭이	90~180cm	8cm 포트	30	36	49	전문가 자문
중형	노랑꽃창포	50~80cm	2~3분얼	25	30	40	
	원추리	50~80cm	2~3분얼	20	25	30	
	꽃창포	50~100cm	2~3분얼	20	25	30	
	감국	50~80cm	8cm 포트	16	20	25	
	금불초	50~100cm	4치(12cm) 포트	30	36	49	
	산국	30~70cm	3치(9cm) 포트	30	36	49	
	매발톱꽃	40~70cm	8cm 포트	20	25	30	
	부처꽃	50~100cm	8cm 포트	20	25	30	
	매자기	80~100cm	8cm 포트	30	36	49	
	물싸리	30~150cm	10cm 포트	20	25	30	
	물레나물	50~80cm	8cm 포트	35	40	50	
	꼬리풀	50~80cm	6치(18cm) 포트	30	36	49	

구분	초본류	초장	최적규격	식재본수(㎡)			비고
				최소	중간	최대	
중형	동자꽃	50~70cm	8cm 포트	20	25	30	
	큰꿩의비름	40~60cm	8cm 포트	30	36	49	
	술패랭이	70cm	8cm 포트	30	36	49	
	초롱꽃	40~80cm	8cm 포트	25	30	40	
	하늘매발톱	50~100cm	8cm 포트	30	36	49	
	흑삼릉	70~100cm	8cm 포트	30	36	49	
	마타리	50~120cm	8cm 포트	30	36	49	
	창포	40~60cm	8cm 포트	25	30	40	
	털중나리	50~100cm	개화구	30	36	49	
	눈개승마	30~100cm	8cm 포트	30	36	49	
	숫잔대	30~100cm	8cm 포트	20	25	30	
	참나리	50~100cm	개화구	20	25	30	
	배초향	50~80cm	8cm 포트	20	25	30	
	큰까치수염	50~100cm	8cm 포트	30	36	49	
	좀개미취	60cm	8cm 포트	16	20	25	
소형	맥문동	20~30cm	3~5분얼	40	49	60	
	비비추	20~40cm	2~3분얼	20	25	30	
	붓꽃	30~40cm	10cm 포트	20	25	30	
	구절초	30~50cm	8cm 포트	20	25	30	
	벌개미취	30~60cm	8cm 포트	16	20	25	
	기린초	10~20cm	8cm 포트	30	36	49	
	옥잠화	25~50cm	2~3분얼	20	25	30	
	미나리	30cm	2~3분얼	36	40	60	
	수크령	30~60cm	8cm 포트	30	36	49	
	노루오줌	30~60cm	4치(12cm) 포트	30	36	49	
	섬기린초	10~20cm	3치(9cm) 포트	30	36	49	
	돌단풍	15~30cm	4치(12cm) 포트	20	25	30	
	섬초롱꽃	30~40cm	8cm 포트	16	20	25	
	쑥부쟁이	30~50cm	8cm 포트	20	25	30	
	바위취	10~20cm	3치(9cm) 포트	30	36	49	
	좀비비추	20~40cm	8cm 포트	30	36	49	
	금낭화	30~50cm	4치(12cm) 포트	25	30	40	
	패랭이꽃	20cm	8cm 포트	20	25	30	
	동의나물	15~30cm	4치(12cm) 포트	20	25	30	
	무늬둥굴레	20~30cm	10cm 포트	25	30	40	

구분	초본류	초장	최적규격	식재본수(㎡)			비고
				최소	중간	최대	
소형	섬백리향	20cm	8cm 포트	30	36	49	
	일월비비추	20~40	8cm 포트	25	30	40	
	땅채송화	5~10cm	3치(9cm) 포트	16	20	25	
	돌나물	5~10cm	3치(9cm) 포트	30	36	49	
	털머위	30~50cm	10cm 포트	25	30	40	
	해국	20~30cm	8cm 포트	20	25	30	
	범부채	30~60cm	8cm 포트	30	36	49	
	골풀	30~40cm	8cm 포트	30	36	49	
	꽃무릇	30~40cm	8cm 포트	20	25	30	
	산부추	20~40cm	8cm 포트	30	36	49	
	두메부추	20~30cm	8cm 포트	30	36	49	
	꽃향유	20~40cm	8cm 포트	36	40	60	
	둥근잎꿩의비름	20~30cm	8cm 포트	20	25	30	
	붉노랑상사화	30~60cm	10cm 포트	20	25	30	
	할미꽃	20~30cm	8cm 포트	36	40	60	
	톱풀	30~40cm	8cm 포트	20	25	30	
	꿀풀	30cm	8cm 포트	30	36	49	
	석창포	20~30cm	10cm 포트	30	36	49	
	우산나물	30~50cm	10cm 포트	20	25	30	
	띠	30~60cm	8cm 포트	30	36	49	
	앵초	10~15cm	10cm 포트	30	36	49	
	어리연꽃	5~10cm	2~3분얼	45	60	80	
	도깨비고비	20~40cm	15cm 포트	30	36	49	
	종지나물	5~20cm	10cm 포트	36	40	60	
	애기기린초	20cm	3치(9cm) 포트	30	36	49	
	용담	20~50cm	8cm 포트	36	40	60	
	용머리	20~30cm	8cm 포트	16	20	25	
	은방울꽃	10~20cm	8cm 포트	20	25	30	
	제비동자꽃	30~60cm	8cm 포트	30	36	49	
	태백기린초	20cm	8cm 포트	30	36	49	
	타래붓꽃	30~50cm	8cm 포트	20	25	30	
	사사조릿대	15~20cm	10cm 포트	20		30	전문가 자문
	분홍찔레	–	10cm 포트	2		8	전문가 자문

※ 출처: 지피식물도감(숲길, 2011), 설계지침(조경)(한국토지주택공사, 2013), 4대강 생태복원을 위한 자생식물 식재 가이드북(농촌진흥청, 2009), 한국화재식물도감(아카데미서적), 두산백과

제3장

주요 정원식물의
유통수종 규격 빈도분석

주요 정원식물의 수종별 유통규격을 파악하기 위해 전국 102개 사례지(공동주택, 공원, 기타)의 식재현황과 전국 농가 자생식물 생산량의 빈도분석, 그리고 전문가 자문 등을 통해 총 150종(상록교목 5종, 낙엽교목 15종, 상록관목 11종, 낙엽관목 19종, 초본류 100종)을 선정하여 규격별 빈도분석을 실시하였다. 교목 20종, 관목 30종의 경우 빈도순위 1, 2위를 유통 최적규격으로 제시하였으며, 초본류 100종은 빈도순위 1위를 유통 최적규격으로 최종 설정하였다. 다만, 빈도수가 3개 미만이거나 공동순위가 많은 경우는 정원식물 전문가의 자문을 통해 유통 최적규격을 결정하였다.

1. 상록교목 5종의 규격과 빈도분석 결과

1) 소나무

도심지 내 빌딩 공간, 주거단지 조경의 대표수종으로 이용되고 있다. 특히 고층건물과의 조화 등을 고려하여 대형수목의 이용이 많다. 수고 10m 내외의 수형이 아름다운 장송과 조형 소나무는 고가에 거래된다.

(1) 일반 소나무

규격	빈도	빈도 순위	규격	빈도	빈도 순위
H6.0×W3.0×R30	26	1	R60	1	19
H5.0×W2.5×R20	20	2	R55	1	19
H5.5×W2.5×R25	10	3	R50	1	19
H7.0×W3.5×R35	9	4	R45	1	19
H4.5×W2.0×R18	9	4	H15.0×W4.5×R40	1	19
H4.0×W2.0×R15	8	6	H8.0×R30	1	19
H4.5×W2.0×R20	6	7	H8.0×R25	1	19
H8.0×W4.0×R40	5	8	H7.0×R35	1	19
H4.0×W2.0×R25	5	8	H6.0×W2.5×R25	1	19
H9.0×R35	4	10	H6.0×R30	1	19
H10.0×R45	4	10	H5.5×W2.5×R20	1	19
H6.0×R50	2	12	H5.5×R25	1	19
H6.0×R40	2	12	H5.5	1	19
H4.0×W2.0×R20	2	12	H5.0×W2.5×R30	1	19
H3.5×W1.5×R12	2	12	H5.0	1	19
H3.0×W1.5×R10	2	12	H4.0×W1.8×R12	1	19
H3.0	2	12	H2.5	1	19
H10.0×W4.0×R30	2	12			

(2) 장송

규격	빈도	빈도 순위	규격	빈도	빈도 순위
H8.0×R30	13	1	H11.0×R40	2	10
H9.0×R40	9	2	H10.0×R55	2	10
H9.0×R35	9	2	H12.0×R45	1	14
H10.0×R45	9	2	H9.0×R40	1	14
H10.0×R50	8	5	H9.0×R35	1	14
H8.0×R25	4	6	H8.0×R30	1	14
H10.0×R60	4	6	H5.0×W2.5×R20	1	14
H10.0×R35	4	6	H4.0×W2.0×R25	1	14
H10.0×R40	3	9	R60	1	14
H9.0×R30	2	10	R50	1	14
H3.0×R35	2	10			

(3) 조형 소나무

규격	빈도	빈도 순위	규격	빈도	빈도 순위
H5.0×W2.5×R30	15	1	R36–40	1	15
H4.5×W2.0×R25	13	2	R35	1	15
H4.0×W1.8×R20	9	3	H9.0×R40	1	15
H3.5×W1.5×R15	5	4	H7.0×R20	1	15
H8.0×R30	4	5	H6.5×W3.0×R35	1	15
H3.0×W1.5×R12	3	6	H6.0×W3.0×R35	1	15
R50	2	7	H5.5×W3.0×R35	1	15
R46~50	2	7	H5.5×W2.0×R25	1	15
R45	2	7	H5.0×W5.0×R35	1	15
R40	2	7	H5.0×R35	1	15
R31~35	2	7	H5.0×R20	1	15
H6.0×W2.5×R30	2	7	H5.0×R15	1	15
H3.5×W1.5×R18	2	7	H4.0×R25	1	15
H2.5×W1.2×R10	2	7	H4.0×R15	1	15
R8–10	1	15	H10.0×R50	1	15
R55	1	15			

(4) 둥근형 소나무

규격	빈도	빈도 순위	규격	빈도	빈도 순위
H1.2×W1.5	6	1	H1.5×W2.0	3	3
H1.5×W1.8	5	2	H2.0×W2.5	1	5
H1.0×W1.2	3	3			

(5) 특수형 소나무

규격	빈도	빈도 순위		규격	빈도	빈도 순위
R80	1	1		R40	1	1
R70	1	1		R30	1	1
R65	1	1		R25	1	1
R60	1	1		R40	1	1
R50	1	1				

2) 주목

천년을 넘게 오랫동안 살아가기도 하지만, 목재로 사용하면 잘 썩지 않는다. 붉은색 수피와 진한 녹색 잎의 부드러운 질감, 가을에 붉게 익는 열매가 어우러져 관상가치가 높다. 주택 정원과 공원 등에 독립수로 이용되고, 전정에 강해 산울타리용으로도 적합하다. 수고 2.5m 전후의 규격이 많이 이용된다.

규격	빈도	빈도 순위
H3.0×W2.0	29	1
H2.5×W1.5	28	2
H2.0×W1.0	12	3
H3.5×R15	3	4
H1.5×W0.8	3	4
H4.0×W3.0	2	6
H3.5×W2.5	1	7

3) 동백나무

우리나라에서는 겨울에 꽃을 피운다 하여 동백, 뜰동백나무라 불렀다. 꽃잎이 납작하게 활짝 퍼지는 것을 뜰동백(*Camellia japonica* var. *hortensis* Makino)이라고 부르고, 흰 꽃이 피는 것을 흰동백(*Camellia japonica* for. *albipetala* H. D. chang)이라 한다. 동서양의 정원 어느 곳이나 잘 어울리며 단독이나 군식, 산울타리용으로 모두 적합하다. 수고 2m 내외의 규격이 가장 많이 이용된다.

규격	빈도	빈도 순위
H2.0×W1.0	13	1
H2.5×W1.2×R8	3	2
H3.5×W1.5×R12	2	3
H3.0×W1.5×R10	2	3
H4.0×R20	1	5
H2.5×W1.5	1	5
H1.8×W0.8	1	5
H1.2×W0.6	1	5
H1.0×W0.2	1	5

4) 먼나무

겨울에도 싱싱한 푸른 잎과 풍성하게 달리는 붉은 열매가 아름다워 남부지방의 조경수로 많이 이용된다. 열매가 10월부터 이듬해 2월까지 달려 있어 겨우내 새의 먹이가 된다. 내조성과 내공해성이 강하다. 우리나라 남해안과 섬지역의 정원수, 공원수, 가로수로 적합하다. 수고 3.5m 내외의 규격이 많이 이용된다.

규격	빈도	빈도 순위
H4.0×R15	3	1
H3.5×R12	3	1
H4.5×R25	1	3
H4.5×R20	1	3
H3.0×R12	1	3
H2.5×R6	1	3

5) 태산목

우리나라 목련류 중 유일한 상록활엽교목으로 남부지방에서만 생육이 가능하다. 크고 흰 꽃이 가지 끝에 피는데 녹색 잎과 어우러져 매우 아름답다. 웅장한 나무의 특성을 살려 서양식 정원이나 공원의 녹음수, 또는 독립수로 이용된다. 수고 2.5m 내외의 규격이 많이 이용된다.

규격	빈도	빈도 순위
H2.5×W1.2	5	1
H8.0	1	2

2. 낙엽교목 15종의 규격과 빈도분석 결과

1) 느티나무

우리나라 조경수의 대표적인 수종이라고 할 정도로 많이 이용되고 있다. 느티나무는 시원한 그늘을 만드는 데 적합하고 수형과 수피, 단풍이 아름다워 도심지의 가로수, 공원, 아파트 등 대단위 조경용으로 적합하다. 근원직경 12~13cm의 규격이 많이 이용된다.

규격	빈도	빈도 순위	규격	빈도	빈도 순위
H5.0×R30	36	1	H5.0×R20	2	12
H4.0×R15	35	2	H4.5×R30	2	12
H4.5×R20	34	3	H4.0×R18	2	12
H6.0×R40	25	4	H8.0×R50	1	17
H4.0×R12	14	5	H8.0×R45	1	17
H4.0×R20	8	6	H8.0×R40	1	17
H7.0×R50	5	7	H7.0×R60	1	17
H4.5×R25	5	7	H6.0×R35	1	17
H4.5×R15	4	9	H6.0×R30	1	17
H4.5×B25	3	10	H6.0×R25	1	17
H3.5×R10	3	10	H5.5×R30	1	17
R80	2	12	H5.0×R35	1	17
H5.0×R25	2	12	H3.5×R12	1	17

2) 단풍나무

약방의 감초처럼 주거단지, 공원, 가로 등 어느 공간에서나 녹음수 또는 경관수로 활용되는 수목이다. 단목으로 식재해도 좋고 군식, 요점식재, 경계식재 등에도 적합하다. 좋은 수형의 단풍나무는 리조트, 골프장 등의 진입도로 가로수로 식재하면 아름다운 가로수 길을 조성할 수 있다. 근원직경 8~20cm의 규격이 많이 이용된다.

규격	빈도	빈도 순위	규격	빈도	빈도 순위
H3.0×R10	36	1	R30	4	11
H2.5×R8	28	2	H5.0×R30	2	12
H3.5×R15	26	3	H4.0×R25	2	12
H3.5×R12	18	4	H3.5×R30	2	12
H4.5×R20	11	5	H3.5×R18	2	12
H2.0×R6	7	6	R20	1	16
H4.0×R20	7	6	H6.0×R40	1	16
H4.5×R30	5	8	H4.5×R25	1	16
H4.0×R15	5	8	H4.0×R30	1	16
H3.5×R20	5	8	H4.0×R12	1	16

3) 산수유

이른 봄 화사한 노란색 꽃들이 20~30개씩 모여서 한 다발로 피어나 나무를 온통 뒤덮고 있는 모습이 아름답다. 가을철 붉은 열매와 붉은색 단풍 또한 아름다운 경관을 만든다는 점에서 가치가 있다. 전원적인 멋을 가지고 있어 전통조경에 어울리는 나무다. 정원에 한 그루를 단식하거나 또는 몇 그루씩 군식해도 좋다. 공동 주거단지의 담장시설 옆에 울타리용으로 식재하면 구조물을 차폐할 수도 있고 주변경관도 향상시킬 수 있다. 근원직경 6~10cm의 규격이 많이 이용된다.

규격	빈도	빈도 순위	규격	빈도	빈도 순위
H2.5×W1.5×R8	33	1	R8	1	11
H3.0×W1.5×R10	16	2	H6.0×R40	1	11
H2.5×W1.2×R6	13	3	H3.5×W2.0×R12	1	11
H2.5×R8	12	4	H3.5×W1.8×R15	1	11
H3.0×R8	4	5	H3.0×W1.5×R12	1	11
H3.0×R10	3	6	H3.0×R15	1	11
H2.0×W0.9×R5	3	6	H3.0×R12	1	11
R30	2	8	H2.5×W1.2×R7	1	11
R25	2	8	H2.5×R7	1	11
H2.6×R6	2	8	H2.5×R6	1	11
R40	1	11	H2.0×R5	1	11

4) 이팝나무

5~6월 화려하게 피는 꽃과 도심지 조경에 어울리는 수형으로, 최근 가장 인기 있는 수종 중의 하나이다. 도심지 내 가로수, 공원의 녹음용수로 많이 이용된다. 이팝나무는 추위에도 강하지만 중부 이남에서 잘 자란다. 공해와 염해에도 강하다. 근원직경 10~15cm의 규격이 많이 이용된다.

규격	빈도	빈도 순위
H4.0×R15	27	1
H3.5×R12	20	2
H3.5×R10	20	2
H3.0×R8	13	4
H4.0×R18	3	5
H2.5×R6	2	6
H4.0×R20	1	7
H3.0×R7	1	7

5) 산딸나무

하얀 꽃과 빨간 열매, 붉은 단풍 등 계절마다 아름다움을 주는 조경수로 주거단지, 공원, 학교 등에 한 그루 또는 무리를 지어 심어도 좋다. 가로수로 식재하면 계절감을 일깨워줄 수 있는 수종이다. 또한 열매가 산사나무, 팥배나무 열매 등과 함께 새들의 먹이가 되는 식이식물(食餌植物)로, 생태공원 등에 많이 활용되고 있다. 근원직경 8~12cm의 규격이 많이 이용된다.

규격	빈도	빈도 순위	규격	빈도	빈도 순위
H3.0×R8	31	1	R25	1	7
H3.0×R10	19	2	H4.0×R20	1	7
H3.5×R12	13	3	H4.0×R12	1	7
H3.5×R10	6	4	H3.5×R15	1	7
H2.5×R6	3	5	H2.0×R5	1	7
H2.5×R7	2	6			

6) 살구나무

4월에 잎보다 먼저 피는 연분홍색 꽃이 화사한 아름다움을 준다. 여름철에 익는 황적색 열매는 관상가치도 있을 뿐 아니라 식용으로도 이용된다. 정원의 경관수 및 유실수로 식재하거나, 넓은 공원에 군식하여 꽃과 열매를 감상할 수 있다. 병의 치유와 관련된 나무의 상징성을 고려하면 병원의 가로수, 정원수로도 적합하다. 우리 고유의 향토수종으로 전통조경에도 잘 어울린다. 수고는 5m까지 자라며, 근원직경 8~12cm의 규격이 많이 이용된다.

규격	빈도	빈도 순위
H3.5×R10	23	1
H3.0×R8	17	2
H4.0×R15	12	3
H4.0×R12	6	4
H2.5×R6	2	5
H5.0×R30	1	6
H4.0×R20	1	6

7) 백목련

생장이 빠르고 수형과 꽃이 크기 때문에 공원이나 정원의 독립수로 식재해도 좋다. 은근하고 기품이 있는 한국 정원과 잘 어울린다. 내한성이 강하여 우리나라 어디에나 심을 수 있고, 품종과 색상이 다양하며 진한 향기 또한 매력적이다. 근원직경 10~20cm의 규격이 많이 이용된다.

규격	빈도	빈도 순위	규격	빈도	빈도 순위
H3.0×R10	13	1	H3.0×R8	2	7
H3.5×R15	11	2	R30	1	9
H2.5×R8	10	3	H4.0×R25	1	9
H4.0×R20	8	4	H4.0×R15	1	9
H3.5×R12	6	5	H2.5×R6	1	9
H4.0×R10	4	6	H2.0×R6	1	9
H4.5×R30	2	7			

8) 매실나무

장미과에 속하는 낙엽활엽소교목으로 예로부터 우리나라 정원에 꼭 한 그루씩은 심어서 감상하던 나무이다. 정원이나 공원에 단식하거나 여러 그루를 군식할 수도 있다. 수형이 똑바르지 않고 굴곡이 많아 동양식 정원에 잘 어울린다. 매실나무의 관상가치는 봄에 일찍 꽃이 피는 데 있으므로 식재설계를 할 때는 목련, 살구, 복숭아, 동백 등과 같이 개화시기가 비슷한 다른 꽃나무의 배치를 고려한다. 근원직경 8~12cm의 규격이 많이 이용된다.

규격	빈도	빈도 순위
H3.5×R10	23	1
H3.0×R8	17	2
H4.0×R15	12	3
H4.0×R12	6	4
H2.5×R6	2	5
H5.0×R30	1	6
H4.0×R20	1	6

9) 마가목

최근 공원수나 가로수 등 관상용으로 많이 심고 있는데, 가을에 찬바람이 불 때쯤이면 빨간색으로 나무 전체를 뒤덮는 열매가 매우 인상적이다. 또한 늦봄에 피는 하얀 꽃은 향기와 꿀이 많아 벌과 나비를 불러들이고, 늦가을의 붉은 열매는 먹이를 찾는 새들을 유인해 생태조경을 추구하는 공원과 가로, 주거단지 등에 많이 활용된다. 녹음수, 독립수, 군식 등에 모두 적합하며, 중심목으로도 사용 가능하다. 근원직경 8~10cm의 규격이 많이 이용된다.

규격	빈도	빈도 순위
H3.5×R10	12	1
H3.0×R8	11	2
H2.5×R6	3	3
R20	1	4
H3.5×R12	1	4
H2.5×R5	1	4

10) 상수리나무

참나무류인 상수리나무는 봄의 신록과 여름의 그늘, 가을의 갈색 단풍이 아름다워 최근 조경수로 많이 이용된다. 전국 어느 곳에서나 생육이 가능하다. 열매가 야생동물의 먹이가 되므로 생태조경용 수목으로 사용할 수 있다. 크게 자라는 특성이 있으므로 단독주택의 정원수보다는 공동주택의 정원, 학교, 공원, 가로수 조경에 적합하다. 근원직경 8~15cm의 규격이 많이 이용된다.

규격	빈도	빈도 순위
H4.0×R15	10	1
H4.0×B12	5	2
H3.5×R10	4	3
H3.0×R8	4	3
R8	1	5
R10	1	5
H5.0×R20	1	5
H3.0×R6	1	5
H2.0×R4	1	5

11) 계수나무

초봄에 잎이 나오기 전에 붉은빛이 도는 꽃이 구름처럼 피어난다. 심장형의 잎, 가을에 노란색이나 붉은색으로 물드는 단풍이 아름다운 계수나무는 공원과 정원의 경관수, 독립수 등으로 이용된다. 내공해성과 내염성이 강해 해안가 가로수로도 적당하다. 여름철 수관의 질감이 아름답고 단정하여 인기가 높다. 근원직경 8~15cm의 규격이 많이 이용된다.

규격	빈도	빈도 순위
H4.5×R15	10	1
H4.0×R10	5	2
H4.0×R12	3	3
H3.5×R8	3	3
R40	1	5
H6.0×R30	1	5
H5.5×R25	1	5
H5.0×R15	1	5

12) 층층나무

정원수, 공원수, 가로수로 이용하기 좋은 우리 나무다. 초여름에 일시적으로 개화하는 꽃도 좋고, 줄기의 배열이 질서정연한 나무의 모양도 특별하다. 가을에 달리는 열매들은 새를 불러들인다. 아기자기한 작은 정원은 어울리지 않지만 생태공원 등의 조류유인목이나 풍치수로 쓰기에 적합하다. 그리고 층을 이뤄 뻗어나간 줄기 탓에 나무 그늘이 다른 어느 나무보다도 짙고 시원해서 녹음식재용으로 좋다. 독립수나 군식 모두 사용이 가능하다. 근원직경 8~15cm의 규격이 많이 이용된다.

규격	빈도	빈도 순위	규격	빈도	빈도 순위
H3.5×R10	5	1	H3.5×R20	2	6
H3.5×R8	3	2	R30	1	7
H3.5×R15	3	2	H4.0×R15	1	7
H3.0×R8	3	2	H4.0×R12	1	7
H3.0×R6	3	2			

13) 자귀나무

꽃이 아름답고 화려하여 많은 사람들의 사랑을 받고 있다. 정원에는 한 그루 단식하는 것이 좋고 공원, 도로, 골프장 등에 식재할 때는 군식하는 것이 좋다. 공해에는 약하나 맹아력이 좋고 척박한 토양에서 잘 자라기 때문에 도로변이나 절개지의 사방용으로 적당하다. 수관폭이 넓게 자라는 나무이므로 식재간격을 고려하여 배식한다. 넓게 뻗은 가지는 여름철에 시원한 그늘을 제공해주어 녹음수로도 가치가 있다. 근원직경 8~10cm의 규격이 많이 이용된다.

규격	빈도	빈도 순위
H3.0×R8	7	1
H3.0×R10	6	2
H2.5×R6	2	3
H8.0	1	4
H4.0×R20	1	4

14) 산사나무

더운 지방보다는 표고가 높은 서늘한 기후에서 꽃의 색깔이 아름답고 결실이 잘된다. 정원수로 단식해도 좋다. 공동 주거단지, 공원 등의 강조식재나 차폐식재용으로 군식하기에 적합하다. 열매가 많아 새들의 먹이가 될 수 있는 식이수종으로 생태조경에 이용 가능하다. 산울타리용으로도 적합하다. 가로수로 사용할 때는 줄기에 가시가 있어 주의를 요한다. 근원직경 8~10cm의 규격이 많이 이용된다.

규격	빈도	빈도 순위
H3.0×R10	3	1
H3.5×R12	2	2
H3.0×R8	2	2
H2.5×R6	2	2

15) 노각나무

동백꽃을 닮은 순백색의 꽃과 배롱나무 같은 담홍색 수피가 매우 아름답다. 정원수, 공원수로 적합하다. 내음성과 내공해성이 강해 가로수로도 적합하며, 특이한 수피와 아름다운 꽃으로 독특한 경관을 연출할 수 있다. 근원직경 10~12cm의 규격이 많이 이용된다.

규격	빈도	빈도 순위
H3.0×R10	3	1
H3.5×R12	2	2
H3.5×R10	1	3

3. 상록관목 11종의 규격과 빈도분석 결과

1) 회양목

양지와 음지 모두에서 잘 자라고 바닷가에서도 잘 견디며 맹아력도 강하여 산울타리용으로 쓰인다. 수고 0.3m의 규격이 많이 이용된다.

규격	빈도	빈도 순위
H0.3×W0.3	84	1
H0.4×W0.5	5	2
H0.8×W1.0	1	3
H0.4×W0.4	1	3

2) 사철나무

정원이나 공원 등에 정형으로 전정하여 독립수로 식재하거나 또는 차폐용 산울타리로 심어도 아름답다. 방풍용으로 심기도 하고 내염성이 강해 해변가의 정원수로도 좋다. 공기오염에도 강하므로 도심지나 공장지대, 도로변 등의 울타리에도 알맞다. 수고 1.0~1.2m의 규격이 많이 이용된다.

규격	빈도	빈도 순위
H1.2×W0.4	30	1
H1.0×W0.3	18	2
H1.5×W0.6	1	3

3) 눈주목

상록침엽관목으로 줄기가 옆으로 기며 자란다. 정원에 장식용으로 활용된다. 수고 0.3~0.4m의 규격이 많이 이용된다.

규격	빈도	빈도 순위
H0.4×W0.4	23	1
H0.3×W0.3	16	2

4) 남천

상록활엽관목으로 높이는 3m까지 자라고 밑에서 많은 줄기가 갈라져 포기를 형성한다. 겨울에 달리는 빨간 열매가 아름답다. 주택 정원에 단식 또는 군식한다. 산울타리용으로도 적합하다. 수고 0.8~1.2m의 규격이 많이 이용된다.

규격	빈도	빈도 순위
H1.0×3가지	14	1
H1.2×5지	3	2
H0.8×2가지	3	2
H1.2	1	4

5) 영산홍

진달래과에 속하는 상록 또는 반상록활엽관목이다. 일본에서 육성한 많은 철쭉류 원예품종을 모두 영산홍이라 한다. 꽃색은 붉은색, 흰색, 분홍색, 진분홍색 등 다양하다. 영산홍의 종류에는 사즈끼철쭉, 기리시마철쭉, 히라도철쭉 등이 있다. 정원에 군식하여 활용된다. 수고 0.3m의 규격이 많이 이용된다.

규격	빈도	빈도 순위
H0.3×W0.3	9	1
H0.3×W0.4	6	2

6) 피라칸다

장미과에 속하는 상록관목으로 원산지는 중국이다. 높이는 1~2m로 가지가 많고 가지마다 조그만 가지가 가시처럼 난다. 상록활엽수이지만 내한성이 있어 충남 이남에서 생육이 가능하다. 겨울철에도 가지에 붉은 열매가 많이 달려 있어 관상가치가 높다. 수고 1.0~1.2m의 규격이 많이 이용된다.

규격	빈도	빈도 순위
H1.2×W0.4	6	1
H1.0×W0.3	6	1

7) 목서

물푸레나무과에 속하는 목서는 꽃의 색깔이 은빛이 난다 하여 은목서[銀桂]라고도 한다. 반면 금목서는 금색 꽃이 피고 껍질이 금빛을 띤다. 상록활엽소교목으로 정원에 단식하는 경우가 많다. 수고 1.5~2.0m의 규격이 많이 이용된다.

규격	빈도	빈도 순위
H1.5×W0.6	7	1
H2.0×W1.0	4	2

8) 다정큼나무

장미과에 속하는 상록활엽관목으로 꽃이 작지만 높이는 약 3m까지 자란다. 줄기가 곧으며
가지는 돌려난다. 정원에 단식하거나 군식한다. 수고 0.8~1.5m의 규격이 많이 이용된다.

규격	빈도	빈도 순위
H1.0×W0.6	3	1
H1.5×W1.0	1	2
H0.8×W0.5	1	2

9) 돈나무

돈나무과에 속하는 상록활엽관목으로 높이는 2~3m까지 자란다. 수고 1.2m 내외의 규격
이 많이 이용된다.

규격	빈도	빈도 순위
H1.2×W1.0	2	1
H2.0×W1.5	1	2
H0.6×W0.5	1	2
H0.5×W0.4	1	2

10) 금목서

물푸레나무과에 속하는 금목서는 금색 꽃이 피고 껍질이 금빛을 띤다. 상록활엽소교목으로 정원에 단식하는 경우가 많다. 수고 1.5~2.5m의 규격이 많이 이용된다.

규격	빈도	빈도 순위
H1.5×W0.6	3	1
H2.5×W1.2	1	2

11) 꽝꽝나무

감탕나무과에 속하는 상록활엽관목으로 높이는 약 3m까지 자란다. 정원에 단식하거나 산울타리용으로 쓰인다. 수고 0.3m의 규격이 많이 이용된다.

규격	빈도	빈도 순위
H0.3×W0.4	4	1

4. 낙엽관목 19종의 규격과 빈도분석 결과

1) 산철쭉

진달래과에 속하는 낙엽활엽관목으로 개꽃나무로도 불리며 한국이나 일본에 분포한다. 정원
에 군식하면 아름답다. 수고 0.3~0.4m의 규격이 많이 이용된다.

규격	빈도	빈도 순위
H0.3×W0.3	42	1
H0.4×W0.4	18	2
H0.3×W0.4	18	2

2) 자산홍

진달래과에 속하는 상록 또는 반상록활엽관목이다. 일본에서 육성한 많은 철쭉류 원예품종
을 모두 영산홍이라 하는데, 그중 꽃색이 진분홍색으로 피는 것을 자산홍이라 부른다. 정원
에 군식하면 아름답다. 수고 0.3~0.4m의 규격이 많이 이용된다.

규격	빈도	빈도 순위
H0.4×W0.4	43	1
H0.3×W0.3	24	2

3) 수수꽃다리

물푸레나무과에 속하고 개똥나무, 넓은잎정향나무라고도 불린다. 수수꽃다리는 우리나라에서 자생하는 나무로 평안도와 황해도에서 생육한다. 정원, 공원 등에 단식하거나 군식한다. 수고 1.0~2.5m의 규격이 많이 이용된다.

규격	빈도	빈도 순위
H1.5×W0.6	23	1
H1.2×W0.5	15	2
H2.0×W1.0	8	3
H1.0×W0.2	8	3
H2.5×W1.5	4	5
H2.5×R6	1	6
H2.0×W1.5×R6	1	6
H1.8×W0.8	1	6
H1.5×W0.8	1	6
H1.2×W0.3	1	6

4) 조팝나무

장미과에 속하는 낙엽활엽관목이다. 조팝나무에는 여러 종류가 있는데, 꽃이 겹꽃인 겹조팝나무와 꽃이 우산 형태로 달려 마치 공처럼 둥글게 보이는 공조팝나무, 6~8월에 분홍색 꽃이 아름답게 피는 꼬리조팝나무가 있다. 정원, 공원, 고속도로 비탈면 등에 군식하면 아름답다. 수고 0.6~1.0m의 규격이 많이 이용된다.

규격	빈도	빈도 순위
H0.6×W0.3	21	1
H1.0×W0.5	17	2
H0.8×W0.4	17	2
H0.5×W0.6	5	4
H1.2×W0.6	1	5
H0.8×W0.3	1	5
H0.3×W0.4	1	5

5) 화살나무

노박덩굴과에 속하는 낙엽활엽관목으로 높이는 약 3m까지 자라며 지상부에 많은 줄기와 가지가 나와 자란다. 정원, 공원 등의 산울타리용으로 적합하다. 수고 0.6~1.2m의 규격이 많이 이용된다.

규격	빈도	빈도 순위
H1.0×W0.6	16	1
H0.8×W0.4	9	2
H0.6×W0.3	8	3
H1.2×W0.8	4	4
H1.5×W1.2	2	5
H2.0×W1.5	1	6
H2.0	1	6
H1.5×W1.0	1	6
H1.4×W1.0	1	6
H1.0×W0.4	1	6
H0.6×W0.4	1	6

6) 낙상홍

감탕나무과에 속하는 낙엽활엽관목으로서 원산지는 일본이며, 우리나라 전국에 식재 가능하다. 높이는 2~3m로 자라며 수피는 회갈색이다. 겨울에 흰 눈을 배경으로 하는 붉은 열매가 아름다워 정원이나 공원에 많이 식재하는 수종이다. 정원에 단식하거나 산울타리용으로 식재하면 아름답다. 수고 1.0~2.0m의 규격이 많이 이용된다.

규격	빈도	빈도 순위
H1.0×W0.4	19	1
H1.5×W0.6	14	2
H2.0×W1.0	5	3
H1.8×W0.8	2	4
H0.5×W0.6	1	5

7) 개나리

물푸레나무과에 속하는 낙엽활엽관목으로 높이 2~5m까지 자라고 가지가 늘어진다. 비탈면 녹화, 산울타리용으로 적합하다. 열식하거나 군식한다. 수고 1.0~1.2m의 규격이 많이 이용된다.

규격	빈도	빈도 순위
H1.0×3가지	15	1
H1.2×5가지	11	2
H1.0×3가지	9	3
H1.2×7가지	1	4
H1.0×W0.3	1	4
H0.3×3가지	1	4

8) 흰말채나무

층층나무과에 속하는 낙엽활엽교목으로 높이는 약 3m까지 자란다. 정원에 군식하면 아름답다. 수고 1.0~1.2m의 규격이 많이 이용된다.

규격	빈도	빈도 순위
H1.2×W0.6	19	1
H1.0×W0.4	18	2

9) 황매화

장미과에 속하는 낙엽활엽관목으로 높이는 1.5~2m로 자란다. 정원에 군식하면 아름답다.
수고 1.0~1.2m의 규격이 많이 이용된다.

규격	빈도	빈도 순위
H1.0×W0.6	16	1
H1.0×W0.4	10	2
H1.2×W0.6	9	3

10) 쥐똥나무

물푸레나무과에 속하는 낙엽활엽관목으로 약 3m까지 자란다. 정원, 공원, 도로변 등에 산울
타리용으로 적합하다. 수고 1.0~1.2m의 규격이 많이 이용된다.

규격	빈도	빈도 순위
H1.2×W0.3	18	1
H1.0×W0.3	7	2

11) 박태기나무

콩과에 속하는 낙엽활엽관목으로 3~5m까지 자란다. 정원, 공원 등에 단식하거나 군식하면 아름답다. 수고 1.0~1.8m의 규격이 많이 이용된다.

규격	빈도	빈도 순위
H1.0×W0.3	9	1
H1.8×W0.8	6	2
H1.2×W0.6	4	3
H1.2×W0.5	3	4
H2.0×W1.5	1	5

12) 산수국

범의귀과에 속하는 낙엽활엽관목으로 높이는 약 1m이다. 밑에서 많은 줄기가 나와 군집을 이루며, 물이 있는 바위틈이나 계곡에서 잘 자란다. 정원, 공원 등에 단식하거나 군식하면 아름답다. 수고 0.3~0.4m의 규격이 많이 이용된다.

규격	빈도	빈도 순위
H0.3×W0.4	9	1
H0.4×W0.6	7	2
H0.4×W0.4	4	3
4치포트	2	4
H1.0	1	5

13) 좀작살나무

마편초과에 속하는 낙엽활엽관목으로 건조와 추위, 공해에 잘 견디고 음지에서도 잘 자란다.
10월에 보라색으로 익는 열매는 보기에 아름답고 새가 이 열매를 좋아하여 많이 모여든다.
정원, 공원 등에 군식하거나 단식한다. 수고 1.2m 내외의 규격이 많이 이용된다.

규격	빈도	빈도 순위
H1.2×W0.4	18	1
H1.8×W0.8	1	2
H1.5×W0.6	1	2
H1.2×W0.3	1	2

14) 명자나무

장미과에 속하는 낙엽활엽관목으로 높이는 1~2m로 자란다. 정원, 공원 등에 군식하거나 단
식한다. 수고 0.6~1.0m의 규격이 많이 이용된다.

규격	빈도	빈도 순위
H0.6×W0.4	12	1
H1.0×W0.6	6	2
H0.8×W0.5	2	3

15) 병꽃나무

인동과의 낙엽활엽관목으로 높이는 2~3m까지 자란다. 정원, 공원 등에 군식하거나 단식한다. 수고 1.0~1.2m의 규격이 많이 이용된다.

규격	빈도	빈도 순위
H1.0×W0.4	13	1
H1.2×W0.6	2	2

16) 꽃댕강나무

인동과에 속하는 반상록성활엽관목으로 높이는 1~2m로 작다. 정원, 공원 등에 군식하거나 열식한다. 수고 0.6~0.8m의 규격이 많이 이용된다.

규격	빈도	빈도 순위
H0.6×W0.3	5	1
H0.8×W0.5	4	2
H1.0×W0.3	1	3
H0.6×W0.4	1	3

17) 겹철쭉

진달래과에 속하는 낙엽활엽관목이다. 산철쭉의 종류로 겹꽃이 피는 것을 겹산철쭉(*R. yedoense* Maxim)이라고 하고, 흰색 꽃이 피는 것을 흰산철쭉(*R. yedoense* for. *albflora* Chang)이라고 한다. 정원, 공원 등에 군식하거나 단식한다. 수고 0.3~0.4m의 규격이 많이 이용된다.

규격	빈도	빈도 순위
H0.4×W0.4	5	1
H0.3×W0.3	2	2
H0.3×W0.4	1	3
H0.4×W0.5	1	3
H0.3×W0.4	1	3

18) 덜꿩나무

인동과에 속하는 낙엽활엽관목으로 우리나라에서는 털덜꿩나무, 긴잎덜꿩나무, 긴잎가막살나무, 가새백당나무라고도 불린다. 정원, 공원 등에 군식하거나 단식한다. 수고 1.0m 내외의 규격이 많이 이용된다.

규격	빈도	빈도 순위
H1.0×W0.4	9	1

19) 보리수나무

보리수나무과에 속하는 낙엽활엽관목으로 정원, 공원 등에 군식하거나 단식한다. 수고 2.0m 내외의 규격이 많이 이용된다.

규격	빈도	빈도 순위
H2.0×R4	6	1
H3.0×W2.0×R12	1	2
H2.5×W2.0	1	2

5. 초본류 100종의 빈도분석 결과

주요 정원식물의 수종별 유통규격을 파악하기 위해 전국 102개 사례지(공동주택, 공원, 기타)의 식재현황과 전국 농가 자생식물 생산량의 빈도분석, 그리고 전문가 자문 등을 통해 초본류 100종을 선정하여 규격별 빈도분석을 실시하였다. 그 결과 빈도순위 1위를 유통 최적규격으로 설정하였다.

〈표 3-1〉 초본류(100종) 빈도분석 결과 최적 규격

번호	초종명	최적 규격	번호	초종명	최적 규격
1	맥문동	3~5분얼	11	기린초	8cm 포트
2	갈대	8cm 포트	12	참억새	8cm 포트
3	노랑꽃창포	2~3분얼	13	감국	8cm 포트
4	원추리	2~3분얼	14	담쟁이	L=0.4m
5	비비추	2~3분얼	15	금불초	4치 포트(12cm 포트)
6	붓꽃	10cm 포트	16	옥잠화	2~3분얼
7	구절초	8cm 포트	17	미나리	2~3분얼
8	꽃창포	2~3분얼	18	물억새	8cm 포트
9	벌개미취	8cm 포트	19	송악	10cm 포트
10	사사조릿대	10cm 포트	20	산국	3치 포트(9cm 포트)

번호	초종명	최적 규격	번호	초종명	최적 규격
21	수크령	8cm 포트	51	해국	8cm 포트
22	달뿌리풀	8cm 포트	52	꼬리풀	6치 포트(18cm 포트)
23	노루오줌	4치 포트(12cm 포트)	53	범부채	8cm 포트
24	매발톱꽃	8cm 포트	54	동자꽃	8cm 포트
25	섬기린초	3치 포트(9cm 포트)	55	키버들	8cm 포트
26	줄사철나무	L=0.6m	56	큰꿩의비름	8cm 포트
27	갯버들	8cm 포트	57	술패랭이	8cm 포트
28	돌단풍	4치 포트(12cm 포트)	58	초롱꽃	8cm 포트
29	부들	8cm 포트	59	하늘매발톱	8cm 포트
30	섬초롱꽃	8cm 포트	60	흑삼릉	8cm 포트
31	쑥부쟁이	8cm 포트	61	마타리	8cm 포트
32	바위취	3치 포트(9cm 포트)	62	골풀	8cm 포트
33	부처꽃	8cm 포트	63	꽃무릇	8cm 포트
34	좀비비추	8cm 포트	64	산부추	8cm 포트
35	금낭화	4치 포트(12cm 포트)	65	창포	8cm 포트
36	패랭이꽃	8cm 포트	66	두메부추	8cm 포트
37	동의나물	4치 포트(12cm 포트)	67	마삭줄	L=0.4m
38	무늬둥굴레	10cm 포트	68	부용	8cm 포트
39	섬백리향	8cm 포트	69	꽃향유	8cm 포트
40	일월비비추	8cm 포트	70	둥근잎꿩의비름	8cm 포트
41	땅채송화	3치 포트(9cm 포트)	71	개상사화	10cm 포트
42	돌나물	3치 포트(9cm 포트)	72	할미꽃	8cm 포트
43	인동	2~3년, L=0.4m	73	톱풀	8cm 포트
44	매자기	8cm 포트	74	꿀풀	8cm 포트
45	개미취	8cm 포트	75	분홍찔레	10cm 포트
46	물싸리	10cm 포트	76	석창포	10cm 포트
47	좀개미취	8cm 포트	77	우산나물	10cm 포트
48	물레나물	8cm 포트	78	띠	8cm 포트
49	털머위	10cm 포트	79	앵초	10cm 포트
50	고랭이	8cm 포트	80	어리연꽃	2~3분얼

번호	초종명	최적 규격	번호	초종명	최적 규격
81	연꽃	10cm 포트	91	찔레꽃	15cm 포트
82	털중나리	개화구	92	참나리	개화구
83	눈개승마	8cm 포트	93	배초향	8cm 포트
84	도깨비고비	15cm 포트	94	은방울꽃	8cm 포트
85	종지나물	10cm 포트	95	제비동자	8cm 포트
86	애기기린초	3치 포트(9cm 포트)	96	태백기린초	8cm 포트
87	줄	8cm 포트	97	터리풀	8cm 포트
88	숫잔대	8cm 포트	98	왕골	8cm 포트
89	용담	8cm 포트	99	큰까치수염	8cm 포트
90	용머리	8cm 포트	100	타래붓꽃	8cm 포트

제4장

국내외 정원식물의 규격 · 품질 기준

정원식물의 규격과 품질은 밀접한 관계가 있으며, 정원식물의 규격은 식물의 형태, 즉 수형을 고려하여 결정된다. 정원식물의 품질과 관련된 식물의 건강상태는 외형적인 형태 외에 내부의 상태를 기준으로 판단하게 되지만, 정해진 기준이 없어 판단하기가 어렵다. 다른 나라에는 정원식물의 건강상태를 검사하고 가지나 뿌리의 상태를 측정하는 방법에 기준이 있지만, 우리나라는 기준이 미흡하다.

유럽이나 미국의 경우, 정원식물의 품질을 형태와 생리에 대한 평가기준에 따라 묘목 단계에서부터 적용하고 있으며, 컨테이너 재배 등을 통하여 상품의 품질관리를 하고 있다. 정원식물에 대한 규격과 품질, 등급 등에 대한 기준을 다양하게 규정하고 있는 외국의 기준을 우리나라 현실에 맞게 수정·보완한다면 조경식물의 규격과 품질의 표준화된 지침을 만드는 데 크게 도움이 될 것이다.

정원식물의 규격과 품질에 대한 기준은 국가별로 약간의 차이가 있다. 대부분의 나라에서는 정원식물의 규격과 품질에 대한 기준을 구분하여 정원식물에 대한 표준을 규정한다. 따라서 제4장에서는 한국, 독일, 스위스를 대상으로 정원식물 규격과 품질에 대한 기준을 비교·분석하여 우리나라의 정원식물 식재에 적합한 최적규격을 선택하기 위한 기초자료를 제공하고자 한다.

1. 한국 정원식물의 규격과 품질 기준

1) 규격기준
(1) 교목
- 기본적으로 높이(m)×흉고직경(cm)으로 표시하며, 필요에 따라 너비, 수관의 길이, 지하고, 뿌리분의 크기, 근원직경(cm) 등을 지정할 수 있다.
- 곧은 줄기가 있는 수목으로서 흉고(가슴높이) 부분의 크기를 측정할 수 있는 수목은 높이(m)×흉고직경(cm)으로 표시한다.
- 흉고 부분의 크기를 측정할 수 없는 수목은 높이(m)×근원직경(cm)으로 표시한다.
- 가지가 줄기의 아랫부분부터 자라는 수목은 높이(m)×너비(m)로 표시한다.
- 높이 외의 너비나 줄기의 굵기가 무의미한 수목은 높이(m)로 표시한다.

(2) 관목

- 기본적으로 높이(m)×너비(m)로 표시하며, 필요에 따라 뿌리분의 크기, 지하고, 가지수(주립수), 수관길이 등을 지정할 수 있다.
- 높이와 너비를 정상적으로 측정할 수 있는 수목은 높이(m)×너비(m)로 표시한다.
- 수관의 한쪽 길이 방향으로 성장이 뛰어난 수목은 높이(m)×너비(m)×수관길이(m)로 표시한다.
- 줄기의 수가 적고 도장지가 발달하여 너비의 측정이 곤란하고 가지수가 중요한 수목은 높이(m)×너비(m)×가지수(지)로 표시한다.

(3) 덩굴나무

- 높이(m)×근원직경(cm)으로 표시하며, 필요에 따라 흉고직경을 지정할 수 있다.
- 그 밖에 수관길이(m)×근원직경(cm), 수관길이(m), 또는 수관길이(m)×○년생으로 표시한다.

(4) 묘목

- 수관길이와 근원직경으로 표시하며, 필요에 따라 묘령을 적용할 수 있다.

(5) 초본류

- 분얼로 표시하며 뿌리성장이 발달하여 뿌리나누기로 번식이 가능한 초종에 적용한다.

수목규격의 허용차는 수종별로 −5〜−10%에서 현장 여건에 따라 발주자가 정하는 바에 따르고, 수목의 지정규격을 벗어나는 규격이라도 감독자의 승인에 따라 허용이 가능하다.

<표 4-1> 한국 수목의 유형별 규격 측정법

규격표시		적용 수종
상록교목	1. 수고(m)×수관폭(m) 2. 수고(m)×수관폭(m)× 　 근원직경(cm) 3. 수고(m)×근원직경(cm) 4. 기타	• 가이즈까향나무, 곰솔, 구상나무, 굴거리나무 등 • 동백나무, 백송, 소나무, 소나무(조형) • 가시나무, 구실잣밤나무, 굴참나무, 비파나무 등 • 개잎갈나무(수고×수관폭×흉고직경), 당종려(수고)
낙엽교목	1. 수고(m)×근원직경(cm) 2. 수고(m)×흉고직경(cm) 3. 기타	• 갈참나무, 겹벚나무, 계수나무, 참나무 등 • 가중나무, 메타세쿼이아, 버즘나무, 벽오동 등 • 함박꽃나무(수고×수관폭)
상록관목	1. 수고(m)×수관폭(cm) 2. 기타	• 광나무, 돈나무, 매자나무, 사철나무, 옥향 등 • 눈향나무(수고×수관폭×수관길이)
낙엽관목	1. 수고(m)×수관폭(cm) 2. 수고(m)×가지의 수(지) 3. 기타	• 개쉬땅, 개야광, 갯버들, 겹철쭉, 공조팝, 꼬리조 　팝 등 • 개나리, 고광, 남천, 덩굴장미, 미선, 영춘화 등 • 능소화(수관길이×근원직경), 만리화(수고×수관폭×가지 　수), 생강(수고), 장미(수령×가지수) 등
덩굴나무	1. 수고(m)×근원직경(cm) 2. 수고(m)×흉고직경(cm)	• 능소화, 등나무
묘목	1. 수관길이(m) 2. 근원직경(cm)	
초본류	1. 분얼, 포트, 포기	• 구절초, 벌개미취, 범부채, 창포, 털머위 등

※자료 : 조경설계기준(한국조경학회, 2003)

수목규격의 측정방법은 나라별로 비슷하지만 흉고직경 및 근원직경은 조금씩 다르다. 우리나라에서는 흉고직경을 지표면에서 1.2m 되는 곳에서 줄기(stem)의 지름을 측정하여 정한다(표 4-2). 근원직경의 경우도 식물을 굴취하기 전에 측정하며, 근원직경 측정 높이는 지표면에서 줄기가 형성되는 부분을 측정하는 것으로 규정하고 있다.

<표 4-2> 한국 수목의 규격표시와 측정방법

구분	교목	관목 및 기타
규격 표시	• 수고(m)×흉고직경(cm) • 수고(m)×수관폭(m)×흉고직경(cm) • 수고(m)×근원직경(cm) • 수고(m)×수관폭(m)×근원직경(cm) • 수고(m)×수관폭(cm) • 기타 : 수관폭, 수관길이, 뿌리분의 크기, 지하고, 근원직경	• 수고(m)×수관폭(m) • 수고(m)×수관폭(m)×수관길이(cm) • 수고(m)×가지수(지) • 덩굴나무 : 수고(m)×근원직경(cm) 수간길이(m)×근원직경(cm) • 묘목 : 수간길이(m), 묘령, 근원직경 • 초본류 : 분얼, 포트, 포기
규격 측정 방법	• 수고 : 지표면으로부터 수목 상단부까지의 수직높이 • 흉고직경 : 지표면으로부터 높이 120cm 지점에서의 수목 줄기의 직경 • 근원직경 : 지표면에서의 수목 줄기의 직경 • 수관 폭 : 수목의 녹엽 부분을 수평면에 수직으로 투영한 최대 지름 • 지하고 : 수목의 줄기에 있는 가장 아래 가지에서 지표면까지의 수직거리	

※자료 : 조경공사표준시방서(한국조경학회, 2008), pp.127~128.

2) 품질기준

(1) 교목·관목

① 상록교목 : 줄기가 곧고, 긴 가지의 끝이 손상되지 않은 것으로서 가지가 고루 발달한 것이어야 한다.

② 상록관목 : 가지와 잎이 치밀하여 수목 상부에 큰 공극이 없으며, 형태가 잘 정돈된 것이어야 한다.

③ 낙엽교목 : 줄기가 곧고, 근원부에 비해 줄기가 급격히 가늘어지거나 보통 이상으로 길고 연하게 자라지 않고 가지가 고루 발달한 것이어야 한다.

④ 낙엽관목 : 가지와 잎이 충실하게 발달하고 합본되지 않은 것이어야 한다.

(2) 초본류·지피식물

① 초본류 : 가급적 주변 경관과 쉽게 조화를 이룰 수 있는 향토 초본류를 채택해야 하며, 이때 생육지속 기간을 고려해야 한다.

② 지피식물 : 뿌리발달이 좋고 지표면을 빠르게 피복하는 것으로서 파종식재의 경우 종자발아력이 우수한 것이어야 한다.

2. 독일 정원식물의 규격과 품질 기준

농장에서 재배된 조경수의 규격과 품질에 대한 일반적인 적용기준을 살펴보면, 시장에 유통되는 조경수는 아래의 조건을 충족시켜야 하며 이 규정을 벗어나는 항목 중 예를 들어 '식물의 생장형태 또는 화분의 크기' 등에 관해서는 협의·조정할 수 있도록 예외 규정을 두고 있다. 본 규정은 컨테이너(C) 식물과 포트(P) 식물에 모두 적용된다.

농장에서 재배된 조경수의 높이, 너비, 나무 싹의 개수 및 길이, 가지의 형성 정도 그리고 활엽수 잎의 활착 정도와 침엽수 잎의 활착 정도는 수종의 수령에 적합하게 조성되어야 하며, 이러한 조건들은 서로 균형이 맞게 조화를 이루어야 한다. 나무 줄기와 수관 형태의 균형은 물론 수관 자체도 잘 형성되어야 한다. 접목된 수목은 회복이 잘 되어 생육이 왕성해야 하며, 접목된 부분은 균형 있게 조화가 잘 이루어져야 한다.

조경수의 흉고직경은 한국의 규정과는 달리 표층토 1m 높이에서 측정해야 하며, 여러 줄기를 가진 나무는 각각의 줄기 직경을 합산하여 직경을 산정한다. 식물의 표기는 정확해야 하며, 표기 내용은 식물의 종명과 품종명(혼돈되지 않는 약자 표기는 가능함), 식물 재배의 형태, 이식의 특이점, 선별 요건, 식물의 크기, 강한 특징, 싹의 개체수 등이다.

조경수는 특히 토양상태와 이식기술을 감안하여 여러 차례 혹은 일정 간격으로 식재되어야 하며, 전문 식재방법에 의한 식물식재 및 전문적인 전정기술에 의한 최종적인 관리를 통해 식물이 식재에 적합한 형태를 갖추어야 하고, 규정에 맞게 성장된 수관의 형태를 유지하며 지속적으로 생장해야 한다. 재배간격은 식재기간이 지난 이웃 식물로 인하여 피해를 받지 않게 설정되어야 하며, 앞으로의 생장을 염두에 둔 넓은 식재간격을 선택해야 하고, 나무의 나이와 종류 그리고 추가로 나무의 적합한 형태를 고려한 넓은 식재간격을 유지해야 한다.

단일형 교목류(Solitärgehölze)는 한 그루의 단독 수종으로 요구되는 식재규격에 맞게 재배해야 한다. 이러한 대형 교목류는 특히 특징적으로 자라야 하며, 수종의 특징이 뚜렷해야 하고 수종에 적합한 수관을 지녀야 한다.

뿌리는 나무의 종류, 수령, 나무 싹의 개수 및 나무의 크기, 토양의 상태에 따라 잘 발달되어야 하며, 뿌리의 세근 또한 충분히 발달되어야 한다.

뿌리분은 식물의 종류, 크기, 토양상태에 따라 적합한 크기가 되어야 하며, 가능한 모든 뿌리가 잘 발달되어야 한다. 뿌리분은 뿌리를 감싸는 천으로 잘 포장해야 하고, 추가로 그물망으로 잘 보호해야 한다(철쭉은 제외).

뿌리분 포장용 천 및 포장재로 사용되는 자재는 식물 식재 후 1년 반이 지나면 토양에서 자연분해되어야 하며, 지속적인 식물 생육에 지장을 주지 않는 자재여야 한다. 뿌리분에 사용되는 철망의 자재는 아연도금을 제거한 철망이나 철망 자루를 사용해야 한다. 식물의 뿌리가 통과할 수 있고 분해가 가능한 포트나 컨테이너는 식물 식재 후 늦어도 1년 반 경과 후에는 분해되어야 하며, 지속적인 식물 생육에 지장을 초래해서는 안 된다.

조경수목은 나무의 가치나 사용목적의 기능을 저하시키는 병해충이 발생하지 않도록 관리해야 한다. 또한 지속적인 생육 및 생장이 가능하도록 건강해야 하며, 환경에 대한 적응성이 강하고 기후 적응성도 높아야 한다.

식물 운송 시 운송 도중 식물의 건조, 상처, 화상, 줄기 손상 등을 방지하기 위해 포장재를 사용한다. 화분 용기의 용량은 식물의 크기($\times$1)에 적합해야 하고, 뿌리가 잘 발달될 수 있어야 한다. 컨테이너의 최소 용량은 2리터이며, 작은 용기는 포트로 사용할 수 있다. 컨테이너와 포트의 용량을 표기할 때에는 표기단위를 리터로 표기해야 하며, 어린 묘와 접목된 식물에는 표기단위를 꼭 적용할 필요는 없다. 그물 형태의 용기에는 식물재배가 허용되지 않는다.

1) 규격기준

독일 조경수목 규격의 표시와 측정 방법은 독일농촌개발연구협회(Forschungs-gesellschaft Landschaftsentwicklung Landschaftbau e.V., FLL)에서 1987년에 개정된 〈조경수목 규격 및 품질 기준(Gütebestimmungen für Baumschulpflanzen, 2004)〉에 따른다. 수목의 유형을 활엽수, 장미류, 상록활엽수, 침엽수, 지피식물, 과실수, 유묘, 접목, 초본류(숙근성)로 크게 분류하고, 그에 따라 세부규정을 정하였다.

(1) 활엽수

소형관목과 이식관목은 최종 이식된 기간이 2년간 노지재배되었다는 것이 확인되어야 한다. 마지막 전정은 최종 재배기간 동안 또는 1년 전에 실행해야 하며, 최소 1회 이식해야 한다. 식물의 분류는 어린 가지의 수와 수고에 따라 결정된다. 식물의 종류에 따라 허용된 최소 가지수와 수고를 병행하여 분류하는 방법은 '관목류의 분류 리스트'에 적합해야 한다. 이러한 관목류는 10그루의 식물을 1개의 묶음으로 포장할 수 있다.

3회 이식 단일 활엽관목은 특별히 넓은 공간에 식재되고 2회 이식된 관목으로, 이식 이후 노지에서 최소 2년 또는 최고 4년간 식재되어야 한다. 1년간 노지에서 재배된 식물 중에 특히 빠르게 생장하는 관목(예, Salix caprea mas)은 예외 규정에 속한다. 이러한 조경수목은 근분묘, 철망 근분묘 또는 컨테이너 형태로 유통이 가능하며, 규격은 수고, 가지수 및 수관 폭을 측정하여 표시한다.

① 활엽관목

- 소형 활엽관목 : 수관의 형태가 뚜렷하지 않고 가지가 옆으로 퍼지는 목본식물의 형태로 생장하는 나무를 말한다. 이러한 조경수는 1회 이식하고, 이식 후 최고 2년간 노지재배해야 한다.

- 이식 활엽관목 : 최소 1회 이식해야 하며, 면적이 넓은 공간에서 재배해야 한다. 최종적으로 이식된 식물은 최고 3년간 노지에서 재배했다는 것이 확인되어야 하며, 이러한 조경수목은 나근묘 형태로 묶거나, 근분묘 형태 또는 컨테이너 형태로 운반해야 한다.

- 중형 활엽관목 : 3회 이식되고 가지가 잘 발달된 조경수목을 말한다. 최종 이식된 조경수목은 최고 4년간 노지재배했다는 것이 확인되어야 하며, 면적이 넓은 공간에 식재해야 한다. 최소 흉고직경은 12cm, 최소 높이는 250cm가 되어야 한다. 이러한 조경수는 철사로 근분하거나 컨테이너 형태로 운반해야 한다.

〈표 4-3〉 독일 조경수 유형별 규격 측정법 : 활엽관목

구분	규격				
	가지수	수고(cm)	수관 폭(cm)	흉고직경(cm)	식물/묶음
소형 활엽관목 (Leichte Sträucher)	2~3개	25~40 40~70 70~90			10식물/묶음
이식 활엽관목 (Verpflanzte Sträucher)	2~8개	15~20 40~60 20~30 60~100 30~40 100~150			수고에 따라 • 60cm 이하 : 10식물/묶음 • 60cm 이상 : 5식물/묶음

구분	규격				
	가지수	수고(cm)	수관 폭(cm)	흉고직경(cm)	식물/묶음
3회 이식 활엽관목 (Solitär-Sträucher 3xv)		60~80 80~100 100~125 125~150 150 이상 : 50cm씩 증가	60~100 100~150 150~200 200~250 250~300 300 이상 : 100cm씩 증가		
소형 활엽관목 (Leichte Heister)		60~80 80~100 100~125 125~150			10식물/묶음
이식 활엽관목 (Verpflanzte Heister)		125~150 150~200 200~250 250~300			
중형 활엽관목 (Stammbüsche)				• 3회 이식 : 12~14 • 4회 이식 : 18~20 10~12, 16~18 12~14, 18~20 14~16, 20~25	

※ 자료 : FLL, 2004.

② 활엽교목

줄기와 수관이 목본 형태로 생장되는 수목을 말하며, 활엽수 고유의 특징을 나타내는 직선 형태의 줄기를 형성해야 한다. 자연 수형이 아닌 원형 또는 수지형태의 조형목일 경우 예외 규정에 속한다. 활엽수의 가지생장 또한 수목 고유의 특징이 나타나야 하며, 나무의 가지가 꼬였거나, 두 갈래로 갈라진 형태는 허용되지 않는다. 규격 측정은 흉고직경, 수고 및 수관 폭을 기준으로 하며, 흉고직경은 표층토 1m 높이에서 측정한다(표 4-4).

• 2회 이식 활엽교목 : 면적이 넓은 공간에서 재배해야 하며, 2회 이식하거나 아니면 동일한 재배기술을 통해 2회 이식된 수목과 동일한 가치가 있는 상태로 재배해야 한다. 최종적으로 이식된 수목은 4년간 노지에서 재배해야 하며, 수

목의 흉고직경을 측정하여 규격을 정하고, 수고의 최저 높이는 180cm가 되어야 한다.

- 3회 이식 활엽교목 : 2회 이식된 활엽수를 이용하여 면적이 넓은 공간에 이식해야 하며, 최종적으로 3회 이식된 수목은 4년간 노지에서 재배해야 한다. 수목의 흉고직경을 측정하여 규격을 정하고, 수고의 최저 높이는 200cm가 되어야 한다. 이러한 수목은 철사망 근분묘 형태 아니면 컨테이너 형태로 운반해야 한다.

- 4회 이식 활엽교목 : 3회 이식된 수목을 이용하여 넓은 공간에 이식해야 하며, 재배 후 늦어도 4년 후 다시 이식해야 한다. 수목의 흉고직경, 수고 및 수관 폭을 측정하여 규격을 정한다. 철사로 제작된 근분묘 형태 또는 컨테이너 형태로 운반해야 하며, 철사망 근분묘는 이식된 횟수를 표기해야 한다(예 : 4회 이식, 5회 이식 등).

- 가로수 : 가로수는 특히 수관이 높게 형성되어야 하며, 식재된 장소에서 새로운 가지의 생장이 매년 지속되어야 하고, 줄기는 곧게 형성되어야 한다. 새 가지의 형태는 규격 결정에 큰 영향을 주지 않는다. 새 가지의 형성은 늦어도 지난 연도부터 진행되어야 한다. 이 외의 규정은 3회 이식 활엽수(Hochstämme 3xv) 및 4회 이식 활엽수(Hochstämme 4xv)의 규정을 참조한다(흉고직경 : 16~25cm = 220cm, 25cm 이상 = 250cm).

- 정형 활엽교목 : 조경수의 줄기가 일직선 형태가 되어야 한다는 규정에 해당되지 않고, 수고의 높이가 균일하게 재배하지 않아도 되며, 이미 정형이 끝난 교목을 사용할 수 있다.

구분	규격			식물/묶음
	수고(cm)	수관 폭(cm)	흉고직경(cm)	
2회 이식 활엽교목 (Hochstämme 2xv)	최소 180		8~10 10~12	5식물/묶음
3회 이식 활엽교목 (Hochstämme 3xv)	최소 200		10~12, 16~18 12~14, 18~20 14~16, 20~25	

4회 이식
활엽교목
(Hochstämme 4xv)
	• 300부터
	  100cm씩 증가
	• 500부터
	  200cm씩 증가
	• 900부터
	  300cm씩 증가
		60~100
		200~300
		100~150
		300~400
		150~200
		400~600
			16~18
			18~20
			20~25
			• 25cm 이상
			  5cm씩 증가
			• 50cm부터
			  10cm씩 증가	

가로수
(Alleebäume)
	• 300부터
	  100cm씩 증가
	• 500부터
	  200cm씩 증가
	• 900부터
	  300cm씩 증가
		60~100
		200~300
		100~150
		300~400
		150~200
		400~600
			10~12, 16~18
			12~14, 18~20
			14~16, 20~25
			• 25cm 이상
			  5cm씩 증가
			• 50cm 부터
			  10cm씩 증가	

정형
활엽교목
(Hochstämme mit
geformte Krone)
	• 300부터
	  100cm씩 증가
	• 500부터
	  200cm씩 증가
	• 900부터
	  300cm씩 증가
		60~100
		200~300
		100~150
		300~400
		150~200
		400~600
			10~12, 16~18
			12~14, 18~20
			14~16, 20~25
			• 25cm 이상
			  5cm씩 증가
			• 50cm부터
			  10cm씩 증가	

산울타리용
식물
(Hecken-pflanzen)
	80~100
	100~125
	• 125부터
	  25cm씩 증가
	175~200
	• 200부터
	  25cm씩 증가			

※ 자료 : FLL, 2004.

정형 조경수는 유통되기 최소 3년 전부터 수관의 정형이 시작되어야 하며, 수관의 정형을 위해 여러 해 된 가지를 잘라내거나 길이를 짧게 할 수 있다. 수관의 형태는 조경수의 수관형태 규정에 적합해야 한다. 조경수의 가지를 똑바로 유도하기 위해 지지대와 작대기 등을 사용할 수 있으며, 가지의 변형이나 상처를 통해 조경수의 가치를 훼손해선 안 된다. 흉고직경에 따른 규격의 측정은 3회 이식 활엽수 및 4회 이식 활엽수의 규정과 동일하며, 추가로 수관의 형태 및 수고도 포함된다.

- 산울타리용 식물 : 산울타리용 식물은 활엽교목 또는 관목 형태로 생장되는 나무로서 산울타리로 쓰이는 조경수를 말하며, 초본류 및 목본류 형태로 구분된다. 규격 측정의 내용은 최소 2회 이상 잘라주어야 하고, 산울타리용 목적으로 재배해야 하며, 산울타리용 조경수에 알맞은 줄기여야 한다. 가지는 줄기의 아랫부분까지 있어야 하며, 2회 이식해야 하고, 공간이 넓은 장소에 식재해야 한다. 재배기간이 2년 되는 기간까지 1회의 전정은 첫 번째 이식을 대체할 수 있다. 2회 이식된 산울타리용 조경수는 근분묘와 컨테이너 형태로 운송할 수 있다.

③ 상록활엽관목

상록활엽관목은 3년에 한 번씩 공간이 넓은 장소에 이식해야 하며, 규격 측정은 수고 및 수관 폭에 따라 규정된다(표 4-5).

- 철쭉 : 철쭉은 100cm 크기까지 2년에 1번은 이식해야 하며, 꽃봉오리가 있어야 하고, 생육상태가 좋아야 한다. 식물의 높이는 나무의 넓이에 맞게 조화를 이루어야 하며, 줄기의 최고 아래쪽부터 가지가 형성되어야 한다. 철쭉은 근분묘, 포트 형태 또는 컨테이너 형태로 유통할 수 있다. 단일형 철쭉은 최소한 3~4년에 1번은 이식해야 하며, 철쭉의 종류와 품종에 따라 잎이 풍성하게 자란다는 것이 보장되어야 하고, 꽃봉오리도 충분해야 한다. 단일형 철쭉은 근분묘 또는 컨테이너 형태로 유통될 수 있다. 식물의 종류와 품종 고유의 특징을 보여줄 수 있는 생육상태에 따라 수고 또는 수관 폭에 의해 규격이 측정된다.

- 산철쭉 : 산철쭉은 최소 2년마다 1번씩 이식해야 하며, 줄기의 아래부터 가지가 형성되어야 하고, 꽃봉오리도 있어야 한다. 산철쭉은 근분묘, 포트 형태 또

는 컨테이너 형태로 유통될 수 있다. 단일형 산철쭉은 최소 3년에서 4년에 1번 이식해야 하며, 식물의 종과 품종에 적합한 가지가 형성되어야 하고, 꽃봉오리도 있어야 한다. 이러한 산철쭉은 근분묘 또는 컨테이너 형태로 유통될 수 있다. 수관 폭이 넓게 형성되는 산철쭉의 규격 측정은 수관 폭을 기준으로 하고, 줄기가 직선으로 자라는 식물은 수고를 기준으로 규격을 측정한다. 수고 80cm까지는 10cm씩 증가되고, 80cm 이상부터는 20cm씩 증가된다.

〈표 4-5〉 독일 조경수 유형별 규격 측정법 : 상록활엽관목

구분	규격	
	수고(cm)	수관 폭(cm)
상록활엽관목	10~15, 30~40, 70~80, 120~140, 180~200, 12~15, 40~50, 80~90, 125~150, 200~225, 15~20, 40~60, 80~100, 140~160, 225~275, 20~25, 50~60, 90~100, 150~175, 250~275, 20~30, 60~70 100~120, 160~180, 275~300, 25~30, 60~80 100~125, 175~200, 300~350, 350~400 등	40~60, 100~120, 150~200, 200~250, 60~80, 100~150, 160~180, 225~250, 80~100, 120~140, 180~200, 250~300, 90~100 140~160, 200~225, 300~350, 350~400 등
철쭉	• 12~15cm • 30cm까지 5cm씩 증가 • 30cm부터 10cm씩 증가 • 100cm부터 20cm씩 증가 • 200cm부터 25cm씩 증가 • 300cm이상 50cm씩 증가	− 수고 100cm부터 수고와 수관 폭을 분리하여 표시
산철쭉	• 80cm까지 10cm씩 증가 • 80cm부터 20cm씩 증가	

※ 자료 : FLL, 2004.

(2) 침엽수

침엽수의 가지는 나무의 종류와 생육 특성에 맞게 풍성하게 형성되어야 하며, 침엽수의 잎은 수목 고유의 특징에 맞는 색깔을 나타내야 한다. 나뭇가지가 많은 침엽수류는 그해 마지막 생육 시점까지 가지가 풍성하게 형성되어야 하며, 나뭇가지의 간격과 지난해 새로 생장된 가지의 길이는 식물 전체의 균형에 적합해야 한다. 직선으로 생장되는 침엽수 및 동일하게 생장되는 침엽수는 일반적인 중간 크기의 가지 형

태로 유통되어야 한다. 예외 침엽수는 주목(Taxus), 측백나무(Thuja), 솔풍나무(Tsuga) 등이다. 산울타리용 식물은 줄기의 아랫부분에서부터 가지와 나뭇잎이 잘 형성되어야 하며, 필요한 경우 규칙적으로 가지를 잘라주어야 한다. 침엽수는 종류, 수령, 식재지역에 따라 가능한 최소 3년마다 1번 이식해야 하며, 근분묘, 포트 또는 컨테이너 형태로 유통되어야 한다. 침엽수 중에 자주 이식되고 뿌리분이 없는 형태의 수종 및 품종은 예외이다. 단일형 침엽수는 최소 4년에 1번 이식해야 하고, 공간이 넓은 장소에 재배해야 하며, 근분묘 또는 필요한 경우 철사로 된 근분묘 형태 또는 컨테이너 형태로 유통되어야 한다. 규격의 측정은 수고 및 수관폭으로 규정된다(표 4-6).

〈표 4-6〉 독일 조경수 유형별 규격 측정법 : 침엽수

구분	규격		
	수고(cm)	수관 폭(cm)	흉고직경(cm)
침엽수	12~15, 30~40, 60~80, 100~125, 200~225, 15~20, 40~50, 70~80, 125~150, 200~250, 20~25, 40~60, 80~90, 150~175, 225~250, 20~30, 50~60, 80~100, 150~200, 250~275, 25~30, 60~70, 90~100, 175~200, 250~300, 275~300 – 300cm부터 50cm씩 증가 – 600cm 이상 100cm씩 증가	40~60, 60~80 80~100, 100~125 125~150, 150~200 200~250, 200~300 250~300 – 수고에 추가로 수관 폭을 표시할 경우	
침엽관목	20, 30, 40 – 40cm부터 200cm까지 20cm씩 증가	12~15, 15~20 20~25, 25~30 – 30cm부터 100cm까지 10cm씩 증가	
침엽교목			20~25 – 25cm부터 5cm씩 – 50cm부터 10cm씩 증가

※ 자료 : FLL, 2004.

① 침엽관목

나무의 수관은 수종에 적합한 형태여야 하고 규칙적인 모양이어야 하며, 규격의 측정은 수고와 수관 폭에 따라 규정된다. 컨테이너 침엽관목류는 수고 및 수관 폭의 규격 측정 규정에 따르고, 추가로 'C' 표기와 함께 컨테이너 용량을 리터로

표기해야 한다.

② 침엽교목

침엽교목은 주로 나무 형태로 생장되며 수고와 수관 폭으로 분화되는 조경수목을 말한다. 침엽수종에 적합한 일자 형태의 줄기가 최소한 높이 200cm가 되어야 하며, 침엽수 고유의 특징을 나타내는 줄기가 수관 내에 있어야 한다. 최종적으로 이식된 침엽수는 최고 4년간 재배되었다는 것이 확인되어야 한다. 생육 초기 관목류 형태의 침엽수의 줄기를 직선 형태의 침엽교목으로 재배할 수 있다. 나뭇가지의 형성은 최소 2년 전부터 이루어져야 하며, 완전히 아물지 않은 가지를 자른 상처는 지름이 2cm 이상 되어서는 안 된다. 침엽교목은 철사망 근분묘 또는 컨테이너 형태로 유통할 수 있다. 철사망 근분묘 형태의 침엽교목은 이식 횟수를 제공해야 하며, 규격 측정은 흉고직경에 따라 정해진다.

(3) 지피식물

지피식물(Bodendecker)이란 토양의 표면을 덮는 목적에 적합하도록 낮게 자라며 지표면에서 생장하는 관목류를 말한다. 식물의 종에 적합한 가지가 있어야 하고, 재배기간 동안 1회 잘라주어야 한다(*Gaultheria, Cornus canadensis*와 유사한 식물은 예외이다). 식물의 높이 또는 넓이에 따라 분류된다. 새싹의 숫자에 따라 분류되는 파키산드라, 일일초와 유사한 지피식물은 예외이다. 식물의 넓이로 측정된 지피식물은 길이와 넓이의 측정값을 기준으로 한다(표 4-7).

〈표 4-7〉 독일 조경수 유형별 규격 측정법 : 지피식물

구분	규격	
	수고(cm)	가지수
지피식물	10~15, 15~20, 20~25, 20~30, 25~30, 30~40, 40~50, 40~60	3/4, 5/7, 8/12

(4) 활엽수 및 침엽수의 유묘

활엽수 및 침엽수의 유묘는 종자번식 또는 영양번식을 통해 재배되며, 유묘 전체의 형태와 균형은 발아된 새싹 상태에 따라 결정된다. 유묘의 뿌리는 식물의 종류, 수령, 토양의 비옥도 그리고 이식방법에 따라 잘 발달되어야 하며, 유묘를 포트에서

재배할 경우 포트의 크기는 식물의 크기에 적합해야 하고, 뿌리 또한 잘 발달되어야 한다. 유묘의 규격은 식물의 연령에 따른 식물의 높이로 규정된다. 활엽수 유묘의 규격 측정방법은 식물의 종류에 따라 포트-근분묘, 포트-나근묘 및 유묘의 수고로 규정된다(표 4-8).

〈표 4-8〉 독일 조경수 유형별 규격 측정법 : 유묘

구분		수고(cm)	식물 종류
활엽수	포트 근분묘	5~10 10~15 15~20	*Buxus semp. Arborescens, Cotoneaster dammeri, Ilex, Kalmia*
	포트 근분묘	7~15 15~30	*Acer palmatum, Cornus kousa, Crataegus laevigata, 'Paul's Scarlet', Daphne, Magnolia*
	나근묘	30~50 50~80 80~120 120~160	*Acer campestre, Cornus alba 'Sibirica', Deutzia magnifica, Kerria, Kolkwitzia, Mahonia aquifolium, Poentilla, Salix caprea, Spiraea, Weigela*
	조경 수목	10~20 20~40 40~60 60~100 100~140 140~180	*Acer platanoides, Betula pendula, Carpinus betulus, Robinia pseudoacacia, Ulmus carpinifolia*

구분	규격	
	수고(cm)	비고
침엽수	6~10, 12~20, 20~35, 7~15, 12~15, 20~40, 8~12, 15~20 25~50, 10~15, 15~25, 30~60, 10~20, 15~30, 40~70, 12~18, 18~24, 50~80, 20~30, 60~120	− 포트 근분묘(P) 형태의 *Abis nordmanniana, Piceaabies, Pinus mugo*는 수고에 대한 표기 없이 유통 가능 − 나근묘 형태의 *Abis nordmanniana, Pinus mugo, Pinus cembra, Pinus leucodermis*는 수고에 대한 표기 없이 유통 가능

※ 자료 : FLL, 2004.

(5) 묶음 다발

활엽수 및 침엽수 유묘를 묶는 식물의 개체수는 수고 및 수령에 따라 유묘 유형별 묶음 다발 규격기준에 따라야 한다(표 4-9).

〈표 4-9〉 독일 유묘 유형별 묶음 다발 규격기준

구분	규격	
	묘목	유묘/다발
활엽수	• 50cm까지 1년생 묘목	50그루/다발
	• 50cm 이상 1년생 묘목	25그루/다발
	• 30cm까지 이식된 묘목	50그루/다발
	• 30cm 이상 이식된 묘목	25그루/다발
	• 뿌리가 있고 삽목된 1년생 묘목, 2~3년생 이식된 삽목, 수고 120cm까지 이식된 묘목	25그루/다발
	• 수고 100~140cm의 3년생 이식된 묘목	25그루/다발
	• 삽목된 1년생 묘목, 2~3년생 이식된 삽목, 수고 120cm까지 이식된 묘목	10그루/다발
	• 수고 100~140cm 이상 3년생 이식된 묘목	10그루/다발
	• 수작업 삽목, 자른 묘목, 부러진 묘목	10그루/다발
침엽수	• 1~2년생 묘목	100그루/다발
	• 2~3년생 이식된 묘목	50그루/다발
	• 4년생 이식된 묘목	25그루/다발
	• 2회 이식된 수고 30cm 묘목	10그루/다발
	• 2~4년생 이식된 삽목	25그루/다발
	• 1~2년생 삽목	10그루/다발

※ 자료 : FLL, 2004.

(6) 초본류(숙근성)의 일반 규격과 품질 기준

독일의 초본류 규격표시와 측정방법은 독일농촌개발연구협회(Forschungsgesell-schaft Landschaftsentwicklung Landschaftbau e.V., FLL)에서 1987년에 개정된 초본류 규격 및 품질 기준(Gütebestimmungen für Stauden, 2004)에 따른다. 초본류는 장기간 생육이 가능한 뿌리 및 뿌리줄기를 가진 여러해살이 식물을 말하며, 한 계절의 끝이 지나면 식물의 지상 부분은 자연 소멸되는 식물이다. 초본류 규격 및 품질기준에 적합하지 않은 규정에 대해서는 협의를 통해 규격을 조절할 수 있으며, 특정업체나 제품에 유리하거나 부정적인 영향을 주어서는 안 된다(표 4-10).

<표 4-10> 독일 초본류(숙근성) 일반 규격 및 품질기준

구분	규격 및 품질기준
식물 유래	• 재배 농장에서 생산되지 않고 노지에서 생산된 초본류는 식물 재조림을 위해 사용될 경우 관리기관과의 협조를 통해 증명서에 정확히 표기하여 식물이 유통될 수 있도록 해야 한다. • 초본류의 원활한 생산을 위해서는 자연보호단체 및 환경보호단체의 관심 사항을 무시해서는 안 된다.
식물 종 보호	• 식물 종(Species) 보호 규정에 따라 보호종에 속하지 않는 초본류는 관련기관으로부터 보호종에 속하지 않는다는 증명서(Cites)를 받아야 한다.
품종 보증	• 초본류는 식물 품종이 보증되어야 하며, 영양번식 방법으로 식물의 종이 확인된다면 항상 영양번식 방법으로 번식해야 한다. • 식물 씨앗 종의 진의가 확실할 경우 서류 및 에티켓에 'S' 표기를 해야 하며, 생장점(Meristem culture) 번식 방법으로 번식된 식물은 'M' 표기를 해야 한다.
식물생육 및 유통	• 초본류는 건강·성숙해야 하며, 면역력이 강해야 한다. • 식물, 토양(배양토 혹은 상토), 화분에는 생육기간 동안 생장에 위험을 줄 수 있는 병충해 및 잡초 씨앗이 없어야 한다. • 식물은 생육기간에 적합하게 생장되어야 하며, 너무 오래되어 숙성되었거나 노쇠된 식물은 허용되지 않는다.
포트	• 포트 및 컨테이너 크기는 식물의 종류와 크기에 적당해야 하며, 뿌리의 발육상태도 균일해야 한다. • 포트 및 컨테이너는 최소 90% 토양과 뿌리로 채워져야 하며, 뿌리가 포트와 컨테이너 밖으로 많이 나오면 안 된다. • 뿌리의 모양이 기둥형태이거나 약하고 가는 뿌리의 식물은 반드시 포트 또는 컨테이너로 유통해야 한다(작약, 도라지, 아이리스 등은 예외이다).
유묘	• 유묘는 면역력이 강한 식물을 유통해야 하며, 온실에서 자란 유묘를 판매할 때 유묘가 면역이 강한 식물이라는 것을 소비자에게 전달해야 한다. • 가을에 판매될 유묘는 지속적인 생장을 보장할 수 있는 새싹이 잘 형성되어 있어야 한다. • 노지재배 유묘는 뿌리가 잘 형성되어 있어야 하며, 운반 도중 건조되지 않게 해야 하고, 새싹(봉오리)은 상처가 없어야 한다.

구분	규격 및 품질기준
노지식물	• 노지재배된 초본류의 판매는 휴면(겨울휴면) 상태에서 이루어지며, 이때 식물은 주새싹(봉오리)과 부새싹(봉오리)으로 구분된다. • 식물의 부새싹(봉오리)이 충분하더라도 주새싹(봉오리)을 잘라내어서는 안 된다. 즉, 다음 해에 주새싹(봉오리)에서 꽃을 피울 수 있게 생장해야 하고, 부새싹(봉오리)에서는 식물 종에 맞는 새 가지가 형성되어야 한다. • 모든 크기의 노지재배 초본류의 뿌리와 새 가지는 일정한 비율로 생장되어야 한다. • 냉장시킨 식물은 유해균이 없어야 하며, 건조 피해를 받지 않도록 한다. • 식물은 다음 해에 생장이 지속될 수 있도록 생장주기가 완벽하게 끝나야 하며, 냉장시킨 식물은 냉장기술을 응용했다는 것을 표기해야 한다. • 구근성 초본류는 뿌리의 직경(cm)을 표기해야 하며, 기둥형 뿌리는 길이를 표기해야 하고, 근분 형태의 노지 초본류 근분의 크기는 최소 규격에 적합해야 한다.
표기법	• 모든 초본류는 분류 순위에 따라 영구적인 에티켓을 부착해야 하며, 식물의 속(Genus), 종(Species) 및 아종(Subspecies)을 명시해야 한다. • 식물 종 보호규정에 속한 야생수목 및 생장점(meristem culture) 번식을 통해 번식된 유묘와 초본류의 표기 설정은 식물 유래, 식물 종 보호 규정 및 품종 보증에 관한 규격기준을 참조해야 한다.
포장방법	• 식물은 사용된 포장용기의 모양과 형태로 인한 피해가 없도록 포장된 장소에서 보장해야 한다. • 포장을 통해 내용물에 공기의 유통이 충분하도록 해야 하며, 각각의 운송된 물품의 포장용기를 쌓아두기에 안전하게 포장해야 한다. • 노지식물의 포장은 건조를 방지하고, 탄소동화작용이 잘 되도록 해야 한다. • 연꽃과 수생식물은 수분 증발 및 햇빛과 바람으로 인한 피해를 막아야 한다.

포트 및 컨테이너	• 포트 및 컨테이너의 용량
	  − 250cm³ = P 0.25 (예: 7형 포트 − 7×7×8cm)
	  − 400cm³ = P 0.4 (예: 8형 포트 − 8×8×8.5cm 또는 9형 포트 − 9×9×7cm)
	  − 500cm³ = P 0.5 (예: 9형 포트 − 9×9×9.5cm)
	  − 1000cm³ = P 1.0 (예: 11형 포트 −11×11×12cm)
	• 2000cm³ 이상은 컨테이너 'C'로 표기하고, 용량은 'L'로 표기
	  (예: C2 = 2L = 2000cm³, C5 = 5L = 5000cm³)

※ 자료 : FLL, 2004.

포트 초본류는 최소 포트 용량에 따라 생산되어야 하며, 그 밖의 포트 규격은 판매자와 소비자의 합의에 따라 조절할 수 있다(표 4-11).

<표 4-11> 독일 화분 초본류의 규격기준

구분	규격		
	포트 용량 (min.)	적용 수종	내용
넓게 생장되는 지피 초본류	400cm³	• *Ajuga reptans*류 • *Antennaria*류 • *Phlox subulata* • *Saxifraga Arendsii-Hybriden*	가지(새싹)의 끝부분에 뿌리가 새로 발생되기도 하고 발생되지 않기도 하는 지피식물로 이용
약하게 생장되는 소형 초본류	250cm³	• *Armeria juniperifolia* • *Saxifraga* • *Sempervivum*	포트 형태로 판매 가능
지피형이 아닌 낮은 초본류	400cm³	• *Asarum europaeum* • *Galium odoratum* • *Duchesnea indica* • *Oxalis acetosella* • *Lamiastrum* • *Vinca minor*(5~7개 가지)	가지(새싹)의 끝부분에 뿌리가 발생되며 지피식물로 이용
낮고, 중간 높이의 초본류	400cm³	• *Anaphalis triplinervis* • *Aster amellus* • *Brunnera Macrophylla* • *Nepeta x faassenii*	가지(새싹)의 끝부분에 뿌리가 발생되지 않는 식물
중간 높이부터 높은 초본류	500cm³	• *Aster novi-belgii* • *Astilbe x arendsii* • *Liatris* • *Coreopsis verticillata*	최소 3개의 잘 생장된 가지(새싹)가 있어야 한다.
특수 뿌리를 가진 중간 높이부터 높은 초본류	500cm³	• *Lris Barbata-Elatior* • *Lris sibirica* • *Papaver orientale*	기둥형태의 뿌리와 통통한 줄기를 가진 초본류는 가지가 강해야 하며, 기둥형태의 뿌리는 잘 발달되어야 하고 세근 발달도 좋아야 한다.

구분	규격		
	포트 용량 (min.)	적용 수종	내용
낮거나 중간 높이의 목초	400cm³	• *Carex*와 *Festuca* • *Luzula*류 • *Molinia caerulea* • *Sesleria* • *Briza*	초본류의 고유한 특징을 보여야 한다.
중간 높이부터 높은 목초	500cm³	• *Calamagrostis* • *Molinia arundinacea* • *Panicum*류 • *Pennisetum*류 • *Helictotrichon* *sempervirens*	가지(새싹)가 잘 보여야 한다.
높고 강한 가지의 목초	1000cm³	• *Cortaderia* • *Miscanthus*류	근분묘 혹은 포트 형태로 유통
낮거나 중간 높이의 양치류	500cm³	• *Asplenium*류 • *Blechnum spicant* • *Phyllitis scolopendrium* • *Polypodium vulgare*	포트 형태로만 유통
중간 높이부터 높은 양치류	500cm³	• *Athyrium*류 • *Driopteris*류 • *Matteuccia*류 • *Osmunda*류	근분묘 혹은 포트 형태로 유통
줄기 40cm까지의 연못장미류	500cm³	• *Pygmaea*류	최소 1식물의 지하경 새 뿌리의 크기 는 3cm가 되어야 함

줄기 40cm 이상의
연못장미류
	1000cm³	• *Nymphaea, Aurora*
		  Walter Pagels
		• *Attraction, James Brydon*
		  *Marliacea*류
		  Nuphar lutea
			• 소형 연못장미류의 지하경 새 뿌리
			  크기는 5cm 기준
			• 대형 연못장미류의 지하경 새 뿌리
			  크기는 5~8cm 기준

수면 위 식물
또는 수중식물
	–	• *Hydrocharis morsusranae*
		• *Myriophyllum verticillatum*
			• 수면 위에 떠 있고 물속에 뿌리가 있
			  는 수중식물은 조각을 잘라 유통할
			  수 있다.
			• 식물의 조각은 수령과 고유의 형태
			  에 상관없이 서식지에 적응 가능한
			  크기로 선택할 수 있다.

구분	규격		
	포트 용량 (min.)	적용 수종	내용
낮거나 중간 높이의 수생식물	400cm³	• *Calla palustris* *Eleocharis palustris* *Alisma plantago-aquatica* • *Caltha palustris* *Poentilla palustris* *Alisma plantago-aquatica*	• 줄기에서 뿌리가 발생되고, 새싹 괴경과 물속뿌리가 있는 식물 • 줄기에서 뿌리가 발생되지 않고, 식물 고유의 특징과 성장시기에 맞는 강한 줄기를 보유해야 함
중간 높이부터 높은 수생식물	500cm³	• *Iris pseudacorus* *Pontederia cordata* • *Cyperus longus* *Scirpus lacustris*	• 줄기가 두터워야 하며, 새싹 눈이 강하게 잘 발달되어 있어야 함 • 새싹 괴경이 형성되는 식물류는 근분 상태에서 새싹 괴경이 잘 보여야 함
옥상녹화를 위한 식물 혹은 식물의 일부분	• 옥상녹화를 위한 초본류는 높은 무기광물질(유기물질 함유량 최고 10 Vol/%)이 함유된 특수토양에서 재배해야 한다. • 옥상녹화용 토양의 입자는 여러 층으로 구성된 건축재료에 적합한 구조여야 한다. 독일농촌개발연구협회(FLL)에서 제정한 포괄적 옥상녹화의 계획규정, 설치규정, 관리규정 등 참조 • 식물 재배는 포트와 트레이를 이용해야 하며, 포트 높이는 최대 5cm, 구매 계약에 규격기준이 없을 경우 용량은 최소 50cm³이어야 한다. • 식물은 생육환경이 나쁜 조건에서도 잘 자랄 수 있어야 하며, 영양염류 함량이 높은 비료를 사용하여 재배된 식물은 허용되지 않는다. • 돌나물류(Sedum-Sprossen)는 제1장의 일반 규격기준에 준하고, 식물의 종에 적합하게 재배해야 하며, 비료 사용은 최소화해야 한다. • 식물 새싹의 길이는 식물의 고유 형태에 적합해야 하며, 꽃이 개화된 상태는 식물 전체 꽃봉오리 면적의 5%를 넘을 수 없다. • 식물의 채취는 가능한 생육 초기에 이루어져야 하고, 운송을 위한 식물의 포장은 운송과 보관 기간(최고 3일)을 잘 견딜 수 있도록 해야 한다.		

2) 품질기준

높이, 폭, 새 가지의 수와 길이, 가지의 형성 및 활착은 조경식물의 나이에 적합하게 조성되어야 한다. 수목의 뿌리는 수종, 수령, 폭, 분얼(눈)의 개수 등 토양의 상태에 따라 잘 발달되어야 한다.

① 침엽수 : 가지는 수종 생육의 특성에 따라 풍성하게 형성되어야 하며, 잎은 수종 고유의 색깔을 보유해야 하고, 수종, 수령, 식재 지역에 따라 최소 3년에 1번은 이식해야 한다.
② 낙엽교목 : 직선 형태의 줄기를 형성하고 수목 고유의 특징이 나타나야 하며, 줄기가 두 갈래로 갈라진 형태는 허용되지 않는다.
③ 낙엽관목 : 최종 이식된 기간이 2년이 경과된 것이 확인되어야 하며, 최소한 1번은 이식해야 한다.
④ 초본류 : 식물의 유래, 식물 종 보호, 종의 보증, 건강상태, 포트 및 컨테이너의 규격, 포장 방법 등 수종에 따라 규격기준에 적합해야 한다.
⑤ 지피식물 : 수종에 적합한 가지를 보유해야 하며, 재배기간 동안 1회 전정되어야 한다.
⑥ 덩굴식물 : 최소한 2개 이상의 강한 줄기를 형성해야 하며, 막대기로 지지대를 해주어야 한다.

3. 스위스 정원식물의 규격과 품질 기준

일반적인 수목 품질에 대한 규격은 의무적인 평가요구 규정으로 정의하였다. 이러한 평가 기준은 의무적으로 지켜야 하며, 수목의 질과 규격이 의무규정에 미달되었을 경우 시장에 판매하지 못하도록 하고 있다. 수목의 시중 판매규정을 다시 개편하여 가격과 수목생산자의 생산능력에 관해 규정하였으며, 판매 가능한 크기에 도달하지 못한 수목은 유묘, 반성장묘 또는 조림수로 구분하여 낮은 가격에 판매하도록 하고, 판매 가능한 크기에 도달한 조경수는 규격묘로 인정하여 높은 가격을 받을 수 있도록 하였다. 농장재배 수목의 규격 측정은 시중에서 유효한 규격 측정에 따라 측정해야 한다고 규정하고, 크기의 규격은 특히 조경수 분야의 EDV 표준에 준해야 한다고 규정하였다(표 4-12, 13, 14, 15).

<표 4-12> 스위스 수목의 의무 준수사항 및 규격기준

구분	의무 준수사항 및 규격기준
품종 보증	• 조경수는 식물 품종이 보증되어야 하며, 초본류의 경우 영양번식으로 식물 품종 고유의 특징이 소멸될 경우 영양번식 방법을 원칙으로 규정하고 있다. • 유성번식이나 무성번식 혹은 조직 배양된 식물인지 아닌지를 소비자들이 요구할 경우 설명해주어야 한다.
식물 유래 및 종 보호	• 수목은 수목 생산자에 의해 생산되어야 하며, 식물을 재조림할 경우에는 관리 당국의 허가를 반드시 받아야 한다. • 예외로 자연에서 채취한 나무를 사용할 수 있으며, 식물 종(Species) 보호를 받는 식물은 관련 법규에 따르고, 반드시 기관에서 발행하는 허가서나 이에 준하는 증명서를 제출해야 한다.
건강 상태 및 잡초 유무	• 수목은 건강하고, 병충해에 오염되어 있지 않아야 하며, 상처가 없어야 한다. 식물은 성숙되고 단단해야 하며, 지속적인 성장에 장해를 받지 않아야 한다. • 토양, 양토 및 화분은 병충해 및 잡초가 없어야 하며, 식물 식재과정에서 다른 식물의 씨앗으로 인한 잡초가 발생되지 않아야 한다. • 식물의 생장, 수확 및 가치를 저하시키지 않는 자연적인 현상이나 완전히 제거가 불가한 병해충, 작은 실수는 어느 정도 허용이 가능하다.
영양상태, 활엽, 침엽	• 활엽수 및 침엽수의 경우 잎의 생육은 식물 종(Species) 고유의 특징을 구분할 수 있도록 생장해야 하며, 영양결핍 현상이 나타나면 안 된다.
뿌리 발육	• 수목은 식물의 종에 적합한 뿌리가 잘 발달되었다는 것을 보증해야 한다.
컨테이너 및 포트 식물	• 컨테이너 및 포트는 식물 크기에 적합하고, 뿌리는 잘 발달되어야 한다. • 식물이 오랜 기간 동안 같은 컨테이너와 포트에 식재되어 뿌리돌림 현상과 같은 결과가 나타나지 않아야 한다.

근분묘	• 근분묘는 뿌리가 잘 근분된 상태에서 판매해야 하며, 근분의 상태는 식물 고유의 모양과 크기에 적합해야 하고, 뿌리는 잘 발달되고 뭉쳐져 있어야 한다.
	• 근분 자재 사용에 대한 규정
	  – 유타그물 및 토양에서 잘 부식되는 물질을 사용해야 하며, 근분에 사용된 재료는 식물 식재 시 완전히 제거하지 말고 근분 상단을 개봉해야 한다.
	  – 유타그물 및 토양에서 잘 부식되는 물질과 아연으로 도금되지 않은 철망을 사용할 수 있다. 근분에 사용된 재료는 식물 식재 시 제거하지 말아야 하며, 식물 근분의 상단은 개봉해야 한다.
	  – 큰 나무를 근분할 경우 아연으로 도금되지 않은 철망을 이용하거나 근분방법 규정에 따라 실시해야 한다.
	  – 부식되지 않는 나일론과 같은 근분 재료는 식재 시 반드시 제거해야 한다.

※ Jardin Suisse, 2005.

<표 4-13> 스위스 수목의 유형별 규격기준

구분	분류	수목의 유형별 규격기준
활엽수	관목류	• 소형 관목 및 지피형 관목 – 포트규격 : 컨테이너(용량 : 3~5L) – 유통규격 : 20/30cm와 60/70cm 사이 – 수종 : *Berberis thunbergii, Atropurpurea Nana, Genista lydia, Potentilla fruticosa, Caryopteris, Hypericum, Hidcote.* • 중간 관목류 – 포트규격 : 근분묘, 컨테이너(용량 : 5~10L) – 유통규격 : 70/80cm와 125/150cm 사이 – 수종 : *Forsythia, Spiraea x vanhouttei. Buddleja* • 대형 관목류 – 포트규격 : 나근묘, 근분묘, 컨테이너 – 유통규격 : 80/100cm와 225/250cm 사이 – 수종 : *Amelanchier lamarckii, Syringa vulgaris, Prunus cerasifera, Woodii, Sambucus nigra*
	대형 관목	– 포트규격 : 나근묘, 근분묘, 컨테이너 – 유통규격 : 100/125cm와 350/400cm 사이 – 수종 : *Acer campestre, Sorbus aucuparia, Acer palmatum, Parrotia persica*
	일자형 관목 (Stammbüsche)	– 포트규격 : 나근묘, 근분묘, 컨테이너 – 유통규격 : 150/175cm와 450/500cm 사이 – 수종 : *Acer platanoides, Alnus glutinosa, Fraxinus excelsior, Liquidambar styraciflua*
	지피형 관목 (Bodendecker)	– 포트규격 : 포트, 컨테이너(용량 : 0.35~1.0L) – 유통규격 : 150/175cm와 450/500cm 사이 – 수종 : *Hedera hibernica, Stephanandra incisa, Crispa, Symphoricarpos x chenaultii, Hancock*
침엽수	높이 성장하고 줄기가 하나	– 유통규격 : 100/125cm와 350/400cm 사이 – 수종 : *Abies nordmanniana, Larix decidua, Picea omorika*
	높이 성장하고 줄기가 하나 혹은 다수	– 유통규격 : 60/70cm와 225/250cm 사이 – 수종 : *Pinus mugo, Taxus baccata, Tsuga canadensis*
	원개형 침엽수	– 유통규격 : 30/35cm와 80/100cm 사이 – 수종 : *Pinus mugo var. mughus, Juniperus x media Mint Julep, Picea abies, Nidiformis*

구분	분류	수목의 유형별 규격기준
침엽수	수지형 침엽수	– 유통규격 : 70/80cm와 225/250cm 사이 – 수종 : *Chamaecyparis Pendula, Picea abies, Inversa*
	지피형 침엽수	– 유통규격 : 20/25cm와 60/70cm 사이 – 수종 : *Juniperus, Microbiota decussata, Taxus baccata, Repanden*

	특수 수형 침엽수	• 피복형
		  – 유통규격 : 20/25cm와 60/70cm 사이
		    – 수종 : *Chamaecyparis obtusa nana Gracilis, Pinus mugo* var. *pumilio*
		• 조밀형
		  – 유통규격 : 40/50cm와 100/125cm 사이
		    – 수종 : *Picea abies Ohlendorffii, Pinus sylvestris Watereri*
		• 타원형
		  – 유통규격 : 20/25cm와 70/80cm 사이
		    – 수종 : *Pinus mugo Mops, Thuja occidentalis Danica*
		• 원주형
		  – 유통규격: 40/50cm와 125/150cm 사이
		    – 수종 : *Chamaecyparis lawsoniana Golden Wonder, Picea glauca Conica, Thuja occidentalis Sunkist*
		• 원통형
		  – 유통규격 : 40/50cm와 125/150cm 사이
		    – 수종 : *Chamaecyparis lawsoniana Ellwoodii, Taxus baccata Fastigiata Robusta, Thuja occidentalis Smaragd*

상록 활엽수		– 화분규격 : 근분묘(철망), 컨테이너 – 수종 : *Prunus laurocerasus, Pieris japonica, Rhododendron* – 유통규격 : 130/40cm와 80/100cm 사이 – 수종 : *Berberis verruculosa, Buxus sempervirens* – 유통규격 : 80/100cm와 150/175cm 사이 – 수종 : *Prunus laurocerasus, Viburnum rhitidophyllum*

가로수 및 관상수	공통	– 이식 횟수 : 크기 6/8–10/12 = 2x 이식
		             크기 12/14–20/22 = 3x 이식
		             크기 22/25–30/35 = 4x 이식
		             크기 35/40–45/50 = 5x 이식

구분	분류	수목의 유형별 규격기준
가로수 및 관상수	가로수	– 유통규격 : 수간 높이 200~250cm(HO, HOB, HOC) : 10/12~25/30 　　　　　　수간 높이 260~300cm(HU, HUB, HUC) : 18/20~25/30 　　　　　　수간 높이 310cm 이상(HUU, HUUB, HUUC) : 22/25~30/35 – 수종 : *Acer platanoides, Globosum, Robinia pseudoaccacia Umbraculifera, Fraxinus excelsior Pendula, Betula pendula Youngii, Prunus Umineko, Platanus x acerifolia, Tilia*
	관상수	– 유통규격 : 수간 높이 160~250cm(HO, HOB, HOC) : 6/8~18/20 　　　　　　수간 높이 80~150cm(HA, HAB, HAC) : 4/6~12/14 　　　　　　수간 높이 40~80cm(FU, FUB, FUC) : 3/4~8/10 – 수종 : *Amelanchier laevis Ballerina, Catalpa bignonioides, Cornus mas, Hibiscus, Syringa vulgaris*
산울타리용 관목류		– 포트규격 : 나근묘, 근분묘, 컨테이너 – 유통규격 : 50/60cm와 80/100cm 사이 – 수종 : *Ribes alpinum, Buxus sempervirens, Berberis thunbergii* – 유통규격 : 60/80cm와 125/150cm 사이 – 수종 : *Ligustrum, Taxus baccata, Thuja occidentalis, Smaragd, Carpinus betulus, Prunus laurocerasus, Caucasica, Rotundifolia*
덩굴나무		– 포트규격 : 포트, 컨테이너(용량 : 최소 2.5L) – 유통규격 : 포트 : 40~80cm, 컨테이너 : 80~150cm 및 100~150cm – 수종 : *Wisteria sinensis, Lonicera caprifolium, Hedera hibernica* – 크기로 분류되는 아이비와 덩굴식물 : 50~60cm와 175~200cm

※ Jardin Suisse, 2005.

〈표 4-14〉 스위스 초본류의 규격 및 품질기준

구분	규격 및 품질기준
품종 보증	• 조경수는 식물 품종이 보증되어야 하며, 초본류의 경우 영양번식으로 식물 품종 고유의 특징이 소멸될 경우 영양번식 방법을 원칙으로 규정하고 있다. • 유성번식이나 무성번식 혹은 조직 배양된 식물인지 아닌지를 소비자들이 요구할 경우 설명해야 한다.
식물 유래 및 종 보호	• 수목은 조경수 생산자에 의해 생산되어야 하며, 식물을 재조림할 경우에는 관리 당국의 허가를 반드시 받아야 한다. • 예외로 자연에서 채취한 나무를 사용할 수 있으며, 식물 종(Species) 보호를 받는 식물은 관련 법규에 따라야 하고, 반드시 기관에서 발행하는 허가나 이에 준하는 증명서를 제출해야 한다.

구분	규격 및 품질기준
생육상태 및 잡초	• 수목은 건강하고, 병충해에 오염되어 있지 않아야 하며, 상처가 없어야 한다. 식물은 성숙되고 단단해야 하며, 지속적인 성장에 장해를 받지 않아야 한다. • 토양, 양토 및 화분은 병충해 및 잡초가 없어야 하며, 식물 식재과정에서 다른 식물의 씨앗으로 인한 잡초가 발생되지 않아야 한다. • 식물의 생장, 수확 및 가치를 저하시키지 않는 자연적인 현상이나 완전히 제거가 불가한 병해충, 작은 실수는 어느 정도 허용이 가능하다.
영양상태, 활엽, 침엽	• 활엽수 및 침엽수의 경우 잎의 생육은 식물 종(Species) 고유의 특징을 구분할 수 있도록 생장해야 하며, 영양결핍 현상이 나타나면 안 된다.
뿌리 발육	• 조경수는 식물의 종에 적합한 뿌리가 잘 발달되었다는 것을 보증해야 한다.
컨테이너 및 포트 식물	• 컨테이너 및 포트는 식물 크기에 적합하고, 뿌리는 잘 발달되어야 한다. • 식물이 오랜 기간 동안 같은 컨테이너와 포트에 식재되어 뿌리돌림 현상과 같은 결과가 나타나지 않아야 한다.

※ Jardin Suisse, 2005.

〈표 4-15〉 스위스 조경수의 규격기준

구분	규격(cm)
활엽수	15/20, 20/30, 30/40, 40/50, 50/60, 60/70, 70/80, 80/100, 100/125, 125/150, 150/175, 175/200, 200/225, 225/250, 250/275, 275/300, 300/350, 350/400, 400/450, 450/500, 500/600, 600/700, 700/800, 800/900, 900/1000
침엽수	10/15, 15/20, 20/25, 25/30, 30/35, 35/40, 40/50, 50/60, 60/70, 70/80, 80/100, 100/125, 125/150, 150/175, 175/200, 200/225, 225/250, 250/275, 275/300, 300/350, 350/400, 400/450, 500/550, 550/600
가로수 (흉고직경, cm)	3/4, 4/6, 6/8, 8/10, 10/12, 12/14, 14/16, 16/18, 18/20, 20/22, 22/25, 25/30, 30/35, 35/40, 40/45, 45/50, 50/55, 55/60
산울타리용 식물	30/40, 40/50, 50/60, 60/80, 80/100, 100/125, 125/150, 150/175, 175/200
덩굴식물	50/60, 60/80, 80/100, 100/125, 125/150, 150/175, 175/200

※ Jardin Suisse, 2005.

1) 규격기준

스위스의 경우 조경수생산자협회(Verband Schweizerischer Forstbaumschulen)에서 2006년 개정된 조경수규격규정(Qualitätsbestimmungen)에 따라 조경수의 품질, 선별, 포장(성탄절용 묘목 포함), 조경수와 산울타리용 수목 및 대형 조경수에 대해 규정을 하고 있다. 조경수는 〈표 4-16〉에 따라 구별되며 10그루, 25그루 혹은 50그루의 다발로 묶을 수 있다. 조경수의 묶음 다발이 운반에 부적당할 경우 작은 크기의 다발을 선택할 수 있고, 활엽수의 규격이 60~100cm일 경우 두 번 묶을 수 있다.

조경수 규격기준의 최저 크기에 절대 미달되어서는 안 되며, 최적의 중간 크기는 보장되어야 하고, 최고 크기는 10% 이상을 넘을 수 없다. 교목일 경우 휘어진 나무는 골라내야 하며, 가지가 많은 교목은 골라내거나 가지를 선택하여 잘라내도록 해야 한다. 상수리나무와 피나무를 제외한 교목 중 잘라낸 식물의 부분이 20%를 넘어서는 안 된다. 조경수의 증식 및 재배규정에 관련되어 있거나 산림조림 목적 규정에 해당될 경우 반드시 필요한 법 규정을 준수해야 한다. 유묘(1/0, 2/0 등)로 표기되어 있지 않은 식물은 최소한 1회 이식하거나 아니면 잘라주어야 한다.

〈표 4-16〉 스위스 조경수 유형별 규격 및 크기 측정법

구분	식물 종류	규격	크기(cm)	식물/다발
침엽수	유묘	1/0 또는 2/0	–	50그루
		1/0 또는 2/0	7~15	50그루
		1/0 또는 2/0	10~20	50그루
		1/0 또는 2/0	15~30	50그루
	이식 및 전정	–	12~25	50그루
			15~30	25 또는 50그루
			20~40	25 또는 50그루
			25~50	25 또는 50그루
			30~60	25 또는 50그루
			40~70	25그루
			50~80	25그루
			80~120	10 또는 25그루

구분	식물 종류	규격	크기(cm)	식물/다발
활엽수	유묘	1/0	–	50그루
		1/0	10~20	50그루
		1/0	15~30	50그루
		1/0	20~40	50그루
	이식 및 전정	–	30~50	25그루
			40~60	25그루
			50~80	25그루
			60~100	25그루
			80~120	25그루
			100~140	25그루
			120~160	10 또는 25그루
			140~180	10그루

※ Jardin Suisse, 2006.

2) 품질기준

일반적인 수목품질에 대한 규격은 의무적인 평가요구 규정으로 정의하고 있다. 이러한 평가기준은 의무적으로 지켜야 하며, 수목의 질과 규격이 의무준수 규정에 미달되었을 경우 시장에 판매하지 못하도록 규정한다.

① 수목은 종(Species)이 확실해야 하며, 지속적으로 성장할 수 있게 성숙하고 건강해 야 한다.

② 수목의 지속적인 생장을 위해 병해충이 없어야 하며, 식물의 생장을 크게 저해하지 않는 유해성 미생물이나 완전하게 제거가 불가능한 작은 실수 및 자연적인 현상은 적당한 범위에서 허용된다.

③ 수목의 뿌리는 수종, 수령, 가지의 수 및 수목의 크기에 맞게 잘 발달되어야 하며, 뿌 리의 세근 또한 충분히 잘 발달되어야 한다.

④ 활엽수 및 침엽수 잎의 생육은 식물 종 고유의 형태 및 색깔을 갖추어야 하며, 영양 결핍 현상이 나타나지 않도록 해야 한다.

⑤ 초본류는 식물의 유래, 식물 종 보호, 종의 보증, 잡초 여부, 영양상태, 포트 및 컨 테이너의 규격, 잎과 뿌리의 활착상태 등 수종에 따라 규격기준에 적합해야 한다.

조경수는 일반적으로 나근묘, 포트 형태 또는 근분묘 형태로 구분되며, 식물의 종류에 따라 생장이 각각 다르기 때문에 조림수를 나근묘 규격에 따라 유묘(Sämlinge, 1/0, 2/0), 어린 묘(Jungpflanzen, JP), 소형관목류(leichte Büsche, LBU) 및 관목류(Büsche, BU)로 구분한다.

포트 식물은 생장형태에 따라 관목류(Büsche), 지피류(Bodenbedecker), 덩굴류(Kletterp-flanzen) 로 나누어지며, 조경수 유형별 나근묘 및 포트식물 분류 기준표에 따라 재배해야 한다 (표 4-17).

<표 4-17> 스위스 조경수 규격기준 (나근묘 및 포트식물)

구분	규격(cm)
제 1 그룹	*Acer campestre, Caragana arborescens* 외 42종
제 2 그룹	*Amelanchier ovalis, Cornus sanguinea* 외 7종
제 3 그룹	*Ligustrum vulgare, Lonicera xylosteum* 2종
제 4 그룹	*Berberis vulgaris, Ribes alpinum* 외 3종
포트-관목류	*Buddleia davidii, Buxus sempervierens* 외 21종
포트-지피류	*Hebera helix, Vinca minor* 2종
포트-덩굴류	*Clematis vitalba, Fallopia auberti* 외 6종

※ Jardin Suisse, 2006.

이러한 묘목들은 5, 10, 25 또는 50그루/묶음으로 묶여야 하며, 묘목의 묶음 다발 이 운반에 부적당할 경우 소형 묶음 형태를 선택할 수 있다. 나근묘 규격이 50~80cm, 60~ 80cm, 60~100cm일 경우 두 번 묶을 수 있다(표 4-18, 19).

<표 4-18> 스위스 조경수 유형별 규격 및 묶음 기준(나근묘)

구분	식물 종류	표기 형태	크기(cm)	가지의 수 (최소량)	식물/묶음
그룹 1-4	유묘	1/0 또는 2/0	–	1	50
		1/0 또는 2/0	7~15	1	50
		1/0 또는 2/0	10~20	1	50
		1/0 또는 2/0	15~30	1	50
		1/0 또는 2/0	20~40	1	50

구분	식물 종류	표기 형태	크기(cm)	가지의 수 (최소량)	식물/묶음
그룹 1-4	어린 묘	JP	15~30	1	25
		JP	20~40	1	25
		JP	30~50	1	25
		JP	40~60	1	25
		JP	50~80	1	25
		JP	60~100	1	25
그룹 1	소형 관목류	LBU	40~60	2	10
		LBU	60~100	2	10
		LBU	100~140	2	10
	관목류	BU	60~80	3	5
		BU	80~100	3	5
		BU	100~125	3	5
		BU	125~150	4	5
그룹 2	소형 관목류	LBU	40~60	2	10
		LBU	60~100	3	10
		LBU	100~140	3	10
	관목류	BU	60~80	4	5
		BU	80~100	4	5
		BU	100~125	4	5
		BU	125~150	5	5
그룹 3	소형 관목류	LBU	40~60	2	10
		LBU	60~100	4	10
		LBU	100~140	4	10
	관목류	BU	60~80	5	5
		BU	80~100	5	5
		BU	100~125	5	5
		BU	125~150	6	5
그룹 4	소형 관목류	LBU	30~50	3	10
		LBU	50~80	3	10
	관목류	BU	40~60	5	5
		BU	60~80	6	5
		BU	80~100	6	5

<표 4-19> 스위스 조경수 유형별 규격 및 묶음 기준(포트 유묘)

구분	식물 종류	표기 형태	크기(cm)	포트 크기 (최소 크기)	준수 사항
그룹 5	포트식물/ Jpfl. 포트 어린식물	TJP T T T T T	10~20 20~40 40~60 60~80 80~100 100~140	9-er 포트 1.5 lit 1.5 lit 1.5 lit 3 lit 3 lit	
그룹 6	지피식물	T T	– 20~40	9-er 포트 9-er 포트	
그룹 7	덩굴식물	T T T	40~60 60~100 100~140	1.5 lit 1.5 lit 1.5 lit	

※자료 : Jardin Suisse, 2006.(T : 포트식물, TJP : Jpfl. 포트식물)

포트의 크기는 수종, 수령, 식물의 크기에 적합해야 하며, 관목류 최저 규격은 축소시킬 수 없다. 소형 관목류 및 관목류는 가지의 길이가 25cm 이상 지표면에서 자라야 하고, 요구된 최저 높이에 도달한 가지만 유효하며, 적합한 식물의 평균 크기는 보장되어야 한다. 유묘(1/0, 2/0 등)로 표기되어 있지 않은 조경수는 최소한 1회 이식하거나 잘라주어야 하며, 소비자의 요구에 따라 식물의 유래에 관한 정보를 표기해야 한다.

4. 한국 정원식물의 규격과 품질 기준을 위한 대안

해외의 조경식물 규격과 품질에 대한 기준 및 제도를 비교·분석해 보면 각 나라의 특색에 맞게 조경식물 표준안을 규정하고 있으며, 최종적인 목적은 식물의 품질향상을 위해 실제로 사용할 수 있는 기준을 조경식물의 종류별, 유형별 및 이용 용도별로 세분화하여 구체적으로 규정하고 있다는 것을 알 수 있다. 조경식물 규격과 품질에 대한 기준 및 제도를 해외 여러 국가들과 비교·분석한 결과, 우리나라 조경식물의 표준기준을 위하여 다음과 같은 대안을 제시한다.

1) 표준 규격기준을 위한 대안

정원식물 규격에 대한 기준은 국가별로 약간의 차이가 있지만 저마다 각각의 표준을 마련하여 사용하고 있다. 일반적으로 교목류의 규격표시는 '높이(m)×흉고직경(cm)'으로 표시하며 수종에 따라 폭, 수관의 길이, 지하고, 뿌리분의 크기, 근원직경 등을 적용할 수 있고, 흉고 부분 크기의 측정 여부에 따라 정원식물의 폭과 근원직경을 추가로 적용할 수 있다. 관목류는 '높이(m)×폭(m)'으로 표시하고, 수종에 따라 지하고, 뿌리분의 크기, 가지수(지), 수관길이 등을 적용할 수 있다. 덩굴식물의 규격표시는 일반적으로 '높이(m)×근원직경(cm)'으로 표시하지만, 수종에 따라 수간길이, 년생 또는 흉고직경을 적용할 수 있다. 초본류의 규격표시는 대부분 분얼로 표시한다.

정원식물의 규격과 가격은 조달청의 「조경수목 고시」에 기준이 있고, 품질에 대해서는 국토해양부의 「조경시방서」에 규정되어 있다. 우리나라의 경우 교목, 관목, 덩굴식물 및 초본류 등 성상별로 규격기준을 제시하고 있지만 각 정원식물의 생태적 특성과 이에 따른 재배 및 식재방법을 고려한 규격 구분에 대한 구체적인 기준이 미비한 실정이다.

독일, 스위스, 미국, 캐나다, 일본에서는 정원식물의 종류와 유형에 따라 구체적으로 표준규격을 제시하고 있다. 특히 독일, 스위스, 미국, 캐나다의 경우 식물의 종류 및 유형에 따라 규격의 표준이 되는 정원식물의 높이, 폭 및 흉고직경을 제시하고 있다. 이에 따라 선진 외국의 표준규격 기준을 우리의 실정에 맞게 응용하여 식물의 종류 및 유형에 따른 표준을 마련해야 할 것이다.

2) 컨테이너 규격기준의 대안

정원식물의 생산은 노지재배 또는 컨테이너 재배를 통해 이루어진다. 국내에서도 정원식물의 노지재배 및 컨테이너 재배를 하고 있으나 생산성과 효율성을 더욱 향상시키기 위해 첨단화된 기계를 활용한 기술이 필요한 실정이다. 국외의 경우 독일, 스위스, 미국, 캐나다에서는 교목, 관목, 덩굴식물 및 초본류의 크기에 따라 컨테이너의 규격을 표준화하여 생산 및 운반 유통체계에 활용하고 있다. 이에 따라 외국의 선진기술을 활용한 컨테이너 표준규격기준을 우리의 실정에 맞게 표준화하는 것이 필요하다.

3) 품질기준을 위한 대안

정원식물의 품질기준은 각 나라가 유사하게 규정하고 있으며, 대부분 서술적으로 기술되어 있다. 또, 공통적으로 식물의 수형 및 수세에 관련된 사항을 규정하고 있다. 독일, 스위스, 일본의 경우 우리나라에 비해 정원식물의 종류 및 유형에 따라 수형 및 수세에 대한 기준을 세분화하여 설정하고 있으며, 미국과 캐나다의 경우는 서로 비슷한 품질기준을 규정하고, 품질이 좋은 정원식물을 생산하기 위해 여러 단계로 등급화하고 있다. 이에 따라 독일, 미국, 캐나다 등의 선진 외국의 품질기준을 우리의 실정에 맞게 응용하여 품질평가의 기준을 마련할 수 있도록 해야겠다.

상록교목 | 소나무 / 주목 / 동백나무 / 먼나무 / 태산목
낙엽교목 | 느티나무 / 단풍나무 / 산수유 / 이팝나무 / 산딸나무 / 살구나무 / 백목련 / 매실나무 / 마가목 / 상수리나무 /
계수나무 / 층층나무 / 자귀나무 / 산사나무 / 노각나무

제5장
교목

주요 정원식물의 생태적 특성과
재배기술 및 이용사례

소나무

- 학명 : *Pinus densiflora* Siebold & Zucc.
- 원산지 : 한국, 일본, 중국
- 분포 : 전국 각처

1월	2월	3월	4월	5월	6월	7월	8월	9월	10월	11월	12월
								종자채종			
		파종									
		접목									

🌳 생태적 특성

상록침엽교목으로 수형은 원뿔형이며 수고 35m, 직경 1.8m
까지 자란다. 줄기는 직간으로 가지는 퍼지고, 수피의 윗부
분은 적갈색이며 밑부분은 흑갈색이다. 잎은 나선형으로 어
긋나고 침엽은 2개씩 속생하며, 길이 8~9cm, 너비 1.5mm
이다. 꽃은 자웅동주 단성화이며, 4~5월에 암꽃은 새 가지
(새순) 끝에서 난형으로 달리고 길이가 1cm이다. 수꽃은 다
른 새 가지의 밑부분에 1개씩 착생한다. 열매는 구과로 난
형이며 길이 4.5cm, 너비 3cm에 황갈색이고, 실편은 70~100
개이다. 종자는 타원형으로 길이 5~6mm, 너비 3mm이다.

🐌 생육상토

습도가 높은 토양을 피하고, 배수가 잘되는 마사토와 같은
토양이 좋다.

▲ 잎

▲ 열매

🌰 종자

- 종자채종: 9월 중순 이후
- 종자저장: 저온창고 약 2℃ 보관, 종자 소독약 혼합 보관
- 발아처리: 파종 1일 전 다찌가렌과 혼합하여 물에 침수

🖐 재배와 관리

❶ 파종

- 파종일자: 3월 중순경
- 파종방법: 흩어뿌림

로터리 작업 시 토양살충제 살포 후 두둑 만들 것

- 온도/습도: 약 25℃ / 약 90%
- 관수: 분사호스 및 스프링클러
- 시비: NK비료, 규산질, 유황, 아미노산 함량이 많은 비료
- 발아 소요기간: 약 25일
- 발아율: 약 85%

❷ 접목

- 접목일자: 3월 하순경
- 접목방법: 대목은 곰솔 2년생 묘목이 좋으며, 접수는 대목 보다 가는 신초부의 줄기를 잘라 할접

❸ 정식

- 제초: 상시
- 전정: 도장지 제거
- 동계관리: 월동에 강한 식물, 약 -15℃까지

❹ 병충해

- 병충해: 송충이, 솔잎혹파리, 소나무재선충
- 방제법: 마라치온 유제, BHC분재, 스미치온 살포

🚚 유통

- 출하규격: 실생 1년, 실생 2년
- 포장방식: 1단 20주
- 유통경로: 도 · 소매업자, 조경수 재배 실소유자
- 유통단가: 실생 1년 @200, 실생 2년 @600 / H0.5*분 @4,000 / H1.0*분 @6,000

▲ 군식하여 경관 향상

▲ 악센트 식재하여 시각적 초점으로 활용

▲ 군식하여 경관 향상

▲ 군식하여 경관 향상

- **학명** : *Taxus cuspidata* Siebold & Zucc.
- **원산지** : 한국, 일본, 사할린
- **분포** : 전국 각처

1월	2월	3월	4월	5월	6월	7월	8월	9월	10월	11월	12월
									종자채종		
		파종							파종		

🌿 생태적 특성

상록침엽교목으로 수형은 원뿔형이며 수고 20m, 직경 1m 까지 자란다. 줄기는 직립하고 가지는 퍼지며, 큰 가지와 줄기는 적갈색이다. 잎은 선형이고 나선형으로 착생하며, 길이 1.5~2.5cm, 너비 2~3mm이다. 모양은 끝이 뾰족한 미철두이며, 표면은 짙은 녹색이고 뒷면에 연한 흰색 줄이 2줄 있다. 꽃은 자웅이주이며 4월에 피는데, 암꽃은 녹색으로 10개의 인편으로 싸여 있고, 수꽃은 갈색으로 6개의 인편으로 싸여 있다. 종자는 난상 타원형 또는 삼각형이며, 길이는 6mm이다.

▲ 잎

🏵 생육상토

습지는 생육이 좋지 못하며 배수가 잘되는 토양(마사토)에서 생육이 좋다

▲ 열매

🖋 종자

- 종자채종: 9월 말~10월 초순
- 종자저장: 노천매장
- 발아처리: 종자채종하여 과육을 제거하고 약 5일 정도 그늘에 말린 뒤 노천매장

🌱 재배와 관리

❶ 파종

- 파종일자: 노천매장한 종자를 이듬해 6월 장마 전에 파종
  ① 가을파종 10월~11월
  ② 봄파종 3월 초~중순경
- 파종방법: 흩어뿌림
- 온도/습도: 약 25℃ / 약 60%
- 관수: 분사호스 및 스프링클러
- 시비: 밑거름으로 완숙퇴비, 웃거름으로 복합비료 21-17-17 극소량
- 발아 소요기간: 약 30일
- 발아율: 약 75%

파종 후 반드시 볏짚 멀칭 또는 차광망 설치해야 함

로터리 작업 시 토양살충제 살포 후 두둑 만들 것

❷ 정식

- 제초: 수시
- 전정: 도장지 제거

❸ 병충해

- 병충해: 모잘록병, 곰팡이병
- 방제법: 다찌가렌, 리조렉스 1~2회 살포

🚜 유통

- 출하규격: 실생 2년, 실생 3년
- 포장방식: 실생 2년 1단 50주, 실생 3년 1단 20주
- 유통경로: 도·소매업자, 조경수 재배 실소유자
- 유통단가: 실생 2년 @300 / 실생 3년 @800

▲ 악센트 식재하여 시각적 초점으로 활용

▲ 열식하여 동선 유도 및 경관 향상

▲ 군식하여 경관효과

▲ 열식하여 동선 유도 및 경관 향상

- 학명 : *Camellia japonica* L.
- 원산지 : 한국, 중국, 일본
- 분포 : 남해안 지역과 제주도

1월	2월	3월	4월	5월	6월	7월	8월	9월	10월	11월	12월
								종자채종			
		파종									

🌳 생태적 특성

상록활엽교목으로 수형은 타원형이며, 수고 7~15m, 직경 30~50cm까지 자란다. 줄기는 직립하고 1~2개의 분주가 나오며, 수피는 회갈색으로 평활하고, 소지는 갈색이다. 잎은 어긋나고 타원형이며 길이 5~12cm, 너비 2.5~7cm이다. 잎의 표면은 짙은 녹색이며 광택이 있고 뒷면은 황녹색이다. 꽃은 자웅동주 양성화로 잎겨드랑이 또는 가지 끝에 적색으로 핀다. 열매는 삭과로 둥글고 지름 3~4cm에 3실이며, 암갈색의 종자가 들어 있다.

🪴 생육상토

건조하고 척박한 지역을 피하고, 적습하고 비옥한 토양에서 생육이 좋다.

▲ 잎

▲ 꽃

🍂 종자

- 종자채종: 9월 중순~10월 초순
- 종자저장: 노천매장
- 발아처리: 종자채종 후 반그늘에서 5~7일 말리면 과육이 벌어지고, 장기간 건조상태로 보관한 종자는 2년 발아함

동백 종자의 특징은 과육에 기름이 많이 함유되어 있고 한 송아리 속에 6~8개 씨앗이 들어 있음. 씨앗 크기는 서로 다르지만 비립씨앗은 없는 것이 특징

▲ 열식하여 경관 향상

🌱 재배와 관리

❶ 파종

- 파종일자: 3월 중순
- 파종방법: 1.2m 두둑 지어 점뿌림
- 온도/습도: 약 25℃ / 약 90%
- 관수: 분사호스 및 스프링클러
- 시비: 복합비료 21-17-17 소량 살포
- 발아 소요기간: 약 60일
- 발아율: 약 80%

반드시 토양살충제 및 쥐약 살포(쥐가 종자를 파먹는 사례가 발생하여 쥐약을 살포해야 함)

로터리 작업 시 토양살충제 살포 후 두둑 만들 것

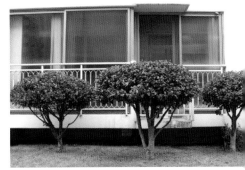
▲ 건물 전면에 열식하여 단정한 느낌 연출

❷ 정식

- 제초: 수시
- 전정: 도장지 제거

❸ 병충해

- 병충해: 잎마름병, 떡병
- 방제법: 석회황합제와 다이센엠, 4-4식 보르도액 살포

▲ 건물 앞에 식재하여 차폐효과

🚚 유통

- 출하규격: 실생 2년 1,000 / H0.6*분 5,000 / H0.8*분 7,000
- 포장방식: 1단 20주(실생)
- 유통경로: 도·소매업자, 조경수 재배 실소유자
- 유통단가: 실생 2년 @1,000 / H0.6*분 @5,000 / H0.8*분 @7,000

▲ 건물 앞에 식재하여 경관효과

- **학명** : *Ilex rotunda* Thunb.
- **원산지** : 일본, 중국, 대만
- **분포** : 제주도 서귀포 지방

1월	2월	3월	4월	5월	6월	7월	8월	9월	10월	11월	12월
		파종									
								삽목			

🌳 생태적 특성

상록활엽교목으로 수형은 구형이며 수고 15m, 직경 40cm
까지 자란다. 줄기는 직립하고 소지가 많이 나온다. 잎은
타원형, 난형, 넓은 타원형이며, 길이 1.2~2.8cm에 홍갈색
이고, 표면에 광택이 있다. 꽃은 자웅이주이며, 새 가지(새
순)의 잎겨드랑이에서 나오는데, 지름 4mm로 5~6월에 백
록색 또는 황백색으로 4~6개씩 핀다. 수꽃은 4~5수로 꽃
잎과 같은 길이이며, 암꽃은 5~7수이다. 열매는 구형의 복
핵과이며 지름은 6~8mm이다. 종자는 5~7개로 얕은 골이
2개 있다.

▲ 잎

🌱 생육상토

고온, 건조, 척박한 토양은 피해야 하며, 적습하고 비옥한
토양에서 생육이 좋다.

▲ 열매

🌰 종자

- 종자채종: 채종 즉시 물에 씻어 과육을 제거한 후 곧뿌림
- 종자저장: 과육을 제거한 후 그늘에 말려 물기를 거둔 후 마르지 않게 1~5℃ 저온저장 또는 곧뿌림
- 발아처리: 발아까지는 1~2년 걸리므로 곧뿌림하는 것이 유리함

🌱 재배와 관리

❶ 파종

- 파종일자: 3~4월
- 파종방법: 파종이 밀파되지 않게 주의
- 온도/습도: 약 25℃ / 약 90%
- 관수: 분사호스 및 스프링클러
- 시비: 복합비료 21-17-17 소량 살포
- 발아 소요기간: 장기휴면형으로 2~3년 걸림
- 발아율: 70~80%

❷ 삽목

- 삽목일자: 8~9월
- 삽목방법: 줄기를 10~12cm 길이로 잘라 5x4cm 간격으로 삽목
- 발근 소요기간: 5~6개월
- 발근율: 활착률 15% 정도로 낮으나 발근한 모종의 발육은 왕성한 편

❸ 정식

- 제초: 수시
- 전정: 도장지 제거

❹ 병충해

- 병충해: 지고세균병, 흑반병
- 방제법: 4-4식 석회보르도액, 동수화제 및 스트렙토마이신 살포

🚚 유통

- 출하규격: 접목 1년(H0.3~0.4)
- 포장방식: 1단 10주
- 유통경로: 도·소매업자, 조경수 재배 실소유자
- 유통단가: 실생2년 @2,000, 접목 1년 @8,000

▲ 열식하여 가로수로 이용

▲ 군식하여 경관효과

▲ 시각적 초점으로 활용

▲ 가로수로 이용

05 상록활엽교목
태산목

- 학명 : *Magnolia grandiflora* L.
- 원산지 : 북아메리카
- 분포 : 충청남도 해안, 경상남도, 전라북도

1월	2월	3월	4월	5월	6월	7월	8월	9월	10월	11월	12월
								종자채종			
		파종						파종			

🌳 생태적 특성

상록활엽교목으로 수형은 타원형이며 수고 10~40m, 직경 30~80cm까지 자란다. 줄기는 직립하고 큰 가지가 발달하며, 수피는 암갈색이다. 잎은 어긋나고, 긴 타원형 또는 긴 도란형이며 길이 12~25cm, 너비 5~10cm이다. 잎은 두껍고 표면은 짙은 녹색이며 뒷면에 다갈색의 작은 털이 밀생한다. 꽃은 자웅동주 양성화로 5~7월에 가지 끝에 피는데, 유백색에 지름은 12~20cm이다. 열매는 붉은색의 취합 골돌과로 타원형에 길이 1.5~2cm이며, 녹백색의 짧은 털로 덮여 있다. 붉은 종자가 2개씩 나온다.

▲ 잎

🌱 생육상토

산성 토양을 좋아하며, 배수가 잘되고 통기가 좋은 비옥한 토양에서 생육이 좋다.

▲ 꽃

114

🌱 재배와 관리

❶ 접목

- **접목방법**: 절접
  - ① 눈을 2개 정도 남기고 잎은 모두 제거함
  - ② 접순 조재시 목질 부분만 살짝 칼집을 내야 함
  - ③ 접목 후 비닐로 된 소형 터널 및 50% 차광망 설치
  - ④ 접목 후 20~25일경부터 온도변화가 심하므로 환풍 필요. 약 1m 간격으로 환풍 구멍을 서서히 뚫어주는 것이 좋음
  - ⑤ 새잎이 약 80% 정도 필 무렵 비닐 제거(날씨가 흐린 날 제거하는 것이 좋음)
  - ⑥ 차광망은 새잎이 약간 굳기 시작할 무렵에서 4~6일 경과 후 제거하는 것이 좋음
  - ⑦ 비닐제거 시 차광을 동시에 하게 되면 새잎이 햇빛에 타버리는 현상이 발생할 수 있으므로 차광제거 작업을 할 때는 가급적 흐린 날을 선택하는 것이 좋음
  - ⑧ 비닐제거 시기 : 접목 후 45~50일
  - ⑨ 접목 활착기간은 60일 정도 걸림
- **관수**: 분사호스 및 스프링클러
- **시비**: 6월 말- 복합비료
  21-17-17 (1회)

  과다살포 시 열이 발생하여 잎이 타는 현상이 생길 수 있으므로 주의
- **접목률**: 약 90%

❷ 정식

- **제초**: 수시
- **전정**: 도장지 제거

❸ 병충해

- **병충해**: 병해충 거의 없으나 간혹 깍지벌레, 개각충 발생
- **방제법**: 수프라사이드 및 디프테렉스 살포

🚚 유통

- **출하규격**: 접목 1년(H0.3 ~ 0.4)
- **포장방식**: 1단 10주
- **유통경로**: 도·소매업자, 조경수 재배 실소유자
- **유통단가**: 접목 1년 @4,000, 접목 2년 @7,000

▲ 열식하여 경관 향상

▲ 군식하여 녹음효과 및 경관 향상

▲ 산책로 변에 열식하여 장식효과

▲ 건물 앞에 식재하여 경관효과

- **학명** : *Zelkova serrata* (Thunb.) Makino
- **원산지** : 한국, 중국, 일본
- **분포** : 함북과 평북을 제외한 전국 각지

1월	2월	3월	4월	5월	6월	7월	8월	9월	10월	11월	12월
									종자		
		파종									

🌳 생태적 특성

낙엽활엽교목으로 수형은 평정형이며 수고 26m, 직경 3m 까지 자란다. 줄기는 갈라지는 것이 많고 수피는 갈색이다. 잎은 어긋나고 타원형, 난형 또는 긴 타원형으로 길이 2~ 13cm, 너비 1~5cm이다. 점첨두 예저이고 가장자리에 톱니가 있다. 꽃은 자웅동주로 단성화이며 5월에 담황색으로 피는데, 암꽃과 수꽃이 새 가지(새순)의 윗부분과 밑에 달린다. 열매는 대가 거의 없고 일그러진 편구형이며, 지름 4mm로 뒷면에 능선이 있다.

▲ 잎

🔨 생육상토

중성 토양을 좋아하며, 배수가 잘되고 통기가 좋은 토양에서 생육이 좋다.

▲ 꽃

🌱 종자

- 종자채종: 10월
- 종자저장: 저온저장(약 2℃) 또는 서늘한 창고
- 발아처리: 물에 1시간 정도 담갔다가 꺼내어 1시간 정도 지나서 다시 담그는 방법으로 2~3회 반복해야 정확한 우량종자를 얻을 수 있음(종자가 가볍기 때문에 우량종자라도 종자가 뜨는 경우가 발생할 수 있으니 반드시 2~3회 실시하도록 하며, 1회만 실시할 경우 우량종자 선별에 문제가 있을 수 있음)

▲ 악센트 식재하여 시각적 초점으로 활용

🌿 재배와 관리

❶ 파종

- 파종일자: 3월 중순
- 파종방법: 1.2m 두둑 지어 흩어뿌림   로터리 작업 시 토양살충제 살포 후 두둑 만들 것
- 온도/습도: 약 25℃ / 약 90%
- 관수: 분사호스 및 스프링클러
- 시비: 복합비료 21-17-17, NK비료
- 발아 소요기간: 20~25일
- 발아율: 약 80%

❷ 정식

- 제초: 수시
- 전정: 도장지 제거

▲ 분리녹지에 열식하여 녹음 제공 및 시선 유도

❸ 병충해

- 병충해: 잎말이벌레, 흰불나방, 매미나방 및 박쥐나방
- 방제법: 디프테렉스 수프라이드 살포

🚚 유통

- 출하규격: 실생 1년 H0.6 / 실생 2년 H1.2~1.5
- 포장방식: 1단 20주
- 유통경로: 도·소매업자, 조경수 생산 실소유자
- 유통단가: 실생 1년 @400 / 실생 2년 @1,000~1,500

▲ 열식하여 중앙정원에 녹음 제공

▲ 건물 앞에 식재하여 경관효과

07 낙엽활엽교목
단풍나무

- **학명** : *Acer palmatuma* Thunb.
- **원산지** : 동아시아, 북아메리카, 유럽
- **분포** : 전국 각처

1월	2월	3월	4월	5월	6월	7월	8월	9월	10월	11월	12월
									종자		
		파종								파종	

🌳 생태적 특성

낙엽활엽교목으로 수형은 평원형이며, 수고 15m, 직경 80
~100cm까지 자란다. 줄기는 직립하는데 밑에서 갈라진 줄
기가 있을 수 있다. 수피는 회갈색으로 평활하고, 소지는
마주나며 털이 없고 적갈색이다. 잎은 손바닥 모양으로 5~
7개로 깊게 갈라진다. 꽃은 자웅동주 양성화 또는 잡성화로
4~5월에 홍색 꽃이 핀다. 시과인 열매는 길이 2~2.5cm 정
도로 털이 없으며, 9~10월에 자홍색에서 황색으로 익고 날
개는 1cm 내외이다.

🔱 생육상토

건조하고 척박한 토양은 적합하지 않으며, 적습하고 비옥
한 토양에서 생육이 좋다.

▲ 잎

▲ 열매

118

🌰 종자

- 종자채종: 10월
- 종자저장: 노천매장
- 발아처리: 종자의 날개를 제거하여 1일간 물에 담근 후 노천매장

🤲 재배와 관리

❶ 파종

- 파종일자: 가을파종 11월 / 봄파종 3월 중순
- 파종방법: 1.2m 두둑 지어 흩어뿌림
- 온도/습도: 약 25℃ / 약 90%
- 관수: 분사호스 및 스프링클러
- 시비: 복합비료 21-17-17, NK비료
- 발아 소요기간: 30~40일
- 발아율: 약 70%

로터리 작업 시 토양살충제
살포 후 두둑 만들 것

❷ 정식

- 제초: 수시
- 전정: 도장지 제거

❸ 병충해

- 병충해: 흰가룻병, 갈색점무늬병
- 방제법: 다이센 또는 4-4식 보르도액 살포

🚛 유통

- 출하규격: 실생 1년 H0.5상~0.8 / 실생 2년 H0.8~1.3
- 포장방식: 1단 20주
- 유통경로: 도·소매업자, 조경수 생산 실소유자
- 유통단가: 실생 1년 @500 / 실생 2년 @1,000~1,500

▲ 보도를 따라 열식하여 녹음 제공

▲ 군식하여 경관 향상

▲ 어린이 놀이터에 군식하여 녹음 제공

▲ 악센트 식재하여 시각적 초점으로 활용

산수유

- 학명 : *Cornus officinalis* Siebold & Zucc.
- 원산지 : 한국, 중국
- 분포 : 전국 각처

1월	2월	3월	4월	5월	6월	7월	8월	9월	10월	11월	12월
									종자		
									파종		

🌲 생태적 특성

낙엽활엽교목으로 수고 7m, 직경 30~50cm까지 자란다. 줄기는 직립하고 수피는 잘 벗겨지며 연한 갈색을 띤다. 가지는 마주나며, 처음에는 털이 있고 자갈색이다. 잎은 마주나고 난형 또는 타원형이며, 길이 5~12cm, 너비 2.5~6cm이다. 잎 모양은 긴 점첨두이고 넓은 예저이다. 잎의 표면은 녹색이고 복모가 조금 있으며, 뒷면은 연한 녹색이다. 꽃은 자웅동주로 양성화이며 3월에 잎보다 먼저 20~30개의 노란 꽃이 산형꽃차례로 달린다. 열매는 핵과이고 선홍색을 띠며, 종자는 견고한 종피가 있고 갈색이다.

▲ 꽃

🏵 생육상토

고온, 건조한 토양은 부적합하며, 토심이 깊고 비옥한 토양에서 생육이 좋다.

▲ 열매

🖋 종자

- 종자채종: 10월
- 종자저장: 노천매장(2년 발아)
- 발아처리: 과육을 제거하여 그늘에 약 5일간 말린 후 노천
  매장

> 노천매장 시 재를 10L 기준 1L씩 섞어서 매장하면 발아억제 물질을 제거하는 효과가 있기 때문에 종자가 부패되는 것을 방지할 수 있음

🌱 재배와 관리

❶ 파종

- 파종일자: 종자를 이듬해 10월 말~11월 중에 파종, 봄파종
  보다는 가을파종이 유리함
- 파종방법: 1.2m 두둑 지어 흩어
  뿌림
- 온도/습도: 약 25℃ / 약 90%
- 관수: 분사호스 및 스프링클러
- 시비: 복합비료 21-17-17, NK비료 (가리 성분 많이 함유, 동
  해 방지 위함)
- 발아 소요기간: 30~45일
- 발아율: 약 60%

> 파종 후 반드시 볏짚을 피복해야 함. 볏짚이 없을 시는 차광망을 설치해야 함

> 로터리 작업 시 토양살충제 살포 후 두둑 만들 것

❷ 정식

- 제초: 수시
- 전정: 도장지 제거

❸ 병충해

- 병충해: 반점병, 흰불나방, 좀나방
- 방제법: 다이센수용제 및 포리옥신수화제 살포

🚚 유통

- 출하규격: 실생 1년 H0.5상~0.8 / 실생 2년 H1.0~1.5
- 포장방식: 1단 20주
- 유통경로: 도·소매업자, 조경수 생산 실소유자
- 유통단가: 실생 1년 @500 / 실생 2년 @1,000~1,500

▲ 열식하여 경관 향상

▲ 산책로에 식재

▲ 악센트 식재하여 시각적 초점으로 활용

▲ 악센트 식재하여 시각적 초점으로 활용

09 낙엽활엽교목
이팝나무

- **학명** : *Chionanthus retusus* Lindl. & Paxton
- **원산지** : 한국, 일본, 중국, 대만
- **분포** : 전라도, 경상도, 경기도

1월	2월	3월	4월	5월	6월	7월	8월	9월	10월	11월	12월
									종자채종		
				파종							

생태적 특성

낙엽활엽교목으로 수형은 원정형이며 수고 25m, 직경 70cm까지 자란다. 줄기는 직립하고 수피는 암회갈색을 띠며 피목이 있다. 잎은 마주나고 타원형 또는 난형이며, 첨두 또는 예두이고 넓은 예저 또는 원저이다. 잎의 표면은 녹색으로 털이 있고, 뒷면은 가운데 잎맥 밑부분에 연한 갈색 털이 있다. 꽃은 자웅이주로 5~6월에 피는데, 새 가지 끝에 흰 꽃이 취산꽃차례로 달리고 길이는 6~10cm이다. 열매는 핵과로 타원형이며 길이 1~1.5cm로 벽색 또는 벽흑색이다.

▲ 잎

생육상토

건조한 토양은 부적합하며, 토심이 깊고 적습하고 비옥한 토양에서 생육이 좋다.

▲ 꽃

🌰 종자

- 종자채종: 10~11월
- 종자저장: 노천매장(2년 발아)
- 발아처리: 과육을 제거하여 반그늘에 약 5일간 말린 후 노
  천매장

🌱 재배와 관리

❶ 파종

- 파종일자: 6월 파종 후 반드시 볏짚을 이용하여 피복함.
  6월 잡초 발생 시 제초제 를 소량으로 살포하여 제 거함. 이듬해 3월 중순경 부터 발아 시작됨

  주의사항: 노천매장한 종자 를 7월 이후 파종하게 되면 종자에 싹이 트기 때문에 실 패할 수가 있음
- 파종방법: 1.2m 두둑 지어 흩어뿌림
- 온도/습도: 약 25℃ / 약 90%
- 관수: 분사호스 및 스프링클러
- 시비: 복합비료 21-17-17, 7월초 NK비료
- 발아 소요기간: 25~30일
- 발아율: 약 80%

  로터리 작업 시 토양살충제 살포 후 두둑 만들 것

❷ 정식

- 제초: 수시
- 전정: 도장지 제거

❸ 병충해

- 병충해: 잎벌레, 쥐똥나무깍지벌레
- 방제법: 세빈수화제, 세빈분제, 스프라사이드 살포

🚚 유통

- 출하규격: 실생 1년 H0.3~0.8 / 실생 2년 H1.0~1.5
- 포장방식: 1단 20주
- 유통경로: 도 · 소매업자, 조경수 생산 실소유자
- 유통단가: 실생 1년 @600 / 실생 2년 @1,500

▲ 열식하여 가로수로 이용

▲ 가로수로 이용

▲ 녹음을 주기 위한 식재

▲ 군식하여 경관효과

산딸나무

- 학명 : *Cornus kousa* F. Buerger ex Hance
- 원산지 : 한국, 중국, 일본
- 분포 : 전국 각처

1월	2월	3월	4월	5월	6월	7월	8월	9월	10월	11월	12월
								종자채종			
		파종									

🌳 생태적 특성

낙엽활엽교목으로 수형은 평정형이며 수고 10~15m, 직경 50cm까지 자란다. 줄기는 직립하고 수피는 인평상으로 껍질이 벗겨져 평활하고 자갈색이다. 잎은 마주나며 난상 타원형 또는 난형, 원형이고, 점첨두 예저로 길이 5~12cm, 너비 3.5~7cm이다. 잎의 표면은 녹색으로 잔 복모가 있고 뒷면은 회녹색 복모가 밀생한다. 꽃은 자웅동주로 양성화이며 6~7월에 피고, 소지 끝에 20~30개가 두상꽃차례로 달린다. 열매는 취과로 둥글고 지름 1.5~2.5cm이며, 종자는 타원형으로 길이 4~6mm이다.

▲ 잎

🪏 생육상토

고온, 건조한 토양은 부적합하며, 토심이 깊고 적습하고 비옥한 토양에서 생육이 좋다.

▲ 꽃

🌰 종자

- 종자채종: 9월 말~10월
- 종자저장: 노천매장(2년 발아)
- 발아처리: 원칙은 2년 발아이지만 종자를 채취하여 과육을 제거 후 반그늘에 약 5일간 말린 뒤 즉시 노천매장하여 파종하면 1년 발아됨

🤲 재배와 관리

❶ 파종

- 파종일자
  ① 2년 발아– 이듬해 3월 중순~4월 초에 파종
  ② 1년 발아– 종자채종 후 11월 또는 노천매장한 종자 3월 중순경
- 파종방법: 1.2m 두둑 지어 흩어뿌림
- 온도/습도: 약 25℃ / 약 90%
- 관수: 분사호스 및 스프링클러
- 시비: 복합비료 21-17-17, 7월초 NK비료
- 발아 소요기간: 30~40일
- 발아율: 약 95%

로터리 작업 시 토양살충제 살포 후 두둑 만들 것

❷ 정식

- 제초: 수시
- 전정: 도장지 제거

❸ 병충해

- 병충해: 모잘록병
- 방제법: 다찌가렌, 프리엠 살포, 살충제 및 다이센엠45 살균제 혼용 살포

🚜 유통

- 출하규격: 실생 1년 H0.5 / 실생 2년 H1.0
- 포장방식: 1단 20주
- 유통경로: 조경업자 및 도·소매업자, 조경수 실재배농가
- 유통단가: 실생 1년 @400 / 실생 2년 @800~1,000

▲ 건물 전면에 열식하여 차폐효과

▲ 공동주택 전면에 열식하여 차폐효과

▲ 건물 전면에 식재하여 경관효과

▲ 군식하여 경관효과

살구나무

- **학명** : *Prunus armeniaca* var. *ansu* Maxim
- **원산지** : 한국
- **분포** : 전국 각처

1월	2월	3월	4월	5월	6월	7월	8월	9월	10월	11월	12월
					종자채종						
		파종							파종		

🌲 생태적 특성

낙엽활엽교목으로 수형은 원정형이며 수고 5~10m, 직경 20~50cm까지 자란다. 줄기는 직립하고 산형이며, 가지가 발달하고 수피는 자갈색이다. 잎은 어긋나고 난형 또는 넓은 타원형으로 길이 5~9cm, 너비 4~8cm이다. 잎은 점첨두이고 설저 또는 원저이며, 잎의 양면에는 털이 없고 가장자리에 불규칙한 홑톱니가 있다. 꽃은 양성화이며 연분홍색 또는 흰색의 꽃이 4월에 잎보다 먼저 핀다. 꽃의 지름은 2.5~3.5cm이고 거의 대가 없다. 열매는 황색 또는 황백색으로 융털이 있거나 없다.

▲ 잎

🐌 생육상토

배수가 잘되고 토심이 깊은 비옥한 토양이 적합하며, 사질 양토에서 생육이 좋다.

▲ 꽃

🫘 종자

- 종자채종: 6월 말~7월
- 종자저장: 노천매장
- 발아처리: 과육을 제거한 후 곧뿌림 또는 노천매장

🌱 재배와 관리

❶ 파종

- 파종일자
  ① 가을파종: 7월 노천매장하였다가 10~11월 파종
  ② 봄파종: 3월 파종 후 볏짚 또는 차광망 설치
- 파종방법: 점뿌림
- 온도/습도: 약 25℃ / 약 90%
- 관수: 분사호스 및 스프링클러
- 시비: 복합비료 21-17-17, NK비료
- 발아 소요기간: 25~30일
- 발아율: 약 80%

로터리 작업 시 토양살충제 살포 후 두둑 만들 것

❷ 정식

- 제초: 수시
- 전정: 도장지 제거

❸ 병충해

- 병충해: 검은별무늬병
- 방제법: 석회유황합제 살포

🚚 유통

- 출하규격: 실생 1년 H1.0 / 접목 1년 H1.2상
- 유통경로: 도·소매업자, 조경수 생산 실소유자
- 유통단가: 실생 1년 @1,000 / 접목 1년 @3,000

▲ 도로변에 군식하여 경관 향상

▲ 잔디밭에 군식하여 녹음 제공

▲ 산책로 변에 식재하여 녹음 제공

▲ 열식하여 녹음효과 및 경관 향상

12 낙엽활엽교목
백목련

- 학명 : *Magnolia denudata* Desr.
- 원산지 : 중국
- 분포 : 전국 각처

1월	2월	3월	4월	5월	6월	7월	8월	9월	10월	11월	12월
								접목			

🌳 생태적 특성

낙엽활엽교목으로 수형은 평정형이며 수고 15m, 직경 20cm까지 자란다. 줄기는 곧고 큰 가지가 발달하며, 어린 가지와 동아에는 털이 있다. 잎은 어긋나고 도란형 또는 도란상 타원형으로 길이 10~18cm, 너비 6~10cm이며, 단첨두이고 예저 또는 광예저이다. 잎의 표면은 광택이 나고 뒷면은 작은 털이 있다. 꽃은 자웅동주로 양성화이며, 3~4월에 지름 12~15cm의 흰 꽃이 핀다. 열매는 취합 골돌과로 길이 8~12cm이며 담갈색 빛이 돈다. 종자는 넓은 타원형으로 중앙이 심장형이다.

🌱 생육상토

배수 관리를 잘해야 하며, 건조하고 척박한 토양은 부적당하므로 비옥한 토양에서 생육이 좋다.

▲ 잎

▲ 꽃

🌱 재배와 관리

❶ 접목

- 접목일자: 9월 중순~말까지
- 접목방법: 아접(눈접)
  ① 접목 부분은 땅에 최대한 가깝게 접을 함
  ② 접목 후 반드시 접 부위를 흙으로 덮어주어야 함
- 접목 노하우: 접목 일주일 전 화학비료를 소량 살포하는 것이 유리함(물내림 방지 위함), 물내림 방지와 수분 흡수를 위하여 대목 절단하지 않음
- 접목 부위 흙 제거 시기: 접목 상태 확인 후 4월 10~20일 사이 흙을 제거해야 함(이때 눈을 건드리지 않도록 주의)
- 대목 절단작업: 접목 부위 흙 제거 작업과 동시에 실시해야 함. 비닐테이프 감은 부위까지 절단
- 온도/습도: 18~22℃ / 약 65%
- 접목 후 활착 소요기간: 180~190일
- 활착률: 75~80%(기후에 따라 다름. 습도, 추위에 민감함)

접목 후 가을철 비가 많이 오면 접목률이 떨어짐

- 시비: 겨울철에는 부산물 퇴비 살포, 복합비료 21-17-17 살포

화학비료 과다살포 시 잎이 타는 현상 있음

❷ 병충해

- 병충해: 잎말이벌레
- 방제법: 스미치온 살포

🚜 유통

- 출하규격: 접목 1년
- 포장방식: 1단 10주
- 유통경로: 도·소매업자, 조경수 재배 실소유자
- 유통단가: 접목 1년(H1.0) @2,000 / 접목 1년(H1.2상) @2,500

▲ 건물 전면에 군식하여 차폐효과

▲ 건물 측면에 군식하여 차폐효과

▲ 건물 전면에 군식하여 차폐효과

▲ 건물 전면에 군식하여 차폐효과

- **학명** : *Prunus mume* (Siebold) & Zucc.
- **원산지** : 중국
- **분포** : 남쪽 지방에서 식재

1월	2월	3월	4월	5월	6월	7월	8월	9월	10월	11월	12월
					종자						
		파종				파종			파종		

🌳 생태적 특성

낙엽활엽교목으로 수형은 원정형이며 수고 10m, 직경 20~
50cm까지 자란다. 잎은 어긋나고 난형 또는 넓은 타원형으
로 길이 4~10cm, 너비 2~5cm이며, 원저이고 장첨두이다.
잎의 양면에는 잔털이 있거나 가장자리에 잔톱니가 있다.
꽃은 자웅동주로 양성화이며 2~3월에 지름 2~2.5cm의 흰
색 또는 분홍색 꽃이 핀다. 열매는 핵과로 둥글며 지름 2~
3cm이고 짧은 털이 있으며, 6~7월에 황색으로 익는다. 종
자는 난원형이며 지름 2cm 정도이다.

🔨 생육상토

내염성 및 내한성이 약하며, 양지바르고 토심이 깊은 사질
양토에서 생육이 좋다.

▲ 꽃

▲ 열매

🌱 종자

- 종자채종: 6월
- 종자저장: 노천매장
- 발아처리: 과육을 제거한 후 점뿌림 또는 노천매장

🌱 재배와 관리

❶ 파종

- 파종일자: 7월 곧뿌림
  ① 가을파종: 10~11월 노천매장하였다가 파종
  ② 봄파종: 3월 파종 후 볏짚 멀칭 또는 차광망 설치
- 파종방법: 점뿌림
- 온도/습도: 약 25℃ / 약 90%
- 관수: 분사호스 및 스프링클러
- 시비: 복합비료 21-17-17
- 발아 소요기간: 봄파종- 25~30일, 가을파종- 이듬해 3월
  싹이 틈
- 발아율: 약 80%

로터리 작업 시 토양살충제
살포 후 두둑 만들 것

❷ 정식

- 제초: 수시
- 전정: 도장지 제거

❸ 병충해

- 병충해: 발아 시 약간의 모잘록병, 진딧물 발생
- 방제법: 프리엠 살포, 살충제 1~2회 살포

🌱 유통

- 출하규격: 실생 1년 또는 접목 1년
- 포장방식: 1단 10주
- 유통경로: 도 · 소매업자 및 실재배농가
- 유통단가: 실생 1년 H1.0 @1,500 / 접목 1년 H1.2 @4,000

▲ 악센트 식재하여 시각적 초점으로 활용

▲ 군식하여 녹음효과 및 경관 향상

▲ 악센트 식재하여 시각적 초점으로 활용

▲ 악센트 식재하여 시각적 초점으로 활용

14 낙엽활엽교목
마가목

- **학명** : *Sorbus commixta* Hedl.
- **원산지** : 한국, 일본
- **분포** : 전라남도, 제주도 및 강원도의 산지

1월	2월	3월	4월	5월	6월	7월	8월	9월	10월	11월	12월
								종자채종			
		파종								파종	

 생태적 특성

낙엽활엽교목으로 수형은 원정형이며 수고 7~10m, 직경 30cm까지 자란다. 줄기는 직립하고 수피는 황갈색이며, 동아에는 털이 없고 점성이 있다. 잎은 어긋나고 기수우상복엽이다. 소엽은 9~13개로 긴 타원형이고 예첨두이며, 기부는 예저 또는 둔저이다. 표면은 녹색이고 뒷면은 연녹색이며 가장자리에 뾰족한 겹톱니 또는 톱니가 있다. 꽃은 자웅동주로 양성화이며 5~6월에 지름 8~12cm의 흰 꽃이 핀다. 열매는 이과로 구형이며 지름 5~8mm이고 9~10월에 홍색으로 익는다.

생육상토

배수가 잘되며 보수력이 있는 사질양토 또는 비옥한 토양에서 생육이 좋다.

▲ 잎

▲ 열매

🪶 종자

- 종자채종: 9월 말~10월 중순
- 종자저장: 노천매장(종자채종 후 과육을 제거하고 반드시 그늘에서 7일 정도 말린 뒤 저장). 곰팡이병으로 종자가 썩을 수 있으니 반드시 곰팡이 예방약(스미렉스)을 혼합하여 매장해야 함. 발아 억제 및 곰팡이균 억제를 위해 재를 이용하는 것이 좋으며, 10L 기준으로 1~1.5L의 재를 혼합하는 것이 좋음. 원칙은 2년 발아이지만 종자를 채취하여 과육을 제거 후 노천매장하면 당년 발아함

🪴 재배와 관리

❶ 파종

- 파종일자: 노천매장 전 가을파종 또는 노천매장 후 봄파종으로 분류할 수 있음
  ① 봄파종: 6월 이전 파종 시 볏짚 멀칭 또는 차광망 설치
  ② 가을파종: 노천매장 전에 파종하면 종자가 부패하는 것을 미연에 방지할 수 있음. 소립종자라 부패 우려가 크므로 관리가 매우 중요함
- 파종방법: 흩어뿌림   로터리 작업 시 토양살충제 살포 후 두둑 만들 것
- 온도/습도: 약 25℃ / 약 90%
- 관수: 분사호스 및 스프링클러
- 시비: 복합비료 21-17-17, 6월 말까지 살포. 7월 말에 마지막으로 살포시 인산, 가리 성분 함량이 많은 NK비료를 살포하는 것이 좋음
- 발아 소요기간: 25~30일
- 발아율: 약 70%

❷ 병충해

- 병충해: 모잘록병, 새순에 진딧물 발생
- 방제법: 프리엠, 다찌가렌, 살충제 1~2회 살포

🚚 유통

- 출하규격: 실생 1년 30~50cm / 실생 2년 80~120cm
- 포장방식: 1단 20주
- 유통단가: 실생 1년 @700 / 실생 2년 @1,500

▲ 산책로 변에 식재하여 녹음 제공

▲ 열식하여 녹음 제공

▲ 악센트 식재하여 시각적 초점으로 활용

▲ 전정하여 조형미 강조

상수리나무

- **학명** : *Quercus acutissima* Carruth.
- **원산지** : 한국, 중국, 일본, 히말라야
- **분포** : 전국 각처

1월	2월	3월	4월	5월	6월	7월	8월	9월	10월	11월	12월
									종자		
		파종									

🌳 생태적 특성

낙엽활엽교목으로 수형은 원정형이며 수고 20~25m, 직경 1m까지 자란다. 줄기는 직간성이고 원줄기가 올라가 큰 수형을 이루며, 수피는 회갈색으로 약간 깊게 갈라진다. 잎은 어긋나고 긴 타원형에 피침형이며, 길이 10~20cm, 너비 3~5.5cm이다. 표면은 털이 없고 광택이 있으며, 뒷면은 노란색을 띤 갈색의 털이 있다. 꽃은 자웅동주로 단성화이며 5월에 핀다. 수꽃은 밑으로 처지고 암꽃은 곧게 서는 미상꽃차례를 이루며 달린다. 열매는 다음해 10월에 익으며, 견과는 구형으로 지름 약 2cm에 다갈색이다.

▲ 꽃

🔨 생육상토

건조한 곳이나 해안지역에서 잘 자라고, 척박한 토양에서도 생육할 수 있다.

▲ 열매

🌰 종자

- 종자채종: 10월
- 종자저장: 저온저장(약 2℃)
- 발아처리: 침수법으로 선별

재배와 관리

❶ 파종

- 파종일자: 3월 20일
- 파종방법: 노지재배(점뿌림) 또는 컨테이너 50구 재배. 노지재배는 1.2m 두둑 지어 흩어뿌림

  노지파종 시 볏짚을 피복해야 함

  로터리 작업 시 토양살충제 살포 후 두둑 만들 것

- 온도/습도: 약 25℃ / 약 90%
- 관수: 분사호스 및 스프링클러, 컨테이너 재배 시 약 2일 간격 관수
- 시비: 복합비료 21-17-17, 4월 말경 소량 1회 살포
- 발아 소요기간: 약 15일
- 발아율: 약 80%

❷ 정식

- 제초: 수시
- 전정: 도장지 제거

❸ 병충해

- 병충해: 참나무재주나방
- 방제법: 디프수화제 살포

🚚 유통

- 출하규격: H0.3
- 포장방식: 1단 20주/100주 포장
- 유통경로: 산림청 및 도 · 소매업자
- 유통단가: 실생 1년 @500 / 실생 2년 @1,000

▲ 건물 전면에 열식하여 완충효과

▲ 가로수로 이용

▲ 산책로 변에 식재하여 녹음 제공

▲ 열식하여 경관 향상

계수나무

- **학명** : *Cercidiphyllum japonicum* Siebold & Zucc. ex J.J. Hoffm. & J.H. Schult. bis
- **원산지** : 일본
- **분포** : 전국 각처

1월	2월	3월	4월	5월	6월	7월	8월	9월	10월	11월	12월
									종자		
		파종									

🌳 생태적 특성

낙엽활엽교목으로 수형은 부채형이며 수고 30m, 직경 2m 이다. 줄기는 직간성이고 직립하여 분주한다. 수피는 회갈색으로 얇게 갈라져 벗겨지며, 동아는 자홍색이다. 잎은 어긋나고 넓은 난형이며 밑은 파인 심장 모양이고 잎끝은 약간 뾰족하다. 잎의 뒷면은 분백색으로 5~7개의 장상맥이 있다. 꽃은 자웅이주로 3~5월에 피며, 잎맥이 1개로 화피가 없는 나화이다. 열매는 삭과로 원주형이며 3~5개씩 달린다.

▲ 잎

🔨 생육상토

비옥하고 토심이 깊은 토양에서 생육이 좋다.

▲ 꽃

136

🌰 종자

- 종자채종 : 10월 중순~말
- 종자저장: 저온저장(약 2℃) 또는 서늘한 창고
- 발아처리: 물에 침수 후 파종

👐 재배와 관리

❶ 파종

- 파종일자: 3월 중순
- 파종방법: 흩어뿌림, 파종 후 반 드시 볏짚 피복 및 차광망 설치
- 온도/습도: 23~27℃ / 약 90%
- 관수: 분사호스 및 스프링클러
- 시비: 6월 중순- 복합비료 21-17-17, 7월 중순 이전 시비- NK비료, 7월 중순 이후 살포 시 도장지 발생으로 동해 발생이 큼
- 발아 소요기간: 약 25일
- 발아율: 약 60%

로터리 작업 시 토양살충제 살포 후 두둑 만들 것

▲ 군식하여 도로변 녹지대 활용

❷ 정식

- 제초: 수시
- 전정: 도장지 제거

❸ 병충해

- 병충해: 모잘록병, 진딧물 발생
- 방제법: 프리엠, 다찌가렌 살포, 살충제 1~2회 살포

▲ 열식하여 경관 향상

🚚 유통

- 출하규격: 실생 1년, 실생 2년
- 포장방식: 1단 20주
- 유통경로: 조경업자, 도 · 소매업자
- 유통단가: 실생 1년 @500 / 실생 2년 @1,500

▲ 악센트 식재하여 시각적 초점으로 활용

층층나무

- **학명** : *Cornus controversa* Hemsl.
- **원산지** : 한국, 중국, 일본
- **분포** : 전국 각처

1월	2월	3월	4월	5월	6월	7월	8월	9월	10월	11월	12월
								종자			
		파종								파종	

🌳 생태적 특성

낙엽활엽교목으로 수형은 원뿔형이며 수고 20m, 직경 60cm이다. 줄기는 직립하며 수피는 암회색인데 세로로 얕게 홈이 져서 터지고, 가지는 계단상으로 층을 형성하여 수평으로 퍼진다. 잎은 어긋나며 넓은 난형 또는 타원상 난형이고 길이 5~12cm, 너비 3~8cm이다. 표면은 짙은 녹색이고 뒷면은 회녹색이다. 꽃은 자웅동주로 양성화이며 5~6월에 백색으로 피는데, 산방꽃차례가 지름 5~12cm로 달린다. 열매는 둥글며 지름 6~7mm로 9월에 자홍색으로 익는다.

▲ 잎

🌱 생육상토

고온, 건조, 척박한 토양은 부적합하며, 적습하고 비옥한 토양에서 생육이 좋다.

▲ 열매

138

🌰 종자

- 종자채종: 9월
- 종자저장: 노천매장
- 발아처리: 과육 제거하여 4~5일 그늘에 말린 후 노천매장

🌱 재배와 관리

❶ 파종

- 파종일자: 10월 말~11월 초, 3월 중순
- 파종방법: 1.2m 두둑 지어 흩어뿌림
- 온도/습도: 23~26℃ / 약 70%
- 관수: 분사호스 및 스프링클러
- 시비: 5월 초순- 복합비료 21-17-17 / 6월 말- NK비료
- 발아 소요기간: 약 45일
- 발아율: 35~45%

로터리 작업 시 토양살충제 살포 후 두둑 만들 것

화학비료 과다살포 또는 6월 말 이후 살포 시 동해 발생 매우 큼

❷ 정식

- 제초: 수시
- 전정: 도장지 제거

❸ 병충해

- 병충해: 박쥐나방
- 방제법: 마라치온 살포

🚚 유통

- 출하규격: 실생 1년, 실생 2년
- 포장방식: 1단 20주
- 유통경로: 도 · 소매업자, 조경수 재배 실소유자
- 유통단가: 실생 1년 @500 / 실생 2년 @1,000

▲ 열식하여 완충효과

▲ 악센트 식재하여 시각적 초점으로 활용

▲ 악센트 식재하여 시각적 초점으로 활용

자귀나무

- **학명** : *Albizia julibrissin* Durazz.
- **원산지** : 한국, 중국, 일본
- **분포** : 중부 이남, 남부 남해안, 제주도

1월	2월	3월	4월	5월	6월	7월	8월	9월	10월	11월	12월
								종자채종			
		파종									

🌳 생태적 특성

낙엽활엽교목으로 수형은 평정형이며 수고 5~16m, 직경 50cm까지 자란다. 줄기는 직립성으로 큰 가지가 드문드문 옆으로 퍼지며, 소지에는 능선이 있다. 잎은 우수2회 우상복엽으로 길이 20~30cm이고, 잎자루는 3~5cm로 기부에 꿀샘이 있다. 꽃은 자웅동주로 양성화이며 6~7월에 두상꽃차례로 피는데, 꽃색은 위쪽은 담홍색이고 아래쪽은 흰색이다. 열매는 편평한 꼬투리이고 길이 9~15cm, 너비 1.2~2.5cm이다.

▲ 잎

🪴 생육상토

내한성이 약하며, 습기가 있고 토심이 깊은 사질양토에서 생육이 좋다.

▲ 꽃

🌰 종자

- 종자채종: 9월 말~10월 초순 채종(채종시기가 늦어지면 종자가 딱딱해져 물 흡수가 늦어지기 때문에 발아가 잘 안 됨)
- 종자저장: 저온저장(약 2℃), 서늘한 창고 보관
- 저장방법: 종자소독약(지오렉스)을 혼합하여 보관. 혼합하지 않을 시 침투성 벌레가 발생하여 종자에 구멍을 냄
- 발아처리: 2월 말경 노천매장

🌱 재배와 관리

❶ 파종

- 파종일자: 3월 말~4월 초순
- 파종방법: 흩어뿌림
- 온도/습도: 약 25℃ / 약 90%
- 관수: 수시
- 시비: : 복합비료 21-17-17, 6월 말 이전까지 살포
- 발아 소요기간: 약 40일
- 발아율: 약 65%

로터리 작업 시 토양살충제 살포 후 두둑 만들 것

1.2m 두둑 지어 흩어뿌림, 볏짚 피복 또는 차광망 설치

7월 이후 시비할 경우 도장지 발생으로 동해가 우려됨

❷ 정식

- 제초: 수시
- 전정: 도장지 제거

❸ 병충해

- 병충해: 진딧물
- 방제법: 메타시스톡스 살포

🚚 유통

- 출하규격: 30~100cm
- 포장방식: 1단 20주
- 유통경로: 조경업자, 도·소매업자
- 유통단가: 1년 @500 / 2년*특묘 @1,000

▲ 악센트 식재하여 시각적 초점으로 활용

▲ 군식하여 경관효과

▲ 군식하여 경관효과

▲ 군식하여 녹음효과 및 경관 향상

- **학명** : *Crataegus pinnatifida* Bunge
- **원산지** : 한국, 중국(만주·화북), 일본
- **분포** : 전국 각처

1월	2월	3월	4월	5월	6월	7월	8월	9월	10월	11월	12월
									종자		
		파종							파종		

🌲 생태적 특성

낙엽활엽교목으로 수형은 원정형이며 수고 6m, 직경 10cm 까지 자란다. 줄기는 직립하고 큰 가지가 발달하며, 수피는 회색이고 예리한 가시가 있거나 없다. 잎은 어긋나며 넓은 난형 또는 능상 난형이고, 길이 5~10cm, 너비 4~7.5cm로 밑부분의 열편은 주맥까지 갈라진다. 표면은 짙은 녹색으로 빛이 나고, 가장자리에 뾰족한 톱니가 있다. 꽃은 양성화이며 5월에 흰색으로 피는데, 산방꽃차례가 지름 5~8cm로 달린다. 열매는 이과로 둥글며 지름 1~1.5cm로 붉게 익는다.

▲ 꽃

🌱 생육상토

비옥하고 토심이 깊은 토양에서 생육이 좋다.

▲ 열매

🍃 종자

- 종자채종: 10월
- 종자저장: 노천매장
- 발아처리: 과육을 제거하여 4~5일 그늘에 말린 후 노천매장

🌱 재배와 관리

❶ 파종

- 파종일자: 10월 말~11월 초, 3월 중순
- 파종방법: 1.2m 두둑 지어 흩어뿌림
- 온도/습도: 23~26℃ / 약 70%
- 관수: 분사호스 및 스프링클러
- 시비: 5월 초·중순- 복합비료 21-17-17 / 6월- NK 비료
- 발아 소요기간: 약 40일
- 발아율: 약 70%

로터리 작업 시 토양살충제 살포 후 두둑 만들 것

❷ 정식

- 제초: 수시
- 전정: 도장지 제거

❸ 병충해

- 병충해: 새순 진딧물 발생, 6월말경 탄저병 발생
- 방제법: 충사리, 다이센엠45

🚚 유통

- 출하규격: 실생 1년, 실생 2년
- 포장방식: 1단 20주
- 유통경로: 도·소매업자, 조경수 재배 실소유자
- 유통단가: 실생 1년 @500 / 실생 2년 @1,000

▲ 열식하여 경관 향상

▲ 열식하여 녹음 제공

▲ 악센트 식재하여 시각적 초점으로 활용

▲ 열식하여 완충효과

노각나무

- 학명 : *Stewartia koreana* Nakai ex Rehder
- 원산지 : 한국
- 분포 : 지리산과 소백산 일부

1월	2월	3월	4월	5월	6월	7월	8월	9월	10월	11월	12월
									종자		
		파종								파종	

🌳 생태적 특성

낙엽활엽교목으로 수형은 원통형이며 수고 7~15m, 직경 30~50cm까지 자란다. 줄기는 직립하고 소지에 털이 없으며, 수피는 홍황색인데 수피가 벗겨지면 흑황색이다. 잎은 어긋나고 길이 4~10cm, 너비 2~5cm로 타원형 또는 넓은 타원형이며 원저 또는 광예저이다. 표면에 견모가 있으나 점차 없어지고 뒷면에 잔털이 있다. 꽃은 자웅동주로 양성화이며 6~7월에 흰색으로 핀다. 열매는 오각형의 삭과로 길이 2~2.2cm이며 10월에 갈색으로 익는다.

▲ 잎

🔨 생육상토

고온, 건조한 토양은 부적합하며, 비옥하고 토심이 깊은 토양에서 생육이 좋다.

▲ 꽃

🌰 종자

- 종자채종: 10월 채종, 종자를 송이리째 따서 반드시 그늘에 징신해야 함
- 종자저장: 저온저장(약 2℃)하였다가 이듬해 3월경 노천매장해서 보관함

👐 재배와 관리

❶ 파종

- 파종일자: 3월 말 곧뿌림 또는 3월에 노천매장하였다가 11월 파종 후 반드시 볏짚을 피복해야 함. 볏짚이 없을 시 차광망을 설치해야 함
- 파종방법: 1.2m 두둑 지어 노지에 흩어뿌림
- 온도/습도: 23~25℃ / 약 90%
- 관수: 수시
- 시비: 복합비료 21-17-17, 7월 이전까지 살포
- 발아 소요기간: 약 30일

로터리 작업 시 토양살충제 살포 후 두둑 만들 것

❷ 정식

- 제초: 수시
- 전정: 도장지 제거

❸ 병충해

- 병충해: 발아 시 모잘록병 발생, 6월에는 진딧물 발생
- 방제법: 다찌가렌, 진딧물약 살포

🚛 유통

- 출하규격: 실생 1년 30cm / 실생 2년 60~100cm
- 포장방식: 1단 20주
- 유통경로: 조경업자, 도 · 소매업자
- 유통단가: 실생 1년 @500 / 실생 2년 @1,000

▲ 열식하여 완충효과

▲ 열식하여 경관 향상

▲ 악센트 식재하여 시각적 초점으로 활용

상록관목 | 회양목 / 사철나무 / 눈주목 / 남천 / 피라칸다 / 목서 / 다정큼나무 / 돈나무 / 금목서 / 꽝꽝나무
낙엽관목 | 영산홍 / 산철쭉 / 자산홍 / 수수꽃다리 / 조팝나무 / 화살나무 / 낙상홍 / 개나리 / 흰말채나무 / 황매화 / 쥐똥나무 /
박태기나무 / 산수국 / 좀작살나무 / 명자나무 / 병꽃나무 / 꽃댕강나무 / 겹철쭉 / 덜꿩나무 / 보리수나무

제6장
관목

주요 정원식물의 생태적 특성과
재배기술 및 이용사례

01 상록활엽관목
회양목

- 학명 : *Buxus koreana* Nakai ex Chung & al.
- 원산지 : 한국
- 분포 : 전국(평북 · 함북 제외)

1월	2월	3월	4월	5월	6월	7월	8월	9월	10월	11월	12월
						종자					
							파종				

🌳 생태적 특성

상록활엽관목으로 수형은 타원형이며 수고 7m, 직경 5~
10cm까지 자란다. 줄기는 직립하고 밑에서 줄기가 갈라지
며 소지는 많고, 수피는 회흑색이다. 잎은 마주나고 혁질이
며, 길이 12~17mm, 너비 7~10mm로 타원형 또는 넓은 타
원형이다. 잎의 표면은 녹색이고 뒷면은 황녹색이며, 잎자
루는 2mm로 털이 있다. 꽃은 자웅동주로 단성화이며 3~
5월에 1개의 암꽃이 담황색으로 핀다. 열매는 삭과로 구형
또는 난형이며, 길이 10mm로 6~7월에 갈색으로 익는다.

▲ 잎

⚒️ 생육상토

고온, 건조, 척박한 토양은 부적합하며, 중성 또는 알칼리
성 토양에서 생육이 좋다.

▲ 꽃

🖋 종자

- 종자채종: 7월 중순
- 종자저장: 저온저장(약 2℃) 또는 서늘한 창고

🌱 재배와 관리

❶ 파종

- 파종일자: 8월 말 볏짚 또는 차광망 설치. 8월 말 이후 파종하면 발아가 안 됨
- 파종방법: 1.2m 두둑에 흩어뿌림
- 온도/습도: 약 25℃ / 약 90%
- 관수: 분사호스 및 스프링클러
- 시비: 복합비료 21-17-17, 극소량 살포
- 발아 소요기간: 8월 말 파종하면 10월 안에 씨앗에서 뿌리가 내림. 뿌리만 내린 상태에서 휴면하였다가 이듬해 3월 중순경부터 싹이 트기 시작하여 4월 중순까지 완전한 형태의 싹을 이룸
- 발아율: 약 95%

로터리 작업 시 토양살충제 살포 후 두둑 만들 것

❷ 정식

- 제초: 수시
- 전정: 도장지 제거

❸ 병충해

- 병충해: 담배나방, 깍지벌레, 청벌레
- 방제법: 새순에 발생 시 살충제 1~2회 살포(4월 말~5월 초 1회, 6월 말~7월 초 1회)

🚚 유통

- 출하규격: 실생 1년 약 10~15cm
- 포장방식: 1단 100주
- 유통경로: 도 · 소매업자 및 실재배농가
- 유통단가: 실생 1년 @20 / H0.3*W0.3 @1,000

▲ 전정하여 조형미 강조

▲ 산책로에 식재

▲ 군식하여 경관효과

▲ 전정하여 조형미 강조

02 상록활엽관목
사철나무

- **학명** : *Euonymus japonicus* Thunb.
- **원산지** : 한국, 일본, 중국
- **분포** : 황해도 이남 바닷가

1월	2월	3월	4월	5월	6월	7월	8월	9월	10월	11월	12월
									종자		
		파종									
					삽목						

🌲 생태적 특성

상록활엽관목으로 수형은 원형이며 수고 6~9m, 직경 6~15cm까지 자란다. 줄기는 직립하고 가지가 많이 나와 수관이 퍼지며, 수피는 회갈색이다. 잎은 마주나고 혁질이며 길이 3~8cm, 너비 2~4cm로 도란형 또는 넓은 타원형이다. 꽃은 자웅동주로 양성화이고 6~7월에 백록색으로 피는데, 잎겨드랑이에 취산꽃차례로 달린다. 열매는 삭과로 구형이며 지름 8~9mm로 10월에 엷은 홍색으로 익는다.

🌱 생육상토

고온, 건조, 척박한 토양은 부적합하며, 적습하고 비옥한 토양에서 생육이 좋다.

▲ 꽃

▲ 열매

🌰 종자

- 종자채종: 10월
- 종자저장: 노천매장
- 발아처리: 비닐포대에 3~4일 밀봉하였다가 과육을 제거하여 그늘에 3~4일 말린 후 노천매장

🌱 재배와 관리

❶ 파종

- 파종일자: 3월 중순
- 파종방법: 흩어뿌림
- 온도/습도: 약 25℃ / 약 75%
- 관수: 분사호스 및 스프링클러
- 시비: 완숙퇴비, NK비료
- 발아 소요기간: 약 25일
- 발아율: 약 80%

로터리 작업 시 토양살충제 살포 후 두둑 만들 것

❷ 삽목

- 삽목일자: 녹지삽 6월 말
- 삽목방법
  ① 삽목상 만들기: 1.2m 두둑 지어 마사토, 모래를 약 10cm 두께로 깔아야 함.
  ② 삽수 조제방법: 삽수 길이는 10~15cm, 조제한 삽수를 3~5cm 간격으로 5~7cm 땅에 꽂음
- 온도/습도: 25~28℃ / 약 65%
- 발근 소요기간: 녹지삽 45~60일
- 발근율: 약 75%

삽목 후 관수할 때 곰팡이균 예방 차원에서 반드시 약을 혼용하고, 75% 차광망 터널식으로 설치해야 함

❸ 정식

- 제초: 수시
- 전정: 도장지 제거

❹ 병충해

- 병충해: 흰가룻병, 진딧물
- 방제법: 흰가룻병- 톱신 / 진딧물- 코니도

▲ 군식하여 산울타리로 활용

▲ 군식하여 산울타리로 활용

▲ 군식하여 산울타리로 활용

🚚 유통

- 출하규격: 삽목 1년 / 실생 1년
- 포장방식: 1단 100주
- 유통경로: 도 · 소매업자, 조경수 재배 실소유자
- 유통단가: 삽목 1년 @ 180 / H1.0 @1,000 / H1.2 @1,500, 실생 1년 @100 / H1.0 @ 1,000 / H1.2 @1,500

03 상록침엽관목
눈주목

- **학명** : *Taxus caespitosa* Nakai
- **원산지** : 한국(설악산), 일본
- **분포** : 설악산, 한라산, 지리산 등

1월	2월	3월	4월	5월	6월	7월	8월	9월	10월	11월	12월
		삽목									

🌲 생태적 특성

상록침엽관목으로 수형은 포복형이며 수고 1~2m로 낮게
자란다. 줄기는 복와성으로 밑에서 줄기가 여러 갈래로 갈
라지고 곁가지가 나와 옆으로 자란다. 잎은 선형이고 약간
짧으며, 가지에 2줄로 돌려난다. 잎의 길이는 1.5~2.5cm로
뒷면에 연녹색의 기공조선이 있다. 꽃은 일가화이며 단정
꽃차례이고, 수꽃은 갈색, 암꽃은 녹색이다. 열매는 둥글고
적색이며 육질의 종의는 종자를 일부만 둘러싸고, 종자는
난원형이다.

▲ 잎

🏵 생육상토

약산성의 사양토에서 생육이 좋다.

▲ 열매

152

🌱 재배와 관리

❶ 삽목

- 삽목일자: 3월 초~중순
- 삽목방법
  ① 삽목상 만들기: 1.2m 두둑을 만들어 고운 마사토 또는 모래에 살충제를 반드시 살포
  ② 삽수 조제방법: 삽수 길이는 약 10cm, 삽수 꽂는 간격은 3~5cm, 지상부로 약 5cm 남기고 꽂음. 삽목이 끝난 후 곰팡이병 약을 혼용하여 충분하게 관수해야 함. 75% 차광망 소형 터널식으로 설치
- 온도/습도: 25~28℃ / 약 60%
- 관수: 분사호스 및 스프링클러 　과습 시 곰팡이균 발생
- 발근 소요기간: 약 80일
- 발근율: 약 65%

❷ 정식

- 제초: 수시
- 전정: 도장지 제거

❸ 병충해

- 병충해: 곰팡이병 　5월 새순을 갉아 먹는 벌레가
- 방제법: 리조렉스 　발생할 경우 살충제 1~2회 살포

🚚 유통

- 출하규격: 삽목 1년, 삽목 2년
- 포장방식: 1단 20주
- 유통경로: 도 · 소매업자, 조경수 재배 실소유자
- 유통단가: 삽목 1년 @150/ 삽목 2년 @300/ H0.3*W0.3 @3,000/ H0.4*W0.4 @4,000

▲ 군식하여 경관효과

▲ 교목 하부에 식재하여 관상효과

▲ 로터리에 식재하여 식별효과

▲ 군식하여 경관효과

남천

- **학명** : *Nandina domestica* Thunb.
- **원산지** : 한국, 일본
- **분포** : 전남 및 경남 이남

1월	2월	3월	4월	5월	6월	7월	8월	9월	10월	11월	12월
									종자채종		
		파종					파종				

🌲 생태적 특성

상록활엽관목으로 수형은 총생 피복형이며 수고 2~3m, 직경 2~3cm까지 자란다. 줄기는 직립하고 수피는 흙갈색으로 얕은 골이 있다. 잎은 어긋나고 기수우상복엽으로 길이 30~50cm이다. 소엽은 마주나고 타원상 피침형이며, 점첨두이고 길이 3~10cm이다. 색은 짙은 녹색으로 가을이 되면 빨갛게 변한다. 꽃은 자웅동주로 양성화이고 6~7월에 피는데, 가지 끝에서 길이 20~35cm의 원추꽃차례로 달린다. 열매는 붉은색 장과로 지름 8~9mm이다.

▲ 꽃

🔨 생육상토

산성 토양을 피하고 부식질이 많은 사질양토에서 생육이 좋다.

▲ 열매

🌰 종자

- 종자채종: 10월 중순~11월 말
- 종자저장: 노천매장
- 발아처리: 과육을 제거한 후 노천매장

🤲 재배와 관리

❶ 파종

- 파종일자: 3월 중순 또는 8월 초순
- 파종방법: 흩어뿌림
- 온도/습도: 약 25℃ / 약 90%
- 관수: 분사호스 및 스프링클러
- 시비: 겨울철 동해 방지 위해 부산물 퇴비, 화학비료 사용 금지
- 발아 소요기간: 3월 파종 시 9월 발아 / 8월 초 파종 시 9월 발아(약 40일)
- 발아율: 약 70%

로터리 작업 시 토양살충제 살포 후 두둑 만들 것

9월 발아 시 겨울철 동해 방지를 위해 부직포 및 비닐을 피복해야 함

❷ 정식

- 제초: 수시
- 전정: 도장지 제거

❸ 병충해

- 병충해: 모잘록병
- 방제법: 다찌가렌 살포

🚛 유통

- 출하규격: 실생 1년, 실생 2년
- 포장방식: 1년 50주
- 유통경로: 도 · 소매업자, 조경수 생산 실소유자
- 유통단가: 1년생 @150 / 2년생 @300 / H0.8*분 @3,000 / H1.0*분 @4,000

▲ 군식하여 경관효과

▲ 군식하여 경관효과

▲ 건물 측면에 열식하여 차폐효과

▲ 군식하여 경관효과

05 상록활엽관목
피라칸다

- **학명** : *Pyracantha angustifolia*
  (C. K. Schneid.) Rehdar
- **원산지** : 유럽 동남부, 아시아 등
- **분포** : 전북 및 경북 이남

1월	2월	3월	4월	5월	6월	7월	8월	9월	10월	11월	12월
									종자채종		
		파종									

🌳 생태적 특성

상록활엽관목으로 수형은 피복 원정형이며 수고 1~6m, 직경 5~10cm이다. 줄기 및 가지 끝에 가시가 있고 연한 황색의 짧은 털이 밀생하며, 수피는 흙갈색으로 평활하다. 잎은 어긋나고 타원형 또는 원형이며 길이 1.5~5cm, 너비 1~1.6cm이다. 뒷면은 회백색으로 융모가 밀생하며 가장자리가 밋밋하다. 꽃은 양성화이고 5~6월에 피는데 흰색 또는 노란빛이 도는 흰색에 길이 7~9mm이다. 열매는 이과로 편구형이며 10월에 선홍색으로 익는다.

🔱 생육상토

양지의 배수가 잘되고 토심이 깊은 비옥한 토양에서 생육이 좋다.

▲ 꽃

▲ 열매

156

🌰 종자

- 종자채종: 10~11월
- 종자저장: 과육을 제거하여 그늘에 말린 후 저온저장
  (약 2℃ 보관)
- 발아처리: 파종 3일 전 물에 침수

🖐 재배와 관리

❶ 파종

- 파종일자: 3월 중순
- 파종방법: 흩어뿌림
- 온도/습도: 약 25℃ / 약 90%
- 관수: 분사호스 및 스프링클러
- 시비: 복합비료 21-17-17, NK비료
- 발아 소요기간: 약 25일
- 발아율: 약 80%

로터리 작업 시 토양살충제 살포 후 두둑 만들 것

❷ 정식

- 제초: 수시
- 전정: 도장지 제거

❸ 병충해

- 병충해: 발아시기 모잘록병, 새순에 진딧물 발생

🚚 유통

- 출하규격: 실생 1년
- 포장방식: 1년생 20주
- 유통경로: 도 · 소매업자, 조경수 재배 실소유자
- 유통단가: 1년생 @200 / H0.8*5치 포트 @2,500 / H1.0*5
  치 포트 @3,000

▲ 혼식하여 입체화단 조성

▲ 악센트 식재하여 시각적 초점으로 활용

▲ 군식하여 산울타리로 활용

▲ 악센트 식재하여 시각적 초점으로 활용

목서

- 학명 : *Osmanthus fragrans* Lour.
- 원산지 : 중국
- 분포 : 남부지방

1월	2월	3월	4월	5월	6월	7월	8월	9월	10월	11월	12월
				삽목							

생태적 특성

상록활엽관목으로 수형은 원형이며 수고 3~10m, 직경 30cm까지 자란다. 줄기는 직립하고 가지는 잘 뻗는다. 수피는 연한 회갈색이고 피목이 산재한다. 잎은 마주나고 혁질이며, 길이 8~13cm, 너비 2.5~5cm로 넓은 피침형 또는 긴 타원형이다. 잎의 표면은 녹색으로 광택이 나고 뒷면은 연녹색이다. 꽃은 자웅이주로 단성화 또는 양성화이고 10월에 흰색으로 피는데 향기가 좋다. 열매는 핵과로 타원형이며, 지름 1~1.5cm이고 10월에 자흑색으로 익는다.

▲ 잎

생육상토

토심이 깊고 배수가 잘되는 사질양토의 비옥한 토양에서 생육이 좋다.

▲ 꽃

🌰 재배와 관리

❶ 삽목

- 삽목일자: 6월 초~말
- 삽목방법
  ① 삽목상 만들기: 1.2m 두둑 지어 고운 마사토, 모래를 5~10cm 두께로 깔아야 함
  ② 삽수 조제방법: 새순이 약간 목질화될 때가 좋음. 삽수 길이는 10~12cm, 삽수 꽂는 간격은 3~5cm, 삽목 후 75% 차광망 설치
- 온도/습도: 약 25℃ / 약 70%
- 관수: 분사호스 및 스프링클러
- 발근 소요기간: 70~80일
- 발근율: 약 70%

❷ 정식

- 제초: 수시
- 전정: 도장지 제거

❸ 병충해

- 병충해: 곰팡이병
- 방제법: 리조렉스 3~4회 살포

🚚 유통

- 출하규격: 삽목 1년
- 포장방식: 1단 20주
- 유통경로: 도·소매업자, 조경수 생산 소유자, 주로 남쪽 지방으로 생산
- 유통단가: 삽목 1년 @250 / H0.8*분 @4,000 / H1.0*분 @5,000

▲ 악센트 식재하여 시각적 초점으로 활용

▲ 건물 앞 식재

▲ 시각적 초점으로 활용

▲ 악센트 식재하여 시각적 초점으로 활용

다정큼나무

- 학명 : *Raphiolepis india* var. *umbellata*
- 원산지 : 한국, 일본
- 분포 : 제주도를 비롯한 남부 해안가 양지

1월	2월	3월	4월	5월	6월	7월	8월	9월	10월	11월	12월
								종자채종			
			파종								
						삽목					

🌲 생태적 특성

상록활엽관목으로 수형은 반구형이며 수고 2~4m, 직경 5~10cm까지 자란다. 줄기는 직립하고 어린 가지는 돌려나며 갈색 솜털이 덮여 있지만 곧 없어진다. 잎은 어긋나고 길이 3~10cm, 너비 2~4cm로 난형, 넓은 난형이다. 잎에는 암녹색 그물맥이 뚜렷하고 둔한 톱니가 있다. 꽃은 양성화이고 5~6월에 흰 꽃이 원추꽃차례로 핀다. 열매는 이과로 구형이며 흑자색에 윤기가 있다. 지름은 7~10mm이고 10~11월에 익는다.

▲ 꽃

🌱 생육상토

토심과 보습력이 있는 사질양토에서 생육이 좋다.

▲ 열매

🥔 종자

- 종자채종: 가을
- 종자저장: 노천매장

🐛 재배와 관리

❶ 파종

- 파종일자: 4월
- 파종방법: 곧뿌림 또는 습한 모래에 가매장하였다가 4월에 파종. 90cm 넓이의 평상을 만들어 점뿌림 또는 줄뿌림하여 종자의 2~3배 흙을 덮고 다시 볏짚을 덮어 관수한 후 건조하지 않게 관리
- 온도/습도: 약 25℃ / 약 70%
- 관수: 분사호스 및 스프링클러
- 시비: 연 2~3회 묽은 액비나 깻묵, 닭똥 등 시비
- 발아 소요기간: 약 30일
- 발아율: 발아율 높은 편

❷ 삽목

- 삽목일자: 7월 상순
- 삽목방법: 휴면지나 반숙지 삽목을 함

❸ 정식

- 시비: 밑거름으로 닭똥 퇴비를 충분히 넣고 심음
- 제초: 수시
- 전정: 맹아력이 약하므로 전정은 가지솎기
- 동계관리: 겨울에는 낙엽이나 왕겨를 포기 사이에 덮어 동상을 방지

❹ 병충해

- 병충해: 갈색점무늬병, 사과자주날개무늬병
- 방제법: 다이센이나 베노밀 살포

🚚 유통

- 유통경로: 도 · 소매업자, 조경수 생산 소유자

▲ 악센트 식재하여 시각적 초점으로 활용

▲ 시각적 초점으로 활용

▲ 시각적 초점으로 활용

▲ 시각적 초점으로 활용

돈나무

- 학명 : *Pittosporum tobira* (Thunb.) W. T. Aiton
- 원산지 : 한국
- 분포 : 남부지방 해안 산기슭

1월	2월	3월	4월	5월	6월	7월	8월	9월	10월	11월	12월
					삽목						

🌲 생태적 특성

상록활엽관목으로 수형은 원정형이며 수고 2~6m, 직경 15~20cm까지 자란다. 줄기는 굴곡 또는 직립하고 수피는 흙갈색으로 기부에서 여러 개로 갈라진다. 잎은 마주나고 두꺼우며, 표면은 짙은 녹색에 혁질이다. 잎의 모양은 긴 도란형이고 둔두이며 예저이고, 길이 4~10cm, 너비 2~4cm로 가장자리가 밋밋하다. 꽃은 자웅동주이며 5~6월에 취산꽃차례로 피는데, 흰색에서 노란색으로 변한다. 열매는 삭과로 원형 또는 넓은 타원형이며 지름 1.5cm 정도이고 10월에 누렇게 익는다.

▲ 꽃

🪴 생육상토

고온, 건조한 토양보다는 토심과 보습력이 있는 사질양토에서 생육이 좋다.

▲ 열매

재배와 관리

❶ 삽목
- 삽목일자: 6월 초~말
- 삽목방법
  ① 삽목상 만들기: 1.2m 두둑 지어 고운 마사토, 모래를 5~10cm 정도 두께로 깔아야 함
  ② 삽수 조제방법: 새순이 약간 목질화될 때가 좋음. 삽수 길이는 10~12cm, 삽수 꽂는 간격은 3~5cm, 삽목 후 75% 차광망 설치
- 온도/습도: 약 25℃ / 약 70%
- 관수: 분사호스 및 스프링클러
- 발근 소요기간: 70~80일
- 발근율: 약 70%

❷ 정식
- 제초: 수시
- 전정: 도장지 제거

❸ 병충해
- 병충해: 곰팡이병
- 방제법: 리조렉스 3~4회 살포

유통

- 출하규격: 삽목 1년
- 포장방식: 1단 20주
- 유통경로: 도·소매업자, 조경수 생산 소유자, 주로 남쪽 지방으로 생산
- 유통단가: 삽목 1년 @250 / H0.8*분 @4,000 / H1.0*분 @5,000

▲ 시각적 초점으로 활용

▲ 시각적 초점으로 활용

▲ 열식하여 동선 유도 및 경관 향상

▲ 악센트 식재하여 시각적 초점으로 활용

09 상록활엽관목
금목서

• 학명 : *Osmanthus fragrans* var.
  aurantiacus Makino.
• 원산지 : 중국
• 분포 : 남부지방

1월	2월	3월	4월	5월	6월	7월	8월	9월	10월	11월	12월
					삽목						

🌲 생태적 특성

상록활엽관목으로 수형은 넓은 타원형이며 수고 3~5m, 직경 15~30cm이다. 줄기는 직립하고 밑에서 가지가 자라며 잘 뻗는다. 수피는 연한 회갈색으로 피목이 있다. 잎은 마주나고 혁질이며, 길이 5~15cm, 너비 3~5cm로 넓은 피침형 또는 긴 타원형이다. 잎의 모양은 급첨두 또는 점첨두이며 예저이고 길이 3~8m이다. 꽃은 자웅이주이며 단성화로 10월에 등황색의 작은 꽃이 잎겨드랑이에 모여 달린다. 열매는 핵과로 타원형이며 지름 1~1.5cm이고, 10월에 자흑색으로 익는다.

▲ 잎

🔨 생육상토

토심이 깊고 배수가 잘되는 사질양토의 비옥한 토양에서 생육이 좋다.

▲ 꽃

164

재배와 관리

❶ 삽목

- 삽목일자: 6월 초순~말까지
- 삽목방법
  ① 삽목상 만들기: 1.2m 두둑 지어 고운 마사토, 모래를 5~10cm 두께로 깔아야 함
  ② 삽수 조제방법: 새순이 약간 목질화될 때가 좋음. 삽수 길이는 10~12cm, 삽수 꽂는 간격은 3~5cm, 삽목 후 75% 차광망 설치
- 온도/습도: 약 25℃ / 약 70%
- 관수: 분사호스 및 스프링클러
- 발근 소요기간: 70~80일
- 발근율: 약 70%

❷ 정식

- 제초: 수시
- 전정: 도장지 제거

❸ 병충해

- 병충해: 곰팡이병
- 방제법: 리조렉스 3~4회 살포

유통

- 출하규격: 삽목 1년
- 포장방식: 1단 20주
- 유통경로: 도 · 소매업자, 조경수 생산 소유자, 주로 남쪽 지방으로 생산
- 유통단가: 삽목 1년 @250 / H0.8*분 @4,000 / H1.0*분 @5,000

▲ 악센트 식재하여 시각적 초점으로 활용

▲ 악센트 식재하여 시각적 초점으로 활용

▲ 건물 전면에 열식하여 차폐효과

▲ 전통가옥에 식재하여 관상효과

- 학명 : *Ilex crenata* Thunb.
- 원산지 : 한국(제주도 · 남부), 일본
- 분포 : 경남, 전남 · 북, 제주도 등
  해안지대, 섬

1월	2월	3월	4월	5월	6월	7월	8월	9월	10월	11월	12월
					삽목						

🌳 생태적 특성

상록활엽관목으로 수형은 난형이며 수고 3~10m, 직경 5~
8cm이다. 줄기는 직립하고 밑에서 줄기가 갈라지며 가지가
많이 나온다. 어린 가지는 녹색이며 잔털이 있다. 잎은 어
긋나고 혁질이며 길이 1~4cm, 너비 5~20mm이다. 모양은
짧은 원형 또는 도란형이며, 예저로 가장자리에 톱니가 있
다. 꽃은 자웅이주이며 6~7월에 흰 꽃이 잎겨드랑이에 달
린다. 열매는 구형이며 지름 6~8mm이고 10월에 자흑색으
로 익는다.

▲ 잎

⚒ 생육상토

토심이 깊으며 적습하고 비옥한 토양에서 생육이 좋다.

▲ 꽃

166

🌰 재배와 관리

① 삽목

- 삽목일자: 6월 초순~말
- 삽목방법
  - ① 삽목상 만들기: 1.2m 두둑 지어 고운 마사토, 모래를 5~10cm 두께로 깔아야 함
  - ② 삽수 조제방법: 새순이 약간 목질화될 때가 좋음. 삽수 길이는 10~12cm, 삽수 꽂는 간격은 3~5cm, 삽목 후 75% 차광망 설치
- 온도/습도: 약 25℃ / 약 70%
- 관수: 분사호스 및 스프링클러
- 발근 소요기간: 70~80일
- 발근율: 약 70%

② 정식

- 제초: 수시
- 전정: 도장지 제거

③ 병충해

- 병충해: 곰팡이병
- 방제법: 리조렉스 3~4회 살포

🚚 유통

- 출하규격: 삽목 1년
- 포장방식: 1단 20주
- 유통경로: 도·소매업자, 조경수 생산 소유자, 주로 남쪽 지방으로 생산
- 유통단가: 삽목 1년 @250 / H0.8*분 @4,000 / H1.0*분 @5,000

▲ 열식하여 경관 향상

▲ 악센트 식재하여 시각적 초점으로 활용

▲ 전통가옥에 식재하여 관상효과

▲ 군식하여 경관효과

11 낙엽활엽관목
영산홍

- **학명** : *Rhododendron indicum* (L.) SWEET
- **원산지** : 일본
- **분포** : 남부지방

1월	2월	3월	4월	5월	6월	7월	8월	9월	10월	11월	12월
								종자채종			
		파종									

🌳 생태적 특성

낙엽활엽관목으로 수형은 평원형이며 수고 2~3m, 직경 5
~10cm까지 자란다. 줄기는 직립하고 밑에서 줄기가 나오
며, 수피는 회갈색이고 소지는 연한 갈색으로 털이 있다.
잎은 어긋나거나 마주나고 길이 5~8cm, 너비 3~3.5cm이
다. 모양은 긴 타원형 또는 넓은 도피침형이며, 표면에 털
이 있고 뒷면에는 갈색 털이 밀생한다. 꽃은 자웅동주 양성
화이며, 3~4월에 지름 6~7cm의 홍자색 꽃이 핀다. 열매
는 삭과로 난형이며 길이 8~10mm, 너비 5~6mm로 털이
있고 9월에 익는다.

▲ 잎

🔨 생육상토

배수가 잘되는 산성토양과 적윤한 토양에서 생육이 좋다.

▲ 꽃

168

🖊 종자

- 종자채종: 9월 중순~10월 초순
- 종자저장: 저온창고 약 2℃에 보관
- 발아처리: 파종 하루 전 물에 침수

👤 재배와 관리

❶ 파종

- 파종일자: 3월 중순
- 파종방법: 1.2m 두둑에 마사토 또는 피트모스를 깔고 무균토에 흩어뿌림. 미세종자라 병해충 발생 심함. 파종 후 복토는 피트모스 습도 유지를 위해 소형 비닐 터널과 차광망을 설치
- 온도/습도: 약 25℃ / 약 90%
- 관수: 분사호스 및 스프링클러
- 시비: 2~3회 다이센엠45 살균제와 나르겐 영양제 혼용
- 발아 소요기간: 30일, 발아 시 습도가 항상 유지되어야 함
- 발아율: 약 60%

> 로터리 작업 시 토양살충제 살포 후 두둑 만들 것

❷ 정식

- 제초: 수시
- 전정: 도장지 제거

❸ 병충해

- 병충해: 모잘록병 발생
- 방제법: 5월 중순 다찌가렌, 다이센엠45 살포, 7월 초~중순 석회보르도액 살포

> 물 20L 기준: 생석회 2kg, 유산동 1kg 혼합, 우선 생석회를 희석 후 완전히 녹은 다음 유산동을 희석해야 함. 석회보르도액 살포의 장점은 과습 예방, 병해충과 곰팡이균 방제에 효과(단 장마 전에 살포해야 함)

🚚 유통

- 출하규격: 실생 1년
- 포장방식: 1단 100주
- 유통경로: 도 · 소매업자, 조경수 재배 실소유자
- 유통단가: 실생 1년 @100 / 실생 2년 @200 / H0.3*W0.3 @1,500

▲ 군식하여 경관효과

▲ 군식하여 경관효과

▲ 교목 하부에 식재하여 관상효과

▲ 열식하여 경관 향상

11. 영산홍 **169** 🌿

12 낙엽활엽관목
산철쭉

- **학명** : *Rhododendron yedoense f. poukhanense*
  (H. Lév.) M. sugim. ex T. Yamaz.
- **원산지** : 한국, 일본
- **분포** : 중부 이남

1월	2월	3월	4월	5월	6월	7월	8월	9월	10월	11월	12월
								종자채종	종자채종		
		파종									

🌲 생태적 특성

낙엽활엽관목으로 피복형이며 수고 1~2m, 직경 1~5cm까지 자란다. 줄기는 직립하고 군생하며 수피는 회갈색이다. 소지는 연한 갈색으로 털이 있다. 잎은 어긋나거나 마주나고 길이 3~8cm, 너비 2~3cm이다. 모양은 긴 타원형 또는 넓은 도피침형이며, 표면에 털이 있고 뒷면에는 갈색 털이 밀생한다. 꽃은 자웅동주 양성화이며 5월에 지름 5~6cm의 홍자색 꽃이 핀다. 열매는 삭과로 난형이며 길이 8~15mm 털이 있고, 10월에 갈색으로 익는다.

🔨 생육상토

습기가 많은 산성 토양과 적윤한 토양에서 생육이 좋다.

▲ 잎

▲ 꽃

🍃 종자

- 종자채종: 9월 중순~10월 초순
- 종자저장: 저온창고 약 2℃에 보관
- 발아처리: 파종 하루 전 물에 침수

🖐 재배와 관리

❶ 파종

- 파종일자: 3월 중순
- 파종방법: 1.2m 두둑에 마사토 또는 피트모스를 깔고 무균토에 흩어뿌림. 미세종자라 병해충 발생 심함. 파종 후 복토는 피트모스 습도 유지를 위해 소형 비닐터널과 차광망을 설치
- 온도/습도: 약 25℃ / 약 90%

  로터리 작업 시 토양살충제 살포 후 두둑 만들 것
- 관수: 분사호스 및 스프링쿨러
- 시비: 2~3회 다이센엠45 살균제와 나르겐 영양제 혼용
- 발아 소요기간: 30일, 발아 시 습도가 유지되어야 함
- 발아율: 약 60%

❷ 정식

- 제초: 수시
- 전정: 도장지 제거

❸ 병충해

- 병충해: 모잘록병 발생
- 방제법: 5월 중순 다찌가렌, 다이센엠45 살포, 7월 초~중순 석회보르도액 살포

🚚 유통

- 출하규격: 실생 1년
- 포장방식: 1단 100주
- 유통경로: 도 · 소매업자, 조경수 재배 실소유자
- 유통단가: 실생 1년 @150 / 실생 2년 @250 / H0.3*W0.3 @1,700

▲ 교목 하부에 식재하여 관상효과

▲ 군식하여 경관효과

▲ 군식하여 녹음 제공

▲ 군식하여 녹음 제공

- **학명** : *Rododendron obtusum*
- **원산지** : 한국, 일본
- **분포** : 중부 이남

1월	2월	3월	4월	5월	6월	7월	8월	9월	10월	11월	12월
								종자채종			
		파종									

🌲 생태적 특성

낙엽활엽관목으로 수형은 평원형이며 수고 2~3m, 직경 5~10cm까지 자란다. 줄기는 직립하고 밑에서 줄기가 나오며, 수피는 회갈색이고 소지는 연한 갈색으로 털이 있다. 잎은 어긋나거나 마주나고 길이 5~8cm, 너비 3~3.5cm이다. 모양은 긴 타원형 또는 넓은 도피침형이며, 표면에 털이 있고 뒷면에는 갈색 털이 밀생한다. 꽃은 자웅동주 양성화이며 3~4월에 지름 6~7cm의 홍자색 꽃이 잎이 나기 전에 핀다. 열매는 삭과로 난형이며 길이 8~10mm, 너비 5~6mm에 털이 있고 9월에 익는다.

🔨 생육상토

배수가 잘되는 산성 토양 및 적윤한 토양에서 생육이 좋다.

▲ 잎

▲ 꽃

🥥 종자

- 종자채종: 9월 중순~10월 초순
- 종자저장: 저온창고 약 2℃에 보관
- 발아처리: 파종 하루 전 물에 침수

🌱 재배와 관리

❶ 파종

- 파종일자: 3월 중순
- 파종방법: 1.2m 두둑에 마사토 또는 피트모스를 깔고 무균토에 흩어뿌림. 미세종자라 병해충 발생 심함. 파종 후 복토는 피트모스 습도 유지를 위해 소형 비닐 터널과 차광망을 설치
- 온도/습도: 약 25℃ / 약 90%   *로터리 작업 시 토양살충제 살포 후 두둑 만들 것*
- 관수: 분사호스 및 스프링클러
- 시비: 2~3회 다이센엠45 살균제와 나르겐 영양제 혼용
- 발아 소요기간: 30일, 발아 시 습도가 유지되어야 함
- 발아율: 약 60%

❷ 정식

- 제초: 수시
- 전정: 도장지 제거

❸ 병충해

- 병충해: 모잘록병 발생
- 방제법: 5월 중순 다찌가렌, 다이센엠45 살포, 7월 초~중순 석회보르도액 살포

🚚 유통

- 출하규격: 실생 1년
- 포장방식: 1단 100주
- 유통경로: 도·소매업자, 조경수 재배 실소유자
- 유통단가: 실생 1년 @100 / 실생 2년 @200 / H0.3*W0.3 @1,500

▲ 교목 하부에 식재하여 관상효과

▲ 군식하여 경관효과

▲ 군식하여 경관효과

▲ 군식하여 경관효과

14 낙엽활엽관목
수수꽃다리

- **학명** : *Syringa oblata* var. *dilatata* (Nakai) Rehder
- **원산지** : 한국, 중국(구만주)
- **분포** : 황해도, 평남, 함남의 석회암 지대

1월	2월	3월	4월	5월	6월	7월	8월	9월	10월	11월	12월
								종자채종			
		파종									

🌳 생태적 특성

낙엽활엽관목으로 수형은 타원형 또는 부정형이며 수고 3
~4m, 직경 5~8cm까지 자란다. 줄기는 직립하고 밑에서
많은 줄기가 나오며, 수피는 회갈색으로 피목이 있다. 잎
은 마주나고 길이 5~12cm로 다소 두꺼우며, 모양은 넓은
난형 또는 난형이고 예두 또는 점첨두이다. 꽃은 자웅동주
양성화이며 4~6월에 지름 2cm의 연한 자주색 꽃이 피는
데, 강한 향기가 난다. 열매는 삭과로 타원형이며 길이 9~
15mm로, 9월에 자갈색으로 익는다.

🪏 생육상토

수분이 있는 사질양토의 중성 및 알칼리성 토양에서 생육
이 좋다.

▲ 잎

▲ 꽃

🖊 종자

- 종자채종: 9월 말~10월 초
- 종자저장: 저온창고 약 2℃에 보관, 종자 소독약 혼용 보관
- 발아처리: 파종 2일 전 물에 침수한 뒤 파종

🌱 재배와 관리

❶ 파종

- 파종일자: 3월 중순
- 파종방법: 1.2m 두둑 지어 흩어뿌림, 종자의 1~2배 복토
- 온도/습도: 약 25℃ / 약 90%
- 관수: 분사호스 및 스프링클러

  로터리 작업 시 토양살충제
  살포 후 두둑 만들 것
- 시비: 5월 말경 복합비료
  21-17-17, 6월 말경 NK비료 살포
- 발아 소요기간: 25일~30일
- 발아율: 약 70%

❷ 정식

- 제초: 수시
- 전정: 도장지 제거

❸ 병충해

- 병충해: 발아 시 모잘록병, 진딧물 발생, 특별한 병해충 없음

🚚 유통

- 출하규격: 1년생, 2년생
- 포장방식: 1년 20주
- 유통경로: 도·소매업자, 조경수 생산 실소유자
- 유통단가: 1년생 @300 / 2년생 @600 / H1.2*분 @3,000

▲ 군식하여 녹음효과 및 경관 향상

▲ 공원 내에 식재하여 시각적 초점으로 활용

▲ 악센트 식재하여 시각적 초점으로 활용

▲ 군식하여 녹음효과 및 경관 향상

조팝나무

- **학명** : *Spiraea prunifolia* f. *simpliciflora* Nakai
- **원산지** : 한국
- **분포** : 전국 각처

1월	2월	3월	4월	5월	6월	7월	8월	9월	10월	11월	12월
				종자							
				파종							

🌲 생태적 특성

낙엽활엽관목으로 수형은 집생 피복형이며 수고 1~2m, 직경 1~2cm까지 자란다. 줄기는 직립하고 밑에서 많은 줄기가 나와 큰 포기를 이루며, 수피는 다갈색으로 윤이 난다. 잎은 어긋나고 길이 2~5cm, 너비 1~2cm로 양면에 털이 없으며, 모양은 도란형 또는 타원형이고 첨두, 예저이다. 꽃은 자웅동주 양성화로 4~5월에 흰 꽃이 피는데, 봄에 잎이 나기 전에 많은 꽃들이 무성하게 달린다. 열매는 골돌과이며 길이 3~4mm로 9월에 익는다.

🔧 생육상토

자갈땅과 같은 척박한 토양에서도 잘 자라며, 적습한 양토에서 생육이 좋다.

▲ 잎

▲ 꽃

🌱 종자

- 종자채종: 5월 중순~말
- 종자저장: 서늘한 곳에 일주일 보관
- 발아처리: 피트모스 또는 고운 흙과 10:1 혼합

🖐 재배와 관리

❶ 파종

- 파종일자: 5월 말~6월 10일 내 파종
- 파종방법: 미세종자라 피트모스 또는 고운 흙과 혼합하여 흩어뿌림. 가급적 복토하지 않고 충분히 관수 후 가벼운 부직포를 깔아주거나 차광망을 설치해야 하며 습도를 항상 유지해야 함
- 온도/습도: 약 25℃ / 약 90%
- 관수: 분사호스 및 스프링클러
- 시비: 파종 전 부산물 퇴비 소량 살포 후 파종
- 발아 소요기간: 10~15일
- 발아율: 약 80%

> 로터리 작업 시 토양살충제 살포 후 두둑 만들 것

❷ 정식

- 제초: 수시
- 전정: 도장지 제거

❸ 병충해

- 병충해: 곰팡이병, 입고병, 흰가룻병
- 방제법: 곰팡이병- 리조렉스 / 입고병- 다찌가렌 / 흰가룻병- 톱신

🚚 유통

- 출하규격: 실생 1년
- 포장방식: 1년 100주
- 유통경로: 도ㆍ소매업자, 조경수 재배 실소유자
- 유통단가: 실생 1년 @10~20 / H0.6*분 @1,000 / H0.8*분 @1,200 / H1.0*분 @1,500

▲ 군식하여 녹음효과 및 경관 향상

▲ 군식하여 녹음효과 및 경관 향상

▲ 열식하여 경관 향상

▲ 군식하여 녹음효과 및 경관 향상

15. 조팝나무 **177**

화살나무

- 학명 : *Euonymus alatus* (Thunb.) Siebold
- 원산지 : 한국, 중국, 일본
- 분포 : 우리나라 산야

1월	2월	3월	4월	5월	6월	7월	8월	9월	10월	11월	12월
									종자		
		파종								파종	

🌳 생태적 특성

낙엽활엽관목으로 수형은 평원형이며 수고 2~3m, 직경 5cm이다. 줄기는 굴곡으로 직립하고 가지는 날개가 너비 1cm 정도에 회갈색이며, 소지는 녹색이며 가늘다. 잎은 마주나고 길이 2~6cm, 너비 1.5~3.5cm이다. 잎의 모양은 도란형 또는 타원형이며 가을에 붉게 단풍이 든다. 꽃은 자웅동주 양성화이며 5~6월에 지름 5~7cm의 담녹색 또는 담황색 꽃이 핀다. 열매는 삭과이며 10월에 자홍색으로 익는다.

▲ 꽃

🔨 생육상토

토심이 깊고 적습하며 비옥한 토양에서 생육이 좋다.

▲ 열매

🖋️ 종자

- 종자채종: 10월
- 종자저장: 노천매장
- 발아처리: 과육을 제거하여 노천매장

🌱 재배와 관리

❶ 파종

- 파종일자
  ① 가을파종: 채종 당년 11월
  ② 노천매장: 노천매장 후 이듬해 3월 중순경 파종한다.
- 파종방법: 1.2m 두둑 지어 흩어뿌림
- 온도/습도: 약 25℃ / 약 90%
- 관수: 분사호스 및 스프링클러
- 시비: 완숙퇴비, NK비료

> 로터리 작업 시 토양살충제
> 살포 후 두둑 만들 것

- 발아 소요기간: 원칙적으로 2년 발아이나 종자를 채취하여 과육을 제거한 후 즉시 노천매장 보관하고 이듬해 3월 파종하면 발아가 잘됨
- 발아율: 약 80%

❷ 정식

- 제초: 수시
- 전정: 도장지 제거

❸ 병충해

- 병충해: 발아 시 모잘록병, 4월 중순경 새잎에 나비유충 발생
- 방제법: 모잘록병- 다이센엠45, 다찌가렌 / 나비유충- 살충제

🚚 유통

- 출하규격: 실생 1년, 실생 2년, 삽목 1년
- 포장방식: 1단 20주
- 유통경로: 도 · 소매업자, 조경수 재배 실소유자
- 유통단가: 실생 1년 @200 / 실생 2년 @400 / 삽목 1년 @300/ H0.6*분 @3,000 / H0.8*분 @4,000 / H1.0*분 @5,000

▲ 군식하여 경관효과

▲ 군식하여 경관효과

▲ 악센트 식재하여 시각적 초점으로 활용

▲ 교목 하부에 식재하여 관상효과

- 학명 : *Ilex serrata* Thunb.
- 원산지 : 일본
- 분포 : 전국 각처

1월	2월	3월	4월	5월	6월	7월	8월	9월	10월	11월	12월
									종자채종		
		파종								파종	

🌲 생태적 특성

낙엽활엽관목으로 수형은 원형이며 수고 2~5m, 직경 5~
10cm까지 자란다. 줄기는 가늘고 털이 있으며, 밑에서 많
은 줄기가 올라와서 큰 포기를 이룬다. 수피는 회갈색이며
평활하다. 잎은 어긋나고 길이 3~8cm, 너비 2~4cm이다.
잎의 모양은 긴 타원형 또는 난상 타원형이며 표면에 털이
다소 있고 뒷면에는 털이 많이 있다. 꽃은 자웅이주이며 5
~6월에 지름 3~4mm의 담홍색 꽃이 잎겨드랑에 모여 핀
다. 열매는 복핵과로 구형이며 붉게 익는다.

🛠 생육상토

적습하고 비옥한 토양에서 생육이 좋다.

▲ 꽃

▲ 열매

🖋 종자

- 종자채종: 10월 말~11월
- 종자저장: 노천매장
- 발아처리: 과육을 제거하여 그늘에 4~5일 말린 다음 노천매장. 종자가 가늘기 때문에 모래 함량을 많이 하는 것이 유리

🌱 재배와 관리

❶ 파종

- 파종일자: 이듬해 가을파종 11월 / 봄파종 3월 중순
- 파종방법: 1.2m 두둑 지어 흩어뿌림.
- 온도/습도: 약 25℃ / 약 80%
- 관수: 분사호스 및 스프링클러
- 시비: NK비료
- 발아 소요기간: 가을파종 시 약 20일 / 봄파종 시 25일
- 발아율: 약 70%

> 종자가 가늘기 때문에 매장했던 모래와 함께 뿌리도록 함

❷ 정식

- 제초: 수시
- 전정: 도장지 제거

❸ 병충해

- 병충해: 발아 시 모잘록병, 새잎에 진딧물, 7월 흰불나방
- 방제법: 살균제 살포

🚜 유통

- 출하규격: 실생 1년
- 포장방식: 1단 50주
- 유통경로: 도·소매업자, 조경수 재배 실소유자
- 유통단가: 실생 1년 @150 / H1.0*분 @2,000 / H1.2*분 @2,500

▲ 군식하여 경관효과

▲ 군식하여 경관효과

▲ 전통가옥에 식재하여 관상효과

▲ 악센트 식재하여 시각적 초점으로 활용

- **학명** : *Forsythia koreana* (Rehder) Nakai
- **원산지** : 한국, 중국(구만주), 일본
- **분포** : 함경도 제외 전국의 양지

1월	2월	3월	4월	5월	6월	7월	8월	9월	10월	11월	12월
		삽목									

🌲 생태적 특성

낙엽활엽관목으로 수형은 피복형이며 수고 3m, 직경 3~
10cm까지 자란다. 줄기는 직립하고 밑에서 많은 줄기가 올
라와서 큰 포기를 이루며 끝부분이 아래로 휘어진다. 가지
가 땅에 닿으면 뿌리를 내린다. 수피는 회갈색이며 어린 가
지는 녹색이고 피목이 뚜렷하다. 잎은 마주나고 난상 피
침형 또는 난상의 긴 타원형이며 길이 3~12cm, 너비 2~
7cm이다. 표면에 털이 없고 상단부에 톱니가 있거나 밋밋
하다. 꽃은 자웅동주 양성화이며 4월에 노란 꽃이 잎겨드
랑이에 핀다. 열매는 삭과로 난형이며 길이 1.5~2cm이고,
9~10월에 갈색으로 익는다.

▲ 잎

⛏ 생육상토

배수가 잘되고 적습하며 비옥한 사질양토에서 생육이 좋다.

▲ 꽃

재배와 관리

❶ 삽목

- 삽목일자: 3월 초순~말
- 삽목방법: 20cm 절단하여 눈 2~3개 남기고 땅에 꽂아주면 됨. 삽수 간격은 약 10cm이며 1.2m 두둑을 내고 검정 비닐 피복 후 그 위에 꽂아주면 됨. 가급적 사질토양 이 유리
- 관수: 분사호스 및 스프링클러
- 시비: 5월 중순~6월 말- 복합비료 21-17-17 / 7월 말- NK 비료

❷ 정식

- 제초: 수시
- 전정: 도장지 제거

❸ 병충해

- 병충해: 잎말이벌레
- 방제법: 디프테렉스 또는 수프라사이드 살포

유통

- 출하규격: 삽목 1년 (H1.2* 2~3지)
- 포장방식: 삽목 1년 20주
- 유통경로: 도 · 소매업자, 조경수 재배 실소유자
- 유통단가: 삽목 1년 @500 / 삽목 2년 @1,000

▲ 군식하여 경관효과

▲ 군식하여 경관효과

▲ 군식하여 경관효과

▲ 군식하여 경관효과

흰말채나무

- 학명 : *Cornus alba* L.
- 원산지 : 일본
- 분포 : 전국 각처

1월	2월	3월	4월	5월	6월	7월	8월	9월	10월	11월	12월
		삽목									

🌲 생태적 특성

낙엽활엽관목으로 수형은 원정형이며 수고 15m, 직경 50cm이다. 줄기는 직립하고 수피는 흑회색이며, 뚜렷한 그물무늬로 갈라진다. 가지는 자주색이다. 잎은 마주나고 타원형 또는 넓은 난형이며 길이 4~14cm, 너비 2.5~8.5cm이다. 표면에 복모가 약간 있으며 뒷면은 거센 복모가 있고 가장자리는 밋밋하다. 꽃은 자웅동주 양성화이며 6월에 지름 1.2cm의 흰 꽃들이 가지 끝에 모여서 취산꽃차례를 이룬다. 열매는 핵과로 둥글고 길이 6~7mm이며 9~10월에 검게 익는다.

🏷 생육상토

토심이 깊고 적습하며 비옥한 토양에서 생육이 좋다.

▲ 잎

▲ 꽃

🌱 재배와 관리

❶ 삽목

- **삽목일자:** 3월 중순
- **삽목방법**
  ① 삽수 조제방법: 삽수길이는 10~15cm로 눈을 2개 정도 남김. 조제된 삽수를 15~20cm 간격으로 2개씩 꽂음. 지면 위쪽으로 눈이 약간 보일 정도만 남기고 꽂으면 됨. 2개씩 꽂는 이유는 고사 우려를 고려한 것임.
  ② 두둑 1.2m 만들어 비닐을 피복하여 노지에 직접 삽목
- **관수:** 분사호스 및 스프링클러
- **시비:** 5월 중순- 복합비료 21-17-17(1회) / 6월 중순- 복합비료 21-17-17(1회) / 7월 초순- NK비료

❷ 정식

- **제초:** 수시
- **전정:** 도장지 제거

❸ 병충해

- **병충해:** 박쥐나방
- **방제법:** 마라치온 살포

🚚 유통

- **출하규격:** 삽목 1년 H1.0~1.2
- **포장방식:** 1개씩 분작업
- **유통경로:** 도 · 소매업자, 조경수 재배 실소유자
- **유통단가:** 삽목 1년 / H0.8*분 @1,500 / 삽목 1년 / H1.0* 분 @2,000

▲ 악센트 식재하여 시각적 초점으로 활용

▲ 악센트 식재하여 시각적 초점으로 활용

▲ 군식하여 경관효과

▲ 군식하여 경관효과

황매화

- 학명 : *Kerria japonica* (L.) DC
- 원산지 : 일본
- 분포 : 전국 각처

1월	2월	3월	4월	5월	6월	7월	8월	9월	10월	11월	12월
		삽목									

🌳 생태적 특성

낙엽활엽관목으로 수형은 집생 피복형이며 수고 1~2m, 직경 1~5cm까지 자란다. 줄기는 직립하고 가지들이 밑에서 촘촘하게 나와서 길게 자라 늘어진다. 수피는 녹색이며 능선이 있다. 잎은 어긋나고 긴 타원형 또는 긴 난형이며 길이 3~7cm, 너비 2~3.5cm이다. 표면에는 털이 없고 뒷면 맥 위에 털이 있다. 꽃은 자웅동주 양성화이며 4~5월에 지름 3~4.5cm의 황색 꽃이 가지 끝에 1개씩 핀다. 열매는 취과로 난형이고 9월에 흑갈색으로 익는다.

▲ 잎

🔨 생육상토

척박한 토양은 부적합하며, 토심이 깊고 습기가 많은 비옥한 사질양토에서 생육이 좋다.

▲ 꽃

🌱 재배와 관리

❶ 삽목

- 삽목일자: 3월 초~중순
- 삽목방법: 삽수는 10~15cm 길이로 조제. 삽목 상 두둑을 1.2m 정도로 만든 다음 조제된 삽수를 2~3cm 간격으로 꽂음. 충분하게 관수 후 소형 비닐터널을 설치하고 통풍을 위해 60~80cm 간격으로 20cm 정도의 통풍구를 만들어줌. 그 후 75% 차광망을 설치
- 발근 적정온도: 25~28℃
- 관수: 분사호스 및 스프링클러
- 발근 소요기간: 6월 초~중순(발근 후 후속조치 - 6월 초순경 새순이 나면 비닐을 제거하고 차광망만 설치)

❷ 정식

- 제초: 수시
- 전정: 도장지 제거

❸ 병충해

- 병충해: 진딧물
- 방제법: 메타시스톡스 살포

🚚 유통

- 출하규격: 삽목 1년
- 포장방식: 1단 50주
- 유통경로: 도 · 소매업자, 조경수 재배 실소유자
- 유통단가: 실생 1년 @250 / H0.8*분 @1,500 / H1.0*분 @2,000

▲ 군식하여 경관효과

▲ 군식하여 경관효과

▲ 군식하여 경관효과

▲ 산책로에 식재

21 낙엽활엽관목
쥐똥나무

• 학명 : *Ligustrum obtusifolium* Siebold & Zucc.
• 원산지 : 한국, 일본, 중국(북부), 대만
• 분포 : 전국 각처

1월	2월	3월	4월	5월	6월	7월	8월	9월	10월	11월	12월
									종자채종		
		파종									

🌳 생태적 특성

낙엽활엽관목으로 수형은 원뿔형이며 수고 2~4m, 직경 5~10cm까지 자란다. 줄기는 직립하고 가지는 가늘며 잔털이 있으나 없어지고 피목이 있다. 어린 가지는 연녹색이며 수피는 회백색이다. 잎은 마주나고 긴 타원형이며 길이 2~7.5cm, 너비 7~25mm이다. 가장자리는 톱니가 없이 밋밋하고 뒷면 맥 위에 털이 있다. 꽃은 자웅동주 양성화이며 5~6월에 지름 5mm 정도의 흰 꽃이 가지끝에 원추꽃차례로 핀다. 열매는 핵과로 난상 원형이고 10월에 검게 익는다.

🛠 생육상토

척박한 토양은 부적합하며, 토심이 깊고 습기가 약간 있는 비옥한 토양에서 생육이 좋다.

▲ 잎

▲ 열매

🌀 종자

- 종자채종: 10월 중순~11월
- 종자저장: 저온 약 2℃, 과육 제거 후 마대에 넣어 보관 또는 노천매장
- 발아처리: 과육을 제거한 후 노천매장, 저온창고 보관 시 2일 전 물에 침수 후 파종

🤲 재배와 관리

❶ 파종

- 파종일자: 3월 중순
- 파종방법: 1.2m 두둑 지어 흩어 뿌림 또는 10cm 간격으로 골뿌림. 파종 후 볏짚 또는 차광망 설치   로터리 작업 시 토양살충제 살포 후 두둑 만들 것
- 온도/습도: 약 25℃ / 약 80%
- 관수: 분사호스 및 스프링클러
- 시비: 5월 중~하순- 복합비료 21-17-17 / 6월- NK비료
- 발아 소요기간: 약 30일
- 발아율: 약 85%

❷ 정식

- 제초: 수시
- 전정: 도장지 제거

❸ 병충해

- 병충해: 진딧물
- 방제법: 2~3회 살충제 살포

🚛 유통

- 출하규격: 실생 1년
- 포장방식: 1단 50주
- 유통경로: 도 · 소매업자, 조경수 재배 실소유자
- 유통단가: 실생 1년 @150 / H1.0 @400 / H1.2 @500

▲ 군식하여 산울타리로 활용

▲ 군식하여 산울타리로 활용

▲ 교목 하부에 식재하여 관상효과

▲ 군식하여 경관효과

박태기나무

- 학명 : *Cercis chinensis*
- 원산지 : 중국
- 분포 : 전국 각처

1월	2월	3월	4월	5월	6월	7월	8월	9월	10월	11월	12월
								종자			
		파종									

🌲 생태적 특성

낙엽활엽관목으로 수형은 평정형이며 수고 3~5m, 직경 5~10cm까지 자란다. 줄기는 3~5m로 포기를 형성하고 수 피는 회갈색으로 얕게 갈라지며, 동아는 흑색이다. 잎은 어 긋나고 원형이며 길이 6~14cm이고, 표면은 광택이 나고 털이 없다. 꽃은 자웅동주로 4월에 잎보다 먼저 자홍색 꽃 이 산형꽃차례로 핀다. 열매는 콩깍지 모양의 협과로, 길이 7~10cm 정도로 편평하며 타원형이다.

▲ 꽃

⛏ 생육상토

배수가 잘되고 적습하며 비옥한 사질양토에서 생육이 좋다.

▲ 열매

🌰 종자

- 종자채종: 9월
- 종자저장: 저온창고 약 2℃
- 발아처리: 파종 전 물에 2일간 침수

반드시 종자와 소독약 혼합 보관하여야 함

🤲 재배와 관리

❶ 파종

- 파종일자: 3월 중순
- 파종방법: 흩어뿌림
- 온도/습도: 약 23℃ / 약 80%
- 관수: 분사호스 및 스프링클러
- 시비: 5월 초~중순- 복합비료 21-17-17 / 6월- NK비료
- 발아 소요기간: 약 30일
- 발아율: 약 80%

로터리 작업 시 토양살충제 살포 후 두둑 만들 것

❷ 정식

- 제초: 수시
- 전정: 도장지 제거

❸ 병충해

- 병충해: 5월 초순 새순 진딧물, 7~8월 흰불나방 발생
- 방제법: 살충제 2~3회 살포

🚚 유통

- 출하규격: 실생 1년
- 포장방식: 1단 20주
- 유통경로: 도 · 소매업자, 조경수 재배 실소유자
- 유통단가: 실생 1년 @150 / H1.0*분 @1,500 / H1.2*분 @2,000

▲ 군식하여 경관효과

▲ 악센트 식재하여 시각적 초점으로 활용

▲ 군식하여 경관효과

▲ 군식하여 경관효과

23 낙엽활엽관목
산수국

- 학명 : *Hydrangea serrata* f. *acuminata* (Siebold & Zucc.) E. H. Wilson
- 원산지 : 한국, 일본
- 분포 : 중부 이남 지방

1월	2월	3월	4월	5월	6월	7월	8월	9월	10월	11월	12월
				삽목							

🌳 생태적 특성

낙엽활엽관목으로 수형은 피복형이며 수고 1~2m, 직경 1
~2cm까지 자란다. 줄기는 직립하고 밑에서 많은 줄기가
나온다. 수피는 회갈색이며 소지는 녹갈색으로 피목이 있
다. 잎은 마주나고 난형 또는 타원형이며 길이 7~15cm, 너
비 5~12cm로 두껍고 윤택이 있다. 꽃은 자웅동주로 양성
화이며, 6~7월에 줄기 끝에 크고 둥근 지름 10~20cm의
연보라색 꽃이 핀다. 열매는 삭과로 도란형이며 9~10월에
적색으로 익는다.

🌱 생육상토

배수가 잘되는 중성 토양에서 생육이 좋다.

▲ 잎

▲ 꽃

🤚 재배와 관리

❶ 삽목

- 삽목일자: 5월 말~9월 초순
- 삽목방법
  ① 삽목상 만들기: 1.2m 두둑 지어 고운 마사토, 상토, 고운 모래를 이용하여 5~7cm 두께로 깔아야 함
  ② 삽수 조제방법: 10~15cm 눈 2마디를 자르고, 맨 밑에 있는 잎은 따버리고 위에 잎은 1/3 정도 남기고 자름. 삽수 꽂는 간격은 2~3cm. 삽목 후 소형 터널로 75% 차광망을 설치. 차광망은 새순이 나올때까지 두되 새순이 50% 정도 나오면 제거
- 온도/습도: 25~28℃ / 약 85%
- 관수: 분사호스 및 스프링클러
- 발근 소요기간: 15~20일
- 발근율: 약 80%

❷ 정식

- 제초: 수시
- 전정: 도장지 제거

❸ 병충해

- 병충해: 탄저병, 잎마름병
- 방제법: 푸르벤, 오티바 2~3회 살포

🚚 유통

- 출하규격: 삽목 1년, 삽목 후 약 40일 지나면 4치 포트로 2~3개씩 옮겨 심은 후 20일 경과부터 출하
- 포장방식: 4치 포트
- 유통경로: 도·소매업자, 조경수 재배 실소유자
- 유통단가: 4치 포트 @1,000 / 7치분 @5,000

▲ 군식하여 경관효과

▲ 군식하여 경관효과

▲ 산책로에 식재

▲ 교목 하부에 식재하여 관상효과

좀작살나무

- **학명** : *Callicarpa dichotoma* (Lour.) K. Koch
- **원산지** : 한국, 중국, 일본
- **분포** : 전국 각처

1월	2월	3월	4월	5월	6월	7월	8월	9월	10월	11월	12월
									종자		
		파종									
		삽목									

🌳 생태적 특성

낙엽활엽관목으로 수형은 총립상 원개형이며 수고 1.5~
2m, 직경 2~3cm까지 자란다. 줄기는 직립하고 밑에서 많
은 가지가 나와 큰 포기를 이룬다. 수피는 자흑색이며 소지
는 둥글고 성모가 있다. 잎은 마주나고 도란형이며 길이 3
~8cm, 너비 1.5~3cm이다. 잎의 표면은 짙은 녹색으로 성
모가 있고, 뒷면은 연한 녹색으로 맥 위에 성모가 있다. 꽃
은 자웅동주 양성화로 7~8월에 연한 자주색 꽃이 잎겨드
랑이에 핀다. 열매는 핵과로 구형이며 지름 2~4mm이고
10월에 보라색으로 익는다.

▲ 잎

🪴 생육상토

배수가 잘되고 보습성이 좋은 비옥한 사질양토에서 생육이
좋다.

▲ 꽃

🖋️ 종자

- 종자채종: 10월
- 종자저장: 노천매장
- 발아처리: 일주일 정도 그늘에 말린 후 과육을 제거하고
  노천매장

🌱 재배와 관리

❶ 파종

- 파종일자: 3월 초~중순
- 파종방법: 1.2m 두둑 지어 흩어뿌림
- 온도/습도: 약 25℃ / 약 90%
- 관수: 분사호스 및 스프링클러
- 시비: 6월 초- 복합비료 21-17-17 / 7월 초- NK비료
- 발아 소요기간: 25~30일
- 발아율: 약 80%

로터리 작업 시 토양살충제
살포 후 두둑 만들 것

❷ 삽목

- 삽목일자: 3월 중순
- 삽목방법: 10~20cm 간격으로 하나의 구멍에 2개씩 꽂음

❸ 정식

- 제초: 수시
- 전정: 도장지 제거

❹ 병충해

- 병충해: 잎벌레 / 응애류
- 방제법: 잎벌레- 디프테렉스 또는 수프라사이드 등 / 응애
  류- 켈탄 또는 프리틸렌

🚚 유통

- 출하규격: 실생 1년
- 포장방식: 1단 20주
- 유통경로: 도 · 소매업자, 조경수 재배 실소유자
- 유통단가: 실생 1년 @150, 삽목 1년*분 @1,000

▲ 악센트 식재하여 시각적 초점으로 활용

▲ 군식하여 경관효과

▲ 군식하여 경관효과

▲ 군식하여 경관효과

- **학명** : *Chaenomeles speciosa* (Sweet) Nakai
- **원산지** : 중국
- **분포** : 전국 각처

1월	2월	3월	4월	5월	6월	7월	8월	9월	10월	11월	12월
									종자		
		파종									
		삽목									

🌲 생태적 특성

낙엽활엽관목으로 수형은 주립상 평원형이며 수고 2~3m, 직경 2~3cm까지 자란다. 줄기는 밑에서 많은 가지가 나오고, 수피는 암적색이며 소지에는 가시가 있다. 잎은 어긋나고 타원형 또는 긴 타원형이며, 길이 4~8cm, 너비 1.5~5cm로 가장자리에 잔톱니가 있다. 꽃은 자웅동주 양성화로 4월에서 5월까지 붉은 꽃이 계속 피는데, 지름 2.5~3cm이고 짧은 가지에 1개 또는 여러 개가 달린다. 열매는 구형 또는 난형으로 길이 10cm, 지름 3~5cm이며 가을에 익는다.

🌱 생육상토

배수가 잘되고 보수력이 좋은 사질양토에서 생육이 좋다.

▲ 꽃

▲ 열매

🌱 종자

- 종자채종: 10월
- 종자저장: 노천매장
- 발아처리: 과육을 완전히 제거한 후 그늘에 3일 정도 말린
  뒤 노천매장

🌱 재배와 관리

❶ 파종

- 파종일자: 3월 초순
- 파종방법: 흩어뿌림
- 온도/습도: 약 25℃ / 약 90%
- 관수: 분사호스 및 스프링클러
- 시비: 복합비료 21-17-17 및 NK비료
- 발아 소요기간: 25일
- 발아율: 약 80%

로터리 작업 시 토양살충제
살포 후 두둑 만들 것

❷ 삽목

- 삽목일자: 3월 중순

❸ 정식

- 제초: 수시
- 전정: 도장지 제거

❹ 병충해

- 병충해: 진딧물 발생 심함
- 방제법: 살충제 2~3회 살포

🚚 유통

- 출하규격: 실생 1년, 삽목 1년
- 포장방식: 1단 20주
- 유통경로: 도 · 소매업자, 조경수 재배 실소유자, 분재원
- 유통단가: 실생 1년 @150 / 삽목 1년 @250 / H0.6*분
  @1,500 / H0.8*분 @2,000

▲ 악센트 식재하여 시각적 초점으로 활용

▲ 군식하여 경관효과

▲ 군식하여 경관효과

▲ 건물 앞 식재

26 낙엽활엽관목
병꽃나무

- **학명** : *Weigela subsessilis* (Nakai)
  L. H. Bailey
- **원산지** : 한국
- **분포** : 전국 각처

1월	2월	3월	4월	5월	6월	7월	8월	9월	10월	11월	12월
		삽목									

🌳 생태적 특성

낙엽활엽관목으로 수형은 피복 원정형이며 수고 1~2m, 직경 3~5cm까지 자란다. 줄기는 직립하고 밑에서 많은 줄기가 나와 큰 포기를 이룬다. 수피는 회백색이며 얼룩무늬가 있다. 잎은 마주나고 도란형 또는 넓은 난형이며 길이 1~7cm, 너비 1~5cm이다. 가장자리에 잔 톱니가 있고 잎의 양면에 털이 있다. 꽃은 자웅동주 양성화로 5월에 황록색 꽃이 잎겨드랑이에 피었다가 후에 붉은색으로 변한다. 열매는 삭과로 원주형이며 길이 10~15mm로 9월에 붉게 익는다.

🌱 생육상토

보습성이 좋은 비옥한 사질양토에서 생육이 좋다.

▲ 잎

▲ 꽃

198

🖐 재배와 관리

❶ 삽목

- 삽목일자: 3월 중순
- 삽목방법: 1.2m 두둑을 만들어 검정비닐 피복한 후 노지에 직접 삽목. 삽수 길이는 10~15cm, 눈 2개 정도 남기고 분뜨기하기 용이하게 15~20cm 간격으로 삽수를 2개씩 꽂는 것이 유리. 2개가 발근되면 상품가치가 높음. 성장속도 빠름
- 관수: 분사호스 및 스프링클러
- 시비: 복합비료 21-17-17, NK비료
- 발근 소요기간: 약 25일
- 발근율: 약 70%

❷ 정식

- 제초: 수시
- 전정: 도장지 제거

❸ 병충해

- 병충해: 반점병 / 나방류
- 방제법: 반점병- 다이센엠45 또는 보르도액 / 나방류- 디프테렉스 또는 마라치온 등

🚚 유통

- 출하규격: 삽목 1년*분(H0.8이상), H1.0*분
- 포장방식: 1주씩 분뜨기
- 유통경로: 조경식재 현장, 도·소매업자
- 유통단가: 삽목 1년*분(H0.8이상) @1,500 / H1.0*분 @2,000

▲ 군식하여 녹음효과 및 경관 향상

▲ 군식하여 녹음효과 및 경관 향상

▲ 군식하여 녹음효과 및 경관 향상

▲ 군식하여 녹음효과 및 경관 향상

꽃댕강나무

• 학명 : *Abelia mosanensis*
• 원산지 : 중국
• 분포 : 중부지방, 중부 이남

1월	2월	3월	4월	5월	6월	7월	8월	9월	10월	11월	12월
								삽목			

🌳 생태적 특성

낙엽활엽관목으로 수형은 총립상 평원형이며 수고 2m, 직경 2~3cm까지 자란다. 줄기는 직립하고 밑에서 많은 줄기가 나와 군생하며 수피는 회갈색이고 불규칙하게 벗겨진다. 잎은 마주나고 난형 또는 난상 타원형이며 길이 2~4cm이다. 잎의 표면에 윤채가 나고 뒷면 잎맥에는 털이 있다. 꽃은 자웅동주 양성화로 6~10월에 분홍빛이 도는 흰꽃이 원추꽃차례로 핀다. 열매는 수과상 핵과로 길이 5~10cm이며 9~10월에 익는다.

⛏ 생육상토

토심이 깊고 보습성이 좋은 비옥한 사질양토에서 생육이 좋다.

▲ 잎

▲ 꽃

🌱 재배와 관리

❶ 삽목
- 삽목일자: 9월 중순~10월 초순, 새순으로만 가능함
- 삽목방법
  ① 삽목상 만들기: 1.2m 두둑 만들어 고운 마사토, 모래를 5~10cm 두께로 깔아야 함
  ② 삽수 조제방법: 삽수 길이 10~15cm로 자름. 삽수 굵기는 0.3~0.5cm가 적당. 가지는 삽목이 잘 안 됨. 삽수 간격은 3~5cm. 삽목 후 75% 차광망 설치
- 온도/습도: 약 23℃ / 약 60%
- 관수: 분사호스 및 스프링클러
- 발근 소요기간: 35~40일
- 발근율: 약 70%

❷ 정식
- 제초: 수시
- 전정: 도장지 제거
- 동계관리: 11월 중순경 부직포로 덮고 비닐 피복 후 차광망 설치

부직포 · 비닐 피복은 남부 수종이라 겨울철 월동에 문제가 있기 때문. 3월 초 서리 발생 없을 시 부직포 · 비닐 피복 제거

❸ 병충해
- 병충해: 습도가 높을 시 곰팡이병 발생
- 방제법: 리조렉스 살포

🚚 유통
- 출하규격: 삽목 1년
- 포장방식: 1단 50주
- 유통경로: 도 · 소매업자, 조경수 생산 소유자
- 유통단가: 삽목 1년 @150 / H0.6*분 @2,000 / H0.8*분 @2,500

▲ 군식하여 녹음효과 및 경관 향상

▲ 군식하여 녹음효과 및 경관 향상

▲ 군식하여 녹음효과 및 경관 향상

▲ 군식하여 녹음효과 및 경관 향상

28 낙엽활엽관목
겹철쭉

• 학명 : *Rhododendron scblippenbacbii*
• 원산지 : 한국, 중국
• 분포 : 전국 각처

1월	2월	3월	4월	5월	6월	7월	8월	9월	10월	11월	12월
								종자채종			
		파종									

🌲 생태적 특성

낙엽활엽관목으로 수형은 선형이며 수고 1~2m, 직경 1~
5cm이다. 줄기는 직립하고 굵은 가지는 돌려나기로 많이
나며, 수피는 황갈색이고 어린 가지는 회색이다. 잎은 어긋
나고 넓은 도란형이며 길이 5~10cm, 너비 3~7cm이다. 표
면은 짙은 녹색이며 선모가 있다. 꽃은 자웅동주 양성화로
5월에 잎과 더불어 연한 홍색 꽃이 피는데, 길이 6~12mm
로 선모가 있다. 열매는 삭과이며 길이 1.5~1.8cm로 선모
가 있고 10월에 갈색으로 익는다.

▲ 잎

🌱 생육상토

적습한 약산성 토양에서 생육이 좋다.

▲ 꽃

🌰 종자

- 종자채종: 9월 중순~10월 초순
- 종자저장: 저온창고 약 2℃에 보관
- 발아처리: 파종 하루 전 물에 침수

🌱 재배와 관리

❶ 파종

- 파종일자: 3월 중순
- 파종방법: 1.2m 두둑에 마사토 또는 피트모스를 깔고 무 균토에 흩어뿌림, 미세종자라 병해충 발생 심함. 파 종 후 복토는 피트모스 습도 유지를 위해 소형 비닐 터널과 차광망을 설치   로터리 작업 시 토양살충제 살포 후 두둑 만들 것
- 온도/습도: 약 25℃ / 약 90%
- 관수: 분사호스 및 스프링클러
- 시비: 2~3회 다이센엠45 살균제와 나르겐 영양제 혼용 살포
- 발아 소요기간: 30일, 발아 시 습도가 항상 유지되어야 함
- 발아율: 약 60%

❷ 정식

- 제초: 수시
- 전정: 도장지 제거

❸ 병충해

- 병충해: 모잘록병 발생
- 방제법: 5월 중순 다찌가렌, 다이센엠45 살포 / 7월 초~중 순 석회보르도액 살포

🚜 유통

- 출하규격: 실생 1년, 실생 2년,
- 포장방식: 1단 100주
- 유통경로: 도·소매업자, 조경수 재배 실소유자
- 유통단가: 실생 1년 @250 / 실생 2년 @500 / H0.3*W0.3 2,000

▲ 군식하여 녹음효과 및 경관 향상

▲ 군식하여 녹음효과 및 경관 향상

▲ 군식하여 녹음효과 및 경관 향상

▲ 악센트 식재하여 시각적 초점으로 활용

29 낙엽활엽관목
덜꿩나무

- 학명 : *Viburnum erosum* Thunb.
- 원산지 : 한국, 일본
- 분포 : 우리나라 산야지

1월	2월	3월	4월	5월	6월	7월	8월	9월	10월	11월	12월
									종자		
		파종									

🌳 생태적 특성

낙엽활엽관목으로 수형은 주립상 원형이며 수고 2m, 직경 2~5cm이다. 줄기는 직립하고 밑에서 많은 줄기가 나와 큰 포기를 이루며, 수피는 자갈색이다. 잎은 마주나고 난형, 긴 난형 또는 도란형이며 길이 4~10cm, 너비 2~5cm이다. 표면에 성모가 드문드문 있고 뒷면에는 성상 유모가 밀생한다. 꽃은 자웅동주 양성화로 5월에 작고 흰 꽃이 복산형꽃차례를 이루어 핀다. 열매는 핵과로 길이 7mm, 지름 6mm로 9월에 주홍색으로 익는다.

🔨 생육상토

토심이 깊고 보습성이 좋은 비옥한 토양에서 생육이 좋다.

▲ 잎

▲ 열매

🌱 종자

- 종자채종: 10월 중순
- 종자저장: 노천매장
- 발아처리: 종자를 채종하여 과육을 제거하고 반그늘에 5일 정도 말린 다음 노천매장

🌿 재배와 관리

❶ 파종

- 파종일자: 3월 중순경
- 파종방법: 두둑 1.2m 만들어 흩어뿌림   로터리 작업 시 토양살충제 살포 후 두둑 만들 것
- 온도/습도: 약 25℃ / 약 90%
- 관수: 분사호스 및 스프링클러
- 시비: 복합비료 21-17-17, NK비료
- 발아 소요기간: 25~30일
- 발아율: 약 70%

❷ 정식

- 제초: 수시
- 전정: 도장지 제거

❸ 병충해

- 병충해: 발아시 모잘록병 발생
- 방제법: 6월 초순경 살충제 살포

🚚 유통

- 출하규격: 실생 1년
- 포장방식: 1단 20주
- 유통경로: 도 · 소매업자, 조경수 재배 실소유자
- 유통단가: 실생 1년 @200 / H0.8*분 @4,000 / H1.0*분 @5,000

▲ 군식하여 녹음효과 및 경관 향상

▲ 군식하여 녹음효과 및 경관 향상

▲ 군식하여 녹음효과 및 경관 향상

▲ 군식하여 녹음효과 및 경관 향상

30 낙엽활엽관목
보리수나무

- 학명 : *Elaeagnus umbellata* Thunb.
- 원산지 : 한국, 중국, 일본
- 분포 : 전국 각처

1월	2월	3월	4월	5월	6월	7월	8월	9월	10월	11월	12월
									종자		
		파종									

🌳 생태적 특성

낙엽활엽관목으로 수형은 원형, 타원형이며 수고 3~4m, 직경 5~10cm이다. 줄기는 직립하고 밑에서 여러 개의 줄기가 나와 큰 둥치를 이룬다. 수피는 회갈색이며 소지에는 가시가 있다. 잎은 어긋나고 타원형 또는 도란상 피침형이며 길이 3~8cm, 너비 1~2.5cm이다. 잎의 앞면은 녹색이고 뒷면은 흰 인모가 밀생한다. 꽃은 자웅동주 양성화이며 5~6월에 산형꽃차례로 달리는데, 흰색에서 연한 황색으로 변한다. 열매는 핵과이고 지름 5~7mm로 10월에 빨갛게 익는다.

▲ 잎

🪴 생육상토

척박한 토양에서 자라며 토심이 깊고 배수가 잘되는 사질 양토에서 생육이 좋다.

▲ 열매

🌀 종자

- 종자채종: 10월 중순
- 종자저장: 노천매장
- 발아처리: 종자를 2겹으로 된 양파망에 넣어 발로 비벼가 며 물로 씻어내면 과육이 잘 제거됨. 그늘에 3~4일 말린 후 노천매장. 햇빛에 말린 종자나 장기간 건조 한 상태로 보관한 씨앗은 2년 발아된다.

🌱 재배와 관리

❶ 파종

- 파종일자: 3월 중순경
- 파종방법: 1.2m 두둑 지어 흩 어뿌림

로터리 작업 시 토양살충제 살포 후 두둑 만들 것

- 온도/습도: 약 25℃ / 약 90%
- 관수: 분사호스 및 스프링클러
- 시비: 복합비료 21-17-17, NK비료
- 발아 소요기간: 20~25일
- 발아율: 약 80%

❷ 정식

- 제초: 수시
- 전정: 도장지 제거

❸ 병충해

- 병충해: 특별한 병은 없으나 6월 초 살충제 살포
- 방제법: 살충제 살포

🚚 유통

- 출하규격: 실생 1년, 실생 2년
- 포장방식: 1단 20주
- 유통경로: 도 · 소매업자, 조경수 재배 실소유자
- 유통단가: 실생 1년 @300 / 실생 2년 @1,000 / H1.2*분 @4,000

▲ 악센트 식재하여 시각적 초점으로 활용

▲ 군식하여 경관 향상

▲ 군식하여 경관 향상

▲ 군식하여 경관 향상

※ 이 장에서 다루는 초본류의 범주는 우리나라 야생화 생산농가에서 주로 생산하
는 품목을 위주로 정리한 관계로 일부 덩굴식물 및 관목류(난쟁이조릿대, 담쟁
이, 송악, 줄사철나무, 갯버들, 인동덩굴, 마삭줄, 부용 등)가 포함되어 있다.

초본류 | 맥문동 / 갈대 / 노랑꽃창포 / 원추리 / 비비추 / 붓꽃 / 구절초 / 꽃창포 / 벌개미취 / 사사조릿대(난쟁이조릿대) / 기린초 / 참억새 /
감국 / 담쟁이 / 금불초 / 옥잠화 / 미나리 / 물억새 / 송악 / 산국 / 수크령 / 달뿌리풀 / 노루오줌 / 매발톱꽃 / 섬기린초 / 줄사철나무 / 갯버
들 / 돌단풍 / 부들 / 섬초롱꽃 / 쑥부쟁이 / 바위취 / 부처꽃 / 좀비비추 / 금낭화 / 패랭이꽃 / 동의나물 / 무늬둥굴레 / 섬백리향 / 일월비비
추 / 땅채송화 / 돌나물 / 인동 / 매자기 / 개미취 / 물싸리 / 좀개미취 / 물레나물 / 털머위 / 고랭이 / 해국 / 꼬리풀 / 범부채 / 동자꽃 / 키버
들 / 큰꿩의비름 / 술패랭이 / 초롱꽃 / 하늘매발톱 / 흑삼릉 / 마타리 / 골풀 / 꽃무릇 / 산부추 / 창포 / 두메부추 / 마삭줄 / 부용 / 꽃향유 /
둥근잎꿩의비름 / 붉노랑상사화(개상사화) / 할미꽃 / 톱풀 / 꿀풀 / 분홍찔레 / 석창포 / 우산나물 / 띠 / 앵초 / 어리연꽃 / 연꽃 / 털중나리 /
눈개승마 / 도깨비고비 / 종지나물 / 애기기린초 / 줄 / 숫잔대 / 용담 / 용머리 / 찔레꽃 / 참나리 / 배초향 / 은방울꽃 / 제비동자 / 태백기린
초 / 터리풀 / 왕골 / 큰까치수염 / 타래붓꽃

제7장
초본류

주요 정원식물의 생태적 특성과
재배기술 및 이용사례

01 백합과(Liliaceae)
맥문동

- **학명** : *Liriope platyllam* F. T. Wang & T. Tang.
- **분포** : 중부 이남 지역의 나무그늘
- **서식지** : 그늘진 곳

1월	2월	3월	4월	5월	6월	7월	8월	9월	10월	11월	12월
							종자채종				
			파종								
				정식							

🌲 생태적 특성

여러해살이풀로 주로 연못이나 개울가의 습지에서 자란
다. 줄기는 속이 비었으며 1~3m까지 곧게 자란다. 잎은
뿌리에서 모여나고 진한 녹색이며, 길이 30~50cm, 너비
0.8~1.2cm로 끝이 뾰족하다. 잎 앞면은 윤기가 나고 잎맥이
11~15개 있다. 꽃은 8~9월에 피고 원뿔 모양의 꽃차례 길
이는 15~40cm에 달한다. 열매는 장과이며 둥글고, 7~8월
에 검게 익는다.

▲ 꽃

🛠 생육상토

물빠짐이 좋고 유기물 함량이 많은 사질양토가 적합하
다. 너무 비옥한 땅에 심거나 질소비료를 많이 주면 잎만
무성하게 자라고 괴근의 비대생장이 좋지 않으므로 주의
한다.

▲ 열매

🌱 종자

- **종자채종**: 과육이 완숙하여 검은색을 띠는 8~9월
- **종자저장**: 종자는 2~5℃ 저온저장
- **발아처리**: 발아억제 물질 제거 및 종자를 불리기 위해 물에 3~5일 정도 침지

🌿 재배와 관리

❶ 파종
- **파종일자**: 3~6월 파종
- **파종방법**: 파종상자에 상토 약 60% 충전 후 상토로 복토
- **온도/습도**: 25~30℃ / 80% 이상
- **관수**: 겉흙이 마르지 않게 매일 관수
- **시비**: NPK 복합비료 1,000배액 주1회 살포, 육묘시기에는 발근제, 살균제 살포
- **발아 소요기간**: 2~3개월
- **발아율**: 80~90%

❷ 분주
- **분주방법**: 뿌리는 5~7cm, 줄기는 1/3 정도 남기고 잘라 심는다.

❸ 정식
- **정식방법**: 6월경 8cm 포트 또는 105플러그에 2~3개씩 정식
- **온도/습도**: 25~30℃ / 80% 이상
- **관수**: 겉흙이 마르지 않게 관수
- **시비**: 생육 초기 유안시비, 생육 중기 복합시비
- **제초**: 상시

❹ 병충해
- **병충해**: 굼벵이
- **방제법**: 정식하기 전 살충제 살포, 완전히 썩은 퇴비 사용

❺ 생산방식
- **노지**: 반음지에서 생산
- **컨테이너**: 8cm 포트 또는 105플러그에 2~3분얼 식재하여 증식 후 3~5분얼로 출하

🚜 유통

- **출하시기**: 지상부 생육과 뿌리 생육상태가 좋을 때 출하
- **출하단가**: 물가자료(5~7분얼: 750원, 8cm: 1,000원), 조달청(5~7분얼: 750원), 나라장터쇼핑몰(3~5분얼: 260원)
- **유통경로**: 조경회사, 공공기관, 소매

▲ 일렬로 식재하여 관상효과

▲ 교목 하부에 식재하여 관상효과 및 정원 분위기 연출

▲ 교목 하부에 식재하여 관상효과

▲ 교목 하부에 식재하여 관상효과

02 벼과(Gramineae)
갈대

- **학명** : *Phragmites communis* Trin.
- **분포** : 온대와 한대
- **서식지** : 습지나 갯가, 호수 주변 모래땅

1월	2월	3월	4월	5월	6월	7월	8월	9월	10월	11월	12월
									종자채종		
				파종							

생태적 특성

여러해살이풀로 주로 연못이나 개울가의 습지에서 자라며, 근경이나 종자로 번식한다. 줄기는 속이 비었으며, 1~3m 까지 곧게 자라고 마디에 털이 있거나 없을 수도 있다. 잎은 2줄로 어긋나며, 끝이 길게 뾰족하고 늘어진다. 잎집의 길이는 20~50cm이며, 잎혀의 모양은 짧고 가장자리에 잔털이 있다. 꽃은 8~9월에 피고 원뿔 모양의 꽃차례 길이는 15~40cm에 달한다. 작은 이삭은 10~17mm이며, 2~4개의 꽃이 핀다. 포영은 호영보다 짧으며, 3맥이 있다. 첫째 꽃은 수꽃으로 10~15mm이며, 형태는 끝이 뾰족하고 기반의 털은 6~10mm에 달한다.

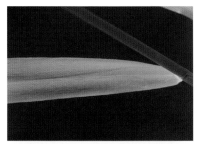

▲ 잎

생육상토

산흙과 같은 토양이나 원예용 상토를 사용하는 것이 좋다.

▲ 꽃

🍃 종자

- 종자채종: 10~11월
- 종자저장: 약 5℃ 저온저장
- 발아처리: 저온저장

🍂 재배와 관리

❶ 파종

- 파종일자: 5~7월
- 파종방법: 상토 파종, 벼 못자리와 유사
- 온도/습도: 약 25℃ 이상 / 약 70%
- 관수: 매일
- 시비: 복합비료(21-17-17)를 1,000배액으로 희석하여 주
  1회 관주
- 발아 소요기간: 5~10일
- 발아율: 60~70%

❷ 정식

- 정식방법: 8cm 포트 3분얼 이상, 초장 30cm 이하로 낫 또
  는 예초기 활용
- 온도/습도: 약 25℃ 이상 / 70~90%
- 관수: 매일
- 시비: 주1회
- 제초: 수시

❸ 병충해

- 병충해: 잘록병
- 방제법: 살균제 주2회 살포

❹ 생산방식

- 노지: 노지생육 양호
- 컨테이너: 8cm 비닐포트

🚚 유통

- 출하시기: 8cm 포트, 정식 후 1개월 이후
- 출하단가: 물가자료(8cm: 1,000원, 8cm 망사포트: 1,000원,
  10cm 망사포트: 1,200원), 조달청(8cm 망사포트: 1,000원),
  나라장터쇼핑몰(8cm: 340원)
- 유통경로: 조경회사, 수변, 공원 등

▲ 습지에 식재하여 관상효과

▲ 습지 경계부에 식재하여 관상효과

▲ 습지에 식재하여 관상효과

▲ 습지 경계부에 식재하여 관상효과

1월	2월	3월	4월	5월	6월	7월	8월	9월	10월	11월	12월
							종자채종				
			파종								
				정식							

🌳 생태적 특성

여러해살이풀로 산지의 골짜기나 습지 또는 연못가에서 자
라며, 근경이나 종자로 번식한다. 줄기는 1m 정도까지 자
라며, 잎은 80~100cm, 너비 3~6cm의 선형으로 밑부분은
줄기를 감싸고 있다. 개화기는 5~6월이며, 노란 꽃잎은 넓
은 난형이고 아래로 처지는 형태이다. 삭과는 약간 아래로
처지며, 삼각상 타원형으로 끝이 뾰족하고 3개로 갈라져서
갈색의 종자가 나온다.

🌱 생육상토

마사토 또는 산흙과 같은 토양이나 원예용 상토를 사용하
는 것이 좋다.

▲ 꽃

▲ 열매

🌱 종자

- 종자채종: 8~9월
- 종자저장: 2~5℃ 저온저장
- 발아처리: 발아억제 물질 제거 및 종자(과피, 과육)를 불리기 위해 물에 1주 정도 침지

🤲 재배와 관리

❶ 파종

- 파종일자: 3~6월 파종
- 파종방법: 대립종자는 육묘상자에 파종하며, 노지에 파종할 때는 줄뿌림하고, 온실 육묘상자 파종 시 흩어뿌림
- 온도/습도: 20~25℃ / 70% 이상
- 관수: 겉흙이 마르지 않게 매일 관수
- 시비: 주1회
- 발아 소요기간: 15~30일
- 발아율: 약 80%

❷ 정식

- 정식방법: 6~7월 8cm 포트 정식
- 온도/습도: 25~33℃ / 70% 이상
- 관수: 겉흙이 마르지 않게 매일 관수
- 시비: 생육 초기 유안시비, 생육 중기 복합시비
- 제초: 상시

❸ 병충해

- 병충해: 목도열병, 잘록병
- 방제법: 살균제 살포

❹ 생산방식

- 노지: 노지생육 양호
- 컨테이너: 8cm 포트 재배

🚚 유통

- 출하시기: 8cm 포트 정식 후 2개월 이후
- 출하단가: 물가자료(8cm: 1,500원, 8cm 망사포트: 1,500원, 10cm 망사포트: 2,000원), 조달청(8cm 망사포트: 1,500원), 나라장터쇼핑몰(8cm: 520원)
- 유통경로: 조경회사, 공공기관, 소매

▲ 연못가에 식재하여 관상효과

▲ 연못가에 식재하여 관상효과 및 정원 분위기 연출

▲ 연못가에 식재하여 관상효과

▲ 연못가에 일렬로 식재하여 관상효과

원추리

- 학명 : *Hemerocallis fulva* (L.) L.
- 분포 : 한국, 중국 등지
- 서식지 : 산지

1월	2월	3월	4월	5월	6월	7월	8월	9월	10월	11월	12월
			파종								
				정식							

🌲 생태적 특성

여러해살이풀로 산지의 골짜기나 습지 또는 연못가에서 자라며, 근경이나 종자로 번식한다. 줄기는 1m 정도까지 자라며, 잎은 80~100cm, 너비 3~6cm의 선형으로 밑부분은 줄기를 감싸고 있다. 개화기는 5~6월이며, 노란 꽃잎은 넓은 난형이고 아래로 처지는 형태이다. 삭과는 약간 아래로 처지며, 삼각상 타원형으로 끝이 뾰족하고 3개로 갈라져서 갈색의 종자가 나온다.

▲ 잎

🌱 생육상토

토양을 가리지 않지만 부식질이 많은 사질양토에서 잘 자라며, 마사토 또는 산흙과 같은 토양이나 원예용 상토를 사용하는 것이 좋다.

▲ 꽃

🌰 종자

- 종자채종: 과피가 벌어져 완전히 검은색이 되었을 때
- 종자저장: 저온저장
- 발아처리: 발아억제 물질 제거 위해 물에 3~5일 침지

👐 재배와 관리

❶ 파종

- 파종일자: 3~6월
- 파종방법: 대립종자는 육묘상자에 파종하며, 노지 직파는 줄뿌림, 온실 육묘상자 파종은 흩어뿌림
- 온도/습도: 20~25℃, 습도 60% 이상
- 관수: 겉흙이 마르지 않게 1~2일에 1번 관수
- 시비: 육묘시기에는 발근제, 살균제 살포
- 발아 소요기간: 1~2개월
- 발아율: 70~80%

❷ 정식

- 정식방법: 5~9월 8cm 포트 정식
- 온도/습도: 20~33℃ / 60% 이상
- 관수: 겉흙이 마르지 않게 관수
- 시비: 생육 초기 유안시비, 생육 중기 복합시비
- 제초: 상시

❸ 병충해

- 병충해: 진딧물
- 방제법: 6월 하순에 꽃대가 올라와 개화가 시작되기 전에 란네이트나 피리모 또는 메타시스톡스에 DDVP 1,000배액을 혼합하여 발생 즉시 살포하면 진딧물도 구제가 되고 그을음병도 점차 사라짐

❹ 생산방식

- 노지: 노지생육 양호
- 컨테이너: 8cm 포트 재배

🚚 유통

- 출하시기: 정식 후 2개월 이후
- 출하단가: 물가자료(2~3분얼: 1,000원), 조달청(8cm: 1,000원), 나라장터쇼핑몰(8cm: 490원)
- 유통경로: 조경회사, 공공기관, 소매

▲ 일렬로 식재하여 관상효과

▲ 열식하여 경관 향상

▲ 군식하여 경관 향상

▲ 군식하여 경관 향상 및 정원 분위기 연출

- 학명 : *Hosta longipes* (Franch. & Sav.) Mtsum.
- 분포 : 한국, 일본, 중국
- 서식지 : 산지의 냇가

1월	2월	3월	4월	5월	6월	7월	8월	9월	10월	11월	12월
								종자채종			
			파종								
	분주										
				정식							

🌲 생태적 특성

여러해살이풀로 산 가장자리의 습지에서 군락을 이루며, 근경이나 종자로 번식한다. 땅속줄기는 길게 뻗고 마디에서 새순이 나오며, 밑부분에서는 수염뿌리가 나온다. 화경은 7~15cm로 잎보다 짧다. 잎몸은 길이 12~18cm, 너비는 3~7cm로 심장형 또는 난상 타원형이고 가장자리가 밋밋하다. 표면은 암록색을 띠며 뒷면은 다소 광택이 난다. 7~8월에 연한 보라색 꽃이 총상꽃차례로 달리는데 꽃자루는 끝이 6개로 갈라져서 뒤로 젖혀진다.

🌱 생육상토

토양을 가리지 않지만 부식질이 많은 사질양토에서 생육이 좋고, 마사토 또는 산흙과 같은 토양이나 원예용 상토를 사용하는 것이 좋다.

▲ 꽃

▲ 열매

🌰 종자

- 종자채종: 과피가 벌어져 종자가 완전히 검은색을 띠는 9~10월
- 종자저장: 2~5℃ 저온저장
- 발아처리: 검은색 얇은 막을 비벼 제거한 후 물속에 1일 정도 침지

🌱 재배와 관리

❶ 파종

- 파종일자: 3~6월
- 파종방법: 파종기로 200~406구 트레이에 파종
- 온도/습도: 20~25℃ / 60% 이상
- 관수: 겉흙이 마르지 않게 1~2일에 1번 관수
- 시비: NPK 1,000배 주1회 시비
- 발아 소요기간: 10~20일
- 발아율: 60~70%

❷ 분주

- 분주방법: 3월경 포기 전체를 굴취하여 흙을 털어낸 다음 나누어 심으며, 식재 후 물을 충분히 관수

❸ 정식

- 정식방법: 5~6월경 8cm 포트 정식
- 온도/습도: 20~33℃ / 60% 이상
- 관수: 겉흙이 마르지 않게 관수
- 시비: 생육 초기 유안시비, 생육 중기 복합시비
- 제초: 상시

❹ 병충해

- 병충해: 잘록병
- 방제법: 살균제 주2회 살포

❺ 생산방식

- 노지: 노지생육 양호
- 컨테이너: 8cm 포트 재배

🚚 유통

- 출하시기: 8cm 포트 정식 후 2개월 이후
- 출하단가: 물가자료(2~3분얼: 1,000원), 조달청(4~5분얼: 5,500원), 나라장터쇼핑몰(2~3분얼: 540원)
- 유통경로: 조경회사, 공공기관, 소매

▲ 교목 하부 지피용으로 군식

▲ 교목 하부에 일렬로 식재하여 관상효과

▲ 교목 하부에 식재하여 관상효과 및 정원 분위기 연출

▲ 보행로에 열식하여 장식효과

06 붓꽃과(Iridaceae)
붓꽃

- 학명 : *Iris sanguinea* Dann ex Horn
- 분포 : 한국, 일본, 중국 북동부
- 서식지 : 산기슭 건조한 곳

1월	2월	3월	4월	5월	6월	7월	8월	9월	10월	11월	12월
						종자채종					
			파종								
						정식					

 생태적 특성

여러해살이풀로 산이나 들의 습지에서 자라며, 근경이나 종자로 번식한다. 화경의 높이는 40~80cm이며, 근경은 길고 수염뿌리가 많이 밀생한다. 잎은 선형으로 길이 20~40cm, 너비 5~10mm이며, 주맥이 뚜렷하지 않고 줄기에 2줄로 붙는다. 5~6월에 보라색 꽃이 화경 끝에 피는데, 잎 같은 포가 있다.

생육상토

약산성(pH 5.5~6.2) 토양에서 생육이 왕성하며, 원예용 상토를 사용하는 것이 좋다.

▲ 꽃

▲ 열매

🌰 종자

- 종자채종: 과피가 벌어져 종자가 완전히 흑갈색을 띠는
  7~8월
- 종자저장: 저온저장
- 발아처리: 물속에 일주일 정도 침지

🌱 재배와 관리

❶ 파종

- 파종일자: 3~6월
- 파종방법: 대립종자는 육묘상자 파종하며, 육묘상자 파종
  은 흩어뿌림
- 온도/습도: 20~25℃ / 60% 이상
- 관수: 겉흙이 마르지 않게 매일 관수
- 시비: 주1회 복합비료
- 발아 소요기간: 10~30일
- 발아율: 70~80%

❷ 정식

- 정식방법: 5~9월경 8cm 포트 정식
- 온도/습도: 20~33℃ / 60% 이상
- 관수: 겉흙이 마르지 않게 관수
- 시비: 생육 초기 유안시비, 생육 중기 복합시비
- 제초: 상시

❸ 병충해

- 병충해: 잘록병
- 방제법: 살균제 주2회 살포

❹ 생산방식

- 노지: 노지생육 양호
- 컨테이너: 8cm 포트 재배

🚚 유통

- 출하시기: 8cm 포트 정식 후 2달 이후
- 출하단가: 물가자료(10cm(4~5분얼): 1,500원), 조달청(10cm:
  1,500원), 나라장터쇼핑몰(2~3분얼: 680원)
- 유통경로: 조경회사, 공공기관, 소매

▲ 경계부의 지피식물로 이용

▲ 교목 하부에 식재하여 관상효과 및 정원 분위기 연출

▲ 일렬로 식재하여 관상효과

▲ 군식하여 경관 향상

07 국화과(Compositae)
구절초

- 학명 : *Dendranthema zawadskii* var. *latilobum* (Maxim.) Kitam.
- 분포 : 한국, 일본, 중국, 시베리아
- 서식지 : 산기슭 풀밭

1월	2월	3월	4월	5월	6월	7월	8월	9월	10월	11월	12월
									종자채종		
							파종				
				정식							

🌳 생태적 특성

여러해살이풀로 산지에서 자라며, 근경이나 종자로 번식한다. 땅속줄기에서 나온 줄기는 높이 40~60cm이며, 가지가 갈라지는 형태이다. 잎은 넓은 난형이며 1회 우상으로 갈라지고, 가장자리가 갈라지거나 톱니가 있다. 9~10월에 피는 두상화는 지름이 약 8cm이고, 흰색 또는 붉은빛을 나타내기도 한다. 수과는 긴 타원형이며, 아래쪽으로 약간 휘어진다.

▲ 잎

🔨 생육상토

배수가 잘되는 사질토양에서 재배하는 것이 좋으며, 마사토 또는 산흙과 같은 일반토양이나 원예용 상토를 사용하는 것이 좋다.

▲ 꽃

🍃 종자

- 종자채종: 꽃잎이 말라 떨어지고 난 뒤 10~11월 완숙한 종자를 채종
- 종자저장: 저온저장
- 발아처리: 정선된 종자를 물속에 1일 정도 침지

🌿 재배와 관리

① 파종
- 파종일자: 8~9월
- 파종방법: 상토에 흩어뿌림. 삽목이 가능
- 온도/습도: 20~25℃ / 60% 이상
- 관수: 겉흙이 마르지 않게 1~2일에 1번 관수
- 시비: 육묘시기에는 발근제, 살균제 살포
- 발아 소요기간: 7~15일
- 발아율: 70~80%

② 정식
- 정식방법: 4~9월 8cm 포트 정식
- 온도/습도: 20~33℃ / 60% 이상
- 관수: 겉흙이 마르지 않게 관수
- 시비: 생육 초기 유안시비, 생육 중기 복합시비
- 제초: 상시

③ 병충해
- 병충해: 잘록병
- 방제법: 살균제 주2회 살포

④ 생산방식
- 노지: 노지생육 양호
- 컨테이너: 8cm 포트 재배

🚚 유통

- 출하시기: 8cm 포트 정식 후 2달 이후
- 출하단가: 물가자료(8cm: 1,000원), 조달청(8cm: 1,000원), 나라장터쇼핑몰(8cm: 540원)
- 유통경로: 조경회사, 공공기관, 소매

▲ 교목 하부 지피용으로 군식

▲ 군식하여 암석원 조성에 이용

▲ 교목 하부에 식재하여 관상효과 및 정원 분위기 연출

▲ 경계부의 지피식물로 이용

08 붓꽃과(Iridaceae)
꽃창포

- **학명** : *Iris ensata* var. *spontanea* (Makino) Nakai
- **분포** : 한국(전역)
- **서식지** : 들의 습지

1월	2월	3월	4월	5월	6월	7월	8월	9월	10월	11월	12월
							종자채종				
		파종									
								분주			
				정식							

생태적 특성

여러해살이풀로 산지나 들의 습지에서 자라며, 근경이나 종자로 번식한다. 화경의 높이는 60~120cm에 달하며, 털은 없고 가지는 갈라진다. 잎은 선형이고 길이 30~60cm, 너비 6~12mm이며, 창 모양으로 2줄로 늘어서고 주맥이 뚜렷하다. 6~7월에 홍자색 꽃이 피는데, 지름이 15cm 정도이다. 밑부분에 잎집 모양의 포가 2개 있고 타원형의 꽃잎 중앙에 황색의 뾰족한 무늬가 있다. 삭과는 갈색이며, 종자는 편평하고 홍갈색이다.

생육상토

적당한 보습성을 지닌 토양에 재배하는 것이 좋다. 척박하며 반그늘이 진 곳에서 잘 자라고, 비옥한 곳에서는 도복이 있다.

▲ 잎

▲ 꽃

224

🥄 종자

- 종자채종: 과피가 벌어져 종자가 흑갈색으로 완숙하는 8~9월
- 종자저장: 2~5℃ 저온저장
- 발아처리: 발아억제 물질 제거 및 종자를 불리기 위해 물 속에 일주일 정도 침지

🌱 재배와 관리

❶ 파종

- 파종일자: 3~6월
- 파종방법: 상토 파종
- 온도/습도: 20~25℃ / 70% 이상
- 관수: 겉흙이 마르지 않게 매일 관수
- 시비: 주1회 복합비료
- 발아 소요기간: 15~30일
- 발아율: 약 70%

❷ 분주

- 분주방법: 가을철에 분주도 가능

❸ 정식

- 정식방법: 5~9월 8cm 포트 정식
- 온도/습도: 20~33℃ / 70% 이상
- 관수: 겉흙이 마르지 않게 매일 관수
- 시비: 생육 초기 유안시비, 생육 중기 복합시비
- 제초: 상시

❹ 병충해

- 병충해: 목도열병, 잘록병
- 방제법: 밀식되면 병 발생 많아지므로 유의

❺ 생산방식

- 노지: 노지생육 양호
- 컨테이너: 8cm 포트 재배

🚚 유통

- 출하시기: 지상부 생육이 좋고 뿌리 생육이 좋을 때 출하
- 출하단가: 물가자료(8cm: 1,500원, 8cm 망사포트: 1,500원, 10cm 망사포트: 2,000원), 조달청(8cm: 1,500원), 나라장터쇼핑몰(2~3분얼: 500원)
- 유통경로: 조경회사, 공공기관, 소매

▲ 교목 하부 지피용으로 군식

▲ 군식하여 경관 향상 및 정원 분위기 연출

▲ 조경용 지피식물로 이용

▲ 군식하여 경관 향상

- 학명 : *Aster koraiensis* Nakai
- 분포 : 한국(전남 · 경남 · 경북 · 충북 · 경기)
- 서식지 : 습지

1월	2월	3월	4월	5월	6월	7월	8월	9월	10월	11월	12월
								종자			
			파종								
			정식								

🌳 생태적 특성

여러해살이풀로 산지나 들의 물기 있는 곳에서 자라며, 근
경이나 종자로 번식한다. 줄기는 30~60cm까지 자라며, 가
지는 갈라지고 줄기에 파진 홈과 줄이 있다. 근생엽은 모여
나고 꽃이 필 때 없어진다. 경생엽은 길이 10~20cm, 너비
1.5~3cm의 피침형으로 끝이 뾰족하고 밑부분은 좁아져 잎
자루처럼 되며, 가장자리에 잔 톱니가 있다. 6~10월에 연
한 자주색 두상화가 피는데, 지름 4~5cm이다. 수과는 길이
4mm, 지름 1.3mm 정도의 긴 타원형으로 관모는 없다.

▲ 잎

🏕 생육상토

토질이나 환경에 상관없이 어디에서나 잘 자라며, 양지바른
곳을 선호하고, 우리나라 어느 곳에서도 재배가 가능하다.

▲ 꽃

226

✍️ 종자

- 종자채종: 꽃잎이 다 떨어지고, 종자가 충실히 영그는 9월
- 종자저장: 2~5℃ 상온저장
- 발아처리: 정선 후 물에 1일 정도 침지

🌱 재배와 관리

❶ 파종

- 파종일자: 3~9월
- 파종방법: 가을에 채취한 종자를 곧바로 파종해도 좋고, 이른봄에 파종해도 좋음
- 온도/습도: 20~25℃ / 60% 이상
- 관수: 겉흙이 마르지 않게 관수
- 시비: 육묘시기에는 발근제, 살균제 살포
- 발아 소요기간: 7~15일
- 발아율: 70~80%

❷ 정식

- 정식방법: 4~9월 8cm 포트 정식
- 온도/습도: 20~33℃ / 60% 이상
- 관수: 겉흙이 마르지 않게 관수
- 시비: 생육 초기 유안시비, 생육 중기 복합시비
- 제초: 상시

❸ 병충해

- 병충해: 무름병, 탄저병, 잘록병
- 방제법: 살균제 주2회 살포

❹ 생산방식

- 노지: 노지생육 양호
- 컨테이너: 8cm 포트 재배

🚜 유통

- 출하시기: 지상부 생육이 좋고 뿌리 생육상태가 좋을 때 출하
- 출하단가: 물가자료(8cm: 1,000원), 조달청(8cm: 1,000원), 나라장터쇼핑몰(8cm: 390원)
- 유통경로: 조경회사, 공공기관, 소매

▲ 군식하여 경관 향상

▲ 일렬로 식재하여 관상효과

▲ 혼식하여 입체화단 조성

▲ 보행로에 열식하여 장식효과

10 벼과(Graminae)
사사조릿대
(난쟁이조릿대)

• 학명 : *Plioblastus pygmaed* Mitford A.
• 분포 : 일본, 한국
• 서식지 : 배수가 잘되고 그늘진 산지

1월	2월	3월	4월	5월	6월	7월	8월	9월	10월	11월	12월
		분주									

🌲 생태적 특성

여러해살이풀로 깊은 산에서 큰 무리를 이루며 자라고, 근경이나 종자로 번식한다. 원줄기는 1m, 지름 3∼6mm이며 털이 없다. 잎의 모양은 긴 타원상 피침형으로 길이 10∼20cm, 너비 15∼20mm이고 표면은 진한 녹색으로 광택이 난다. 꽃은 양성화로 황색이며 4∼5월에 피고, 열매는 5∼6월에 익는다.

▲ 잎

🔨 생육상토

마사토 또는 산흙과 같은 토양이나 원예용 상토를 사용하는 것이 좋다.

▲ 노란줄무늬사사

228

🌰 재배와 관리

❶ 분주
- 분주일자: 3월
- 분주방법: 분주나누기
- 온도/습도: 10℃ 이상 / 70% 이상
- 관수: 1~2일
- 시비: 복합비료 주1회 살포

❷ 정식
- 정식방법: 10cm 포트 5촉 이상 정식
- 온도/습도: 약 15℃ / 70% 이상
- 관수: 1~2일
- 시비: 복합비료 주1회 살포
- 제초: 상시

❸ 병충해
- 병충해: 병해와 충해에 강함

❹ 생산방식
- 노지: 노지재배 적합하지 않음
- 컨테이너: 10cm 포트 재배

🚚 유통

- 출하시기: 10cm 포트
- 출하단가: 물가자료(10cm: 1,800원), 조달청(10cm: 1,800원), 나라장터쇼핑몰(12cm: 630원)
- 유통경로: 조경회사, 공공기관, 소매

▲ 교목 하부 지피용으로 군식

▲ 조경용 지피식물로 이용

▲ 군식하여 암석원 조성에 이용

▲ 보행로에 열식하여 장식효과

11 돌나물과(Crassulaceae)
기린초

- **학명** : *Sedum kamtschaticum* Fisch. & Mey.
- **분포** : 한국(경기 · 함남), 일본, 사할린, 중국
- **서식지** : 산지의 바위 곁

1월	2월	3월	4월	5월	6월	7월	8월	9월	10월	11월	12월
							종자채종				
			파종					파종			
				정식							

🌳 생태적 특성

여러해살이풀로 산지의 바위틈에서 자라며, 근경이나 종자로 번식한다. 줄기는 뭉쳐나며, 가지가 갈라지고, 높이는 15~30cm이다. 뿌리는 굵은 편이다. 잎은 어긋나고 길이 2~4cm, 너비 1~2cm의 도란형 또는 넓은 피침형으로, 가장자리에 둔한 톱니가 있으며 털은 없다. 6~7월에 노란 꽃이 피는데, 원줄기 끝에 산방상 취산꽃차례로 많이 달린다.

▲ 잎

🔨 생육상토

비옥한 사질양토에서 잘 자라며, 마사토 및 원예용 상토를 이용하여 재배할 수 있다.

▲ 꽃

🌱 종자

- 종자채종: 과피가 벌어지고 종자가 완숙하는 7~8월
- 종자저장: 2~5℃ 상온저장

🖐 재배와 관리

❶ 파종

- 파종일자: 3~6월 또는 9월
- 파종방법: 미세종자는 트레이에 파종. 씨앗 정선 후 가는 모래와 섞은 뒤 파장기를 이용하여 200~406구 트레이에 파종
- 온도/습도: 20~25℃ / 60% 이상
- 관수: 겉흙이 마르지 않게 관수
- 시비: 육묘시기에는 발근제, 살균제 살포
- 발아 소요기간: 7~15일
- 발아율: 약 70%

❷ 정식

- 정식방법: 4~8월 8cm 포트 정식
- 온도/습도: 20~25℃ / 60% 이상
- 관수: 약간 건조하게 관리
- 시비: 생육 초기 유안시비, 생육 중기 복합시비
- 제초: 상시

❸ 병충해

- 병충해: 뿌리썩음병, 무름병
- 방제법: 살균제 살포

❹ 생산방식

- 노지: 노지생육 양호
- 컨테이너: 8cm 포트 재배

🚜 유통

- 출하시기: 지상부 생육이 좋고 뿌리 생육상태가 좋을 때 출하
- 출하단가: 물가자료(8cm: 1,000원), 조달청(8cm: 1,000원), 나라장터쇼핑몰(8cm: 490원)
- 유통경로: 조경회사, 공공기관, 소매

▲ 경계부의 지피식물로 이용

▲ 교목 하부 지피용으로 군식

▲ 그늘진 곳에 군식

▲ 조경용 지피식물로 이용

12 벼과(Gramineae)
참억새

- 학명 : *Miscanthus sinensis* Andersson
- 분포 : 한국, 일본, 중국
- 서식지 : 산이나 들

1월	2월	3월	4월	5월	6월	7월	8월	9월	10월	11월	12월
									종자채종		
		파종									
				정식							

🌳 생태적 특성

여러해살이풀로 산이나 들에서 자라며, 근경이나 종자로
번식한다. 짧고 굵은 근경은 옆으로 뻗으며, 줄기는 뭉쳐나
고 높이 100~200cm이다. 잎몸과 잎집 사이에 긴 털이 있
으며, 잎몸은 납작하고 길이 30~60cm, 너비 10~20cm의
선형이다. 표면은 녹색이며, 긴 털이 드문드문 나고 뒷면에
는 털이 없다. 꽃은 산방꽃차례 또는 원추꽃차례로 길이 20
~30cm이며, 가지는 많이 갈라지고 소수는 자주색이다.

🔨 생육상토

산흙 또는 밭흙과 같은 토양이나 원예용 상토를 사용하는
것이 좋다.

▲ 잎

▲ 꽃

🖊️ 종자

- 종자채종: 꽃이삭에 털 달린 씨앗이 날리기 시작하는 10~11월
- 종자저장: 2~5℃ 저온저장

👐 재배와 관리

❶ 파종
- 파종일자: 3~7월
- 파종방법: 컴프레서로 꽃이삭에 붙은 털붙음 종자(날림 종자)를 분리하여 200~406구 트레이에 펴서 파종. 파종 후 마르지 않게 바로 관수
- 온도/습도: 20~25℃ / 70% 이상
- 관수: 종자껍질이 마르면 종자가 상토와 밀착되지 않아 발아가 안 되므로 겉흙이 마르지 않도록 관수에 유의
- 시비: 육묘시기에는 발근제, 살균제 살포
- 발아 소요기간: 3~5일
- 발아율: 70~90%

❷ 정식
- 정식방법: 4~9월 8cm 포트 정식
- 온도/습도: 20~33℃ / 70% 이상
- 관수: 겉흙이 마르지 않게 관수
- 시비: 생육 초기 유안시비, 생육 중기 복합시비
- 제초: 상시

❸ 병충해
- 병충해: 잘록병
- 방제법: 살균제 주2회 살포

❹ 생산방식
- 노지: 노지생육 양호
- 컨테이너: 8cm 포트 재배

🚚 유통

- 출하시기: 지상부 생육이 좋고 뿌리 생육상태가 좋을 때
- 출하단가: 물가자료(-), 조달청(-), 나라장터쇼핑몰(8cm: 370원)
- 유통경로: 조경회사, 공공기관, 소매

▲ 보행로에 열식하여 장식효과

▲ 군식하여 경관 향상

▲ 조경용 지피식물로 이용

▲ 군식하여 경관 향상

13 국화과(Compositae)
감국

• **학명** : *Dendranthema idicum* (L.) Des Moul.
• **분포** : 한국, 타이완, 중국, 일본
• **서식지** : 산

1월	2월	3월	4월	5월	6월	7월	8월	9월	10월	11월	12월
									종자채종		
				파종							
				정식							

🌲 생태적 특성

여러해살이풀로 들국화의 일종이며, 주로 산지에서 자라고 근경이나 종자로 번식한다. 줄기는 높이가 30~80cm이며, 가지가 갈라지는 형태이다. 어긋나는 경생엽은 4~8cm의 긴 타원상 난형이며, 우상으로 깊게 갈라지고 가장자리에 결각 모양의 톱니가 있다. 9~10월에 노란 두상화가 산방꽃 차례로 달리고, 두상화의 지름은 약 2.5cm이다. 줄기의 기부가 지표면에 닿는 형태이며, 총포의 길이가 긴 편이다.

▲ 잎

🏺 생육상토

토양을 가리지 않는 편이나, 너무 비옥한 토양이나 잦은 시비 관리는 식물체를 도장하게 하므로 유의한다.

▲ 꽃

🌰 종자

- 종자채종: 꽃잎이 다 지고 꽃봉오리가 갈변되어 종자가 완숙하는 10~11월
- 종자저장: 2~5℃ 저온저장
- 발아처리: 씨앗 정선 후 하루 정도 물에 침지

🌱 재배와 관리

❶ 파종

- 파종일자: 3~9월
- 파종방법: 소립종자는 트레이 파종하며, 씨앗 정선 후 고운 모래와 섞어 파종기로 200~406구 트레이에 파종
- 온도/습도: 20~25℃ / 60% 이상
- 관수: 겉흙이 마르지 않게 관수
- 시비: 육묘시기에는 발근제, 살균제 살포
- 발아 소요기간: 7~15일
- 발아율: 70~80%

❷ 정식

- 정식방법: 4~9월 8cm 포트 정식
- 온도/습도: 20~33℃ / 60% 이상
- 관수: 겉흙이 마르지 않게 관수
- 시비: 생육 초기 유안시비, 생육 중기 복합시비
- 제초: 상시

❸ 병충해

- 병충해: 잘록병
- 방제법: 살균제 주2회 살포

❹ 생산방식

- 노지: 노지생육 양호
- 컨테이너: 8cm 포트 재배

🚜 유통

- 출하시기: 8cm 포트 정식 후 2달 이후 출하
- 출하단가: 물가자료(8cm: 1,000원), 조달청(8cm: 1,000원), 나라장터쇼핑몰(8cm: 540원)
- 유통경로: 조경회사, 공공기관, 소매

▲ 연못 주변에 식재

▲ 조경용 지피식물로 이용

▲ 조경용 지피식물로 이용

▲ 교목 하부 지피용으로 군식

담쟁이

- **학명** : *Parthenocissus tricuspidata* (Siebold & Zucc.) Planch
- **분포** : 한국, 중국, 일본, 타이완
- **서식지** : 오래된 담벼락에 주로 서식

1월	2월	3월	4월	5월	6월	7월	8월	9월	10월	11월	12월
									종자채종		
			파종								
				정식							

🌳 생태적 특성

담벼락이나 산골짜기 숲 밑에서 서식하며 줄기나 종자로 번식한다. 덩굴줄기는 5~10m까지 자라고 가지가 많이 갈라진다. 덩굴손은 갈라져서 끝에 둥근 부착근이 생기고 바위나 나무를 기어오른다. 잎은 너비 5~20cm의 넓은 난형으로, 끝이 뾰족하고 광택이 나며 뒷면 맥에만 잔털이 있다. 잎 가장자리에는 불규칙한 톱니가 있다. 6~7월에 황록색 꽃이 취산꽃차례로 많이 달린다.

▲ 꽃

🍃 생육상토

주로 보습성이 좋은 사질양토와 원예용 상토를 사용하는 것이 좋다.

▲ 열매

🌰 종자

- 종자채종: 과육이 검은색을 띠는 10~11월
- 종자저장: 2~5℃ 저온저장
- 발아처리: 정선 후 3~5일 물에 침지

☘ 재배와 관리

❶ 파종
- 파종일자: 4~5월
- 파종방법: 씨앗 정선 후 파종기를 이용하여 200구 트레이에 파종
- 온도/습도: 20~25℃ / 70% 이상
- 관수: 겉흙이 마르지 않게 관수
- 시비: 육묘시기에는 발근제, 살균제 살포
- 발아 소요기간: 약 30일
- 발아율: 70~80%

❷ 정식
- 정식방법: 4~8월 8cm 포트 정식
- 온도/습도: 20~33℃ / 70% 이상
- 관수: 겉흙이 마르지 않게 관수
- 시비: 생육 초기 유안시비, 생육 중기 복합시비
- 제초: 상시

❸ 병충해
- 병충해: 잘록병, 탄저병, 검은별무늬병
- 방제법: 살균제 살포

❹ 생산방식
- 노지: 온실재배
- 컨테이너: 8cm 포트 재배

🚜 유통

- 출하시기: 지상부의 길이가 20~30cm이며 뿌리 생육상태가 좋을 때
- 출하단가: 물가자료(8cm: 1,000원), 조달청(-), 나라장터쇼핑몰(8cm: 600원)
- 유통경로: 조경회사, 공공기관, 소매

▲ 돌담 장식효과

▲ 담장 장식효과

▲ 담장 장식효과

▲ 담장 장식효과

15 국화과(Compositae)
금불초

- **학명** : *Inula britannica* var. *Japonica* (Thunb.) French. & Sav.
- **분포** : 한국, 일본, 중국
- **서식지** : 습지

1월	2월	3월	4월	5월	6월	7월	8월	9월	10월	11월	12월
								종자			
			파종				파종				

🌳 생태적 특성

여러해살이풀로 산과 들의 물기가 있는 곳이나 과수원에서 자라며, 근경이나 종자로 번식한다. 근경에서 나온 줄기의 높이는 30~80cm이다. 전체에 누운털이 있으나, 털이 거의 없는 것도 있다. 근생엽은 개화기에 없어지며, 어긋나는 근생엽은 길이 5~10cm, 너비 1~3cm의 피침형으로 양면에 털이 있고 가장자리가 밋밋하다. 7~9월에 노란 두상화가 가지 끝과 줄기의 끝에서 산방꽃차례로 핀다.

▲ 잎

🌱 생육상토

주로 보습성이 좋고 비옥한 사질양토에서 잘 자란다.

▲ 꽃

238

🌱 종자

- 종자채종: 9월
- 종자저장: 2~5℃ 저온저장
- 발아처리: 저온저장 후 파종

🌿 재배와 관리

❶ 파종

- 파종일자: 4~5월 또는 8~9월 파종
- 파종방법: 상토에 흩어뿌림, 삽목 가능
- 온도/습도: 야간 10℃ 이상 / 60% 이상
- 관수: 1~2일에 1번
- 시비: 복합비료 주1회 살포
- 발아 소요기간: 7~15일
- 발아율: 70~80%

❷ 정식

- 정식방법: 8cm 포트 재배
- 온도/습도: 야간 10℃ 이상 / 60% 이상
- 관수: 1~2일에 1번
- 시비: 복합비료 주1회 살포
- 제초: 상시

❸ 병충해

- 병충해: 탄저병
- 방제법: 살균제 살포

❹ 생산방식

- 노지: 노지생육 양호
- 컨테이너: 8cm 포트 재배

🚚 유통

- 출하시기: 8cm 포트 정식 후 2달 이후 출하
- 출하단가: 물가자료(8cm: 1,200원), 조달청(8cm: 1,200원), 나라장터쇼핑몰(8cm: 390원)
- 유통경로: 조경회사, 공공기관, 소매

▲ 보행로에 열식하여 장식효과

▲ 군식하여 경관 향상

▲ 조경용 지피식물로 이용

▲ 조경용 지피식물로 이용

- 학명 : *Hosta plantaginea* (Lan.) Asch.
- 분포 : 한국(전국), 중국
- 서식지 : 습기가 있는 노지

1월	2월	3월	4월	5월	6월	7월	8월	9월	10월	11월	12월
									종자채종		
				파종							
		분주						분주			
				정식							

🌸 생태적 특성

여러해살이풀로 노지에서 자라며, 근경이나 종자로 번식한
다. 근경은 짧으며 근경에서 나오는 화경은 40~60cm이다.
잎은 근생엽으로 잎자루는 길고 잎몸은 길이 15~20cm, 너
비 10~15cm의 타원형이다. 잎은 광택이 나고 끝이 뾰족한
심장형이며, 가장자리는 물결 모양이고 밋밋하며 8~9쌍의
맥이 있다. 꽃은 7~8월에 피는데 연한 자주색 또는 흰색으
로 화경에 1~4개의 포가 있고, 길이 10~14cm이다. 삭과
는 길이 6~7cm, 지름 7~8mm의 삼각상 원기둥 모양으로
밑으로 처지며, 종자의 가장자리에 날개가 있다.

▲ 잎

🌱 생육상토

대부분 약산성(pH 6)의 사질양토 및 배수가 잘되는 습윤한
토양을 좋아한다.

▲ 꽃

🌰 종자

- 종자채종: 10~11월
- 종자저장: 2~5℃ 저온저장
- 발아처리: 종자에 붙어 있는 날개부위를 비벼 제거한 후 2일 정도 물에 침지

🤲 재배와 관리

❶ 파종

- 파종일자: 5~6월 파종
- 파종방법: 중립종자는 트레이 파종하며, 씨앗 정선 후 파종기를 이용하여 200구 트레이에 파종
- 온도/습도: 20~25℃ / 70% 이상
- 관수: 겉흙이 마르지 않게 관수
- 시비: 육묘시기에는 발근제, 살균제 살포
- 발아 소요기간: 7~15일
- 발아율: 약 60%

❷ 분주

- 분주방법: 봄 또는 가을에 가능하며, 1포기에 눈을 3~4개씩 붙여서 하는 것이 좋음

❸ 정식

- 정식방법: 4~8월 10cm 포트 정식
- 온도/습도: 20~33℃ / 70% 이상
- 관수: 겉흙이 마르지 않게 관수
- 시비: 생육 초기 유안시비, 생육 중기 복합시비
- 제초: 상시

❹ 병충해

- 병충해: 응애
- 방제법: 고온 건조기에 많이 생기므로 미리 응애약 살포

❺ 생산방식

- 노지: 반음지
- 컨테이너: 10cm 포트 재배

🚚 유통

- 출하시기: 10cm 포트 정식 후 3달 이후 출하
- 출하단가: 물가자료(2~3분얼: 1,800원, 4~5분얼: 3,600원), 조달청(10cm: 3,600원), 나라장터쇼핑몰(2~3분얼: 1,120원)
- 유통경로: 조경회사, 공공기관, 소매

▲ 교목 하부에 식재하여 관상효과

▲ 조경용 지피식물로 이용

▲ 경계부의 지피식물로 이용

▲ 보행로에 열식하여 장식효과

17 산형과(Umbelliferae)
미나리

- 학명 : *Oenanthe javanica* (Blume) DC.
- 분포 : 한국(전국), 일본, 중국
- 서식지 : 습지

1월	2월	3월	4월	5월	6월	7월	8월	9월	10월	11월	12월
								종자채종			
			파종								

🌼 생태적 특성

여러해살이풀로 들의 물가에서 자라며, 근경이나 종자로
번식한다. 전체에 털이 없고 20~40cm의 줄기에 능각이 있
으며, 기는 가지의 마디에서 뿌리가 나와 번식한다. 잎은
어긋나고 잎자루가 길며, 위로 올라가면서 차츰 짧아진다.
잎몸은 7~15cm의 삼각상 난형으로 1~2회 우상복엽이고,
작은 잎은 길이 1~3cm, 너비 7~15mm의 난형으로 가장자
리에 톱니가 있다. 7~8월에 흰 꽃이 겹산형꽃차례로 줄기
끝에 잎과 마주난다. 열매는 타원형으로 가장자리의 능선
은 코르크화된다.

▲ 잎

🔨 생육상토

산흙 또는 밭흙과 같은 토양을 사용하는 것이 좋다.

▲ 꽃

🥄 종자

- 종자채종: 9~10월
- 종자저장: 2~5℃ 저온저장
- 발아처리: 저온저장

🤲 재배와 관리

❶ 파종

- 파종일자: 4~5월
- 파종방법: 상토에 직파하며, 뿌리를 나누어 심어도 잘 자람
- 온도/습도: 야간 14℃ 이상 / 60% 이상
- 관수: 겉흙이 마르지 않게 관수
- 시비: 복합비료 주2회 살포
- 발아 소요기간: 7~15일
- 발아율: 70~80%

❷ 정식

- 정식방법: 8cm 포트 재배
- 온도/습도: 야간 14℃ 이상 / 60% 이상
- 관수: 수생식물이므로 매일 물속에 담가 놓아도 좋음
- 시비: 복합비료 주2회 살포
- 제초: 상시

❸ 병충해

- 병충해: 병해와 충해에 강함

❹ 생산방식

- 노지: 노지생육 양호
- 컨테이너: 8cm 포트 재배

🚚 유통

- 출하시기: 8cm 포트 정식 후 1달 이후 출하
- 출하단가: 물가자료(2~3분얼: 1,200원), 조달청(8cm: 1,200원), 나라장터쇼핑몰(2~3분얼: 360원)
- 유통경로: 조경회사, 공공기관, 소매

▲ 그늘진 곳에 군식

▲ 조경용 지피식물로 이용

▲ 조경용 지피식물로 이용

▲ 조경용 지피식물로 이용

17. 미나리 **243**

18 벼과(Gramineae)
물억새

- **학명** : *Miscanthus sacchariflorus* (Maxim.) Benth.
- **분포** : 한국, 일본, 중국 북부, 아무르강
- **서식지** : 강가나 습지

1월	2월	3월	4월	5월	6월	7월	8월	9월	10월	11월	12월
									종자		
			파종								
				정식							

🌳 생태적 특성

여러해살이풀로 강이나 물가에서 자라며, 근경이나 종자로 번식한다. 줄기는 150~250cm에 이른다. 근경은 길고 군생하며, 줄기는 곧게 서고 마디에 긴 털이 난다. 잎몸은 선형으로 길이 40~80cm, 너비 10~25mm에 매끈하며, 가장자리에 잔 톱니가 있고 엽설은 섬모가 있다. 9~10월에 원추 꽃차례가 길이 25~40cm로 핀다. 소수는 2개씩 달리며 짧은 대가 있고 밑부분에 10~15mm의 흰 털이 속생한다.

🌱 생육상토

마사토 또는 산흙과 같은 토양이나 원예용 상토를 사용하는 것이 좋다.

▲ 잎

▲ 종자 결실

🌱 종자

- **종자채종**: 꽃이삭에 털 달린 씨앗이 날리기 시작하는 10월
- **종자저장**: 2~5℃ 저온저장

🖐 재배와 관리

❶ 파종

- **파종일자**: 3~7월
- **파종방법**: 종자를 분리하여 200~406구 트레이에 파종. 파종 후 마르지 않게 바로 관수
- **온도/습도**: 20~25℃ / 60% 이상
- **관수**: 종자껍질이 마르면 종자가 상토와 밀착되지 않아 발아가 안 되므로 겉흙이 마르지 않도록 관수에 유의
- **시비**: 육묘시기에는 발근제, 살균제 살포
- **발아 소요기간**: 3~5일
- **발아율**: 약 90%

❷ 정식

- **정식방법**: 4~9월 8cm 포트 정식
- **온도/습도**: 20~33℃ / 70~90% 이상
- **관수**: 겉흙이 마르지 않게 관수
- **시비**: 생육 초기 유안시비, 생육 중기 복합시비
- **제초**: 상시

❸ 병충해

- **병충해**: 잘록병
- **방제법**: 살균제 주2회 살포

❹ 생산방식

- **노지**: 노지생육 양호
- **컨테이너**: 8cm 포트 재배

🚚 유통

- **출하시기**: 8cm 포트 정식 후 1달 이후 출하
- **출하단가**: 물가자료(8cm: 1,000원, 8cm 망사포트: 1,000원, 10cm 망사포트: 1,200원), 조달청(8cm 망사포트: 1,000원), 나라장터쇼핑몰(8cm: 380원)
- **유통경로**: 조경회사, 공공기관, 소매

▲ 군식하여 경관 향상

▲ 군식하여 경관 향상

▲ 군식하여 경관 향상

▲ 군식하여 경관 향상

19 두릅나무과(Araliaceae)
송악

- **학명** : *Hedera rhombea* (Miq.) Siebold & Zucc. ex Bean
- **분포** : 한국, 일본, 타이완
- **서식지** : 해안과 도서지방의 숲속

1월	2월	3월	4월	5월	6월	7월	8월	9월	10월	11월	12월
			파종								
		삽목						삽목			

🌳 생태적 특성

상록활엽의 덩굴나무로 해안과 섬에서 자라며, 근경이나 종자로 번식한다. 길이는 10m 정도이며 가지에서 기근이 나와 물체에 붙고, 어린 가지는 잎 및 꽃차례와 함께 털이 있다. 잎은 잎자루가 2~5cm이며, 잎몸은 3~6cm, 너비 2~4cm의 삼각형으로 광택이 나고 3~5개로 얕게 갈라진다. 9~10월에 산형꽃차례 1~5개가 가지 끝에 취산상으로 달리며, 꽃의 색깔은 녹황색이다. 열매는 지름 8~10mm로 둥글고 다음해에 검은색으로 익는다.

▲ 꽃

🪏 생육상토

습윤한 토양 및 반음지에서 잘 자라지만 재배는 어렵다.

▲ 열매

🥮 종자

- 종자채종: 4월
- 종자저장: 2~5℃ 저온저장

🖐 재배와 관리

❶ 파종

- 파종일자: 4~5월
- 파종방법: 상토에 흩어뿌림
- 뿌리기
- 온도/습도: 14℃ 이상 / 70% 이상
- 관수: 겉흙이 마르지 않게 관수
- 시비: 복합비료 주1회 살포
- 발아 소요기간: 25~40일
- 발아율: 약 80%

❷ 삽목

- 삽목일자: 3~4월 또는 9~10월
- 삽목방법: 삽수길이 10cm, 눈이 2~3개 붙어 있는 상태로
- 온도/습도: 10~16℃ 이상 / 70% 이상
- 관수: 겉흙이 마르지 않게 관수
- 시비: 복합비료 주1회 살포, 발근 전까지 비료 주지 않음
- 발근 소요기간: 20~30일
- 발근율: 약 80%

❸ 정식

- 정식방법: 8cm 포트 정식
- 온도/습도: 20~25℃ / 70% 이상
- 관수: 겉흙이 마르지 않게 관수
- 시비: 복합비료 주1회 살포
- 제초: 상시

❹ 병충해

- 병충해: 역병
- 방제법: 살균제 살포

❺ 생산방식

- 노지: 비닐하우스 안에서 반음지 환경을 만들어주어야 함
- 컨테이너: 8cm 포트 재배

▲ 구조물, 벽체 등을 피복하여 녹화효과

▲ 돌담 장식효과

▲ 돌담 장식효과

유통

- 출하시기: 8cm 포트 길이 20cm 이상 되었을 때 출하
- 출하단가: 물가자료((L=0.2)8cm: 1,300원), 조달청(8cm: 1,300원), 나라장터쇼핑몰(8cm: 610원, 12cm: 750원, 10cm: 780원)
- 유통경로: 조경회사, 공공기관, 소매

20 국화과(Compositae)
산국

- **학명** : *Dendranthema boreale*
  (Makino) Ling ex Kitam.
- **분포** : 한국, 일본, 중국 북부
- **서식지** : 산지

1월	2월	3월	4월	5월	6월	7월	8월	9월	10월	11월	12월
										종자	
			파종	파종			파종	파종			

 생태적 특성

여러해살이풀로 산지나 들에서 자라며, 근경이나 종자로
번식한다. 줄기는 곧추서고 높이 70~140cm이며, 가지는
많이 갈라지고 흰 털이 있다. 잎몸은 경생엽으로 길이 3~
6cm, 너비 4~6cm의 타원상 난형이며 깊이 갈라지고, 가장
자리에 날카로운 톱니가 있다. 9~10월에 노란 두상화가 피
는데, 지름은 1.5cm 정도로 조금 작고 줄기 끝에 산방상으
로 달린다. 열매는 수과로 길이 1mm 정도이며 10~11월에
익는다.

생육상토

배수가 잘되며, 대체로 비옥한 토양에서 생육이 좋다.

▲ 잎

▲ 꽃

248

🌱 종자

- 종자채종: 11월
- 종자저장: 2~5℃ 저온저장
- 발아처리: 저온저장 후 파종

🌱 재배와 관리

❶ 파종
- 파종일자: 4~5월 또는 8~9월
- 파종방법: 상토에 흩어뿌림
- 온도/습도: 야간 10℃ 이상 / 60% 이상
- 관수: 1~2일에 1번 관수
- 시비: 복합비료 주1회 살포
- 발아 소요기간: 7~15일
- 발아율: 70~80%

❷ 정식
- 정식방법: 8cm 포트 재배
- 온도/습도: 야간 10℃ 이상 / 60% 이상
- 관수: 1~2일에 1번 관수
- 시비: 복합비료 주1회 살포
- 제초: 상시

❸ 병충해
- 병충해: 잘록병
- 방제법: 고온다습한 여름철에는 진딧물에 주의하여 주기적으로 살균제를 살포

❹ 생산방식
- 노지: 노지생육 양호
- 컨테이너: 8cm 포트 재배

🚚 유통

- 출하시기: 8cm 포트 정식 후 2달 이후 출하
- 출하단가: 물가자료(-), 조달청(-), 나라장터쇼핑몰(8cm: 430원)
- 유통경로: 조경회사, 공공기관, 소매

▲ 돌담 장식효과

▲ 군식하여 경관 향상

▲ 군식하여 경관 향상

▲ 군식하여 경관 향상

수크령

- 학명 : *Pennisetum alopecuroides* (L.) Spreng.
- 분포 : 아시아의 온대, 열대
- 서식지 : 양지쪽 길가

1월	2월	3월	4월	5월	6월	7월	8월	9월	10월	11월	12월
							종자채종				
		파종									
		정식									

🌳 생태적 특성

여러해살이풀로 산 가장자리나 논, 밭둑 및 길가의 양지바
른 곳에서 자라며 근경이나 종자로 번식한다. 근경에서 뿌
리가 사방으로 퍼지고 화경은 큰 포기를 이루며 키는 50~
100cm이다. 줄기는 곧게 서고 윗부분에 흰 털이 있다. 잎
은 선형이고 길이 30~60cm, 너비 9~15mm이며, 엽설은
매우 짧고 털이 조금 있다. 꽃은 8~9월에 총상꽃차례로 피
는데, 길이 10~25cm, 지름 15mm 정도의 원주형이며 흑자
색이다.

▲ 잎

🔱 생육상토

점질양토에서 잘 자라며, 마사토 또는 산흙과 같은 토양이
나 원예용 상토를 사용하는 것이 좋다.

▲ 꽃

🍃 종자

- 종자채종: 종자가 완숙하여 충실해지는 8~9월
- 종자저장: 2~5℃ 저온저장
- 발아처리: 씨앗 정선 후 하루 정도 물에 침지

🤲 재배와 관리

❶ 파종

- 파종일자: 3~7월
- 파종방법: 종자에 거칠한 털이 있어 육묘상자를 이용하여 흩어뿌림
- 온도/습도: 20~25℃ / 60% 이상
- 관수: 겉흙이 마르지 않게 관수
- 시비: 육묘시기에는 발근제, 살균제 살포
- 발아 소요기간: 7~15일
- 발아율: 약 90%

❷ 정식

- 정식방법: 3~9월 8cm 포트 정식
- 온도/습도: 20~33℃ / 60% 이상
- 관수: 겉흙이 마르지 않게 관수
- 시비: 생육 초기 유안시비, 생육 중기 복합시비
- 제초: 상시

❸ 병충해

- 병충해: 잘록병
- 방제법: 살균제 주2회 살포

❹ 생산방식

- 노지: 노지생육 양호
- 컨테이너: 8cm 포트 재배

🚚 유통

- 출하시기: 8cm 포트 정식 후 1달 이후 출하
- 출하단가: 물가자료(-), 조달청(8cm: 1,000원), 나라장터쇼핑몰(8cm: 420원)
- 유통경로: 조경회사, 공공기관, 소매

▲ 군식하여 경관 향상

▲ 군식하여 경관 향상

▲ 군식하여 경관 향상

▲ 군식하여 암석원 조성에 이용

22 벼과(Graminaeae)
달뿌리풀

- **학명** : *Phragmites japonica* Steud.
- **분포** : 한국, 일본, 중국(만주), 우수리강
- **서식지** : 냇가의 모래땅

1월	2월	3월	4월	5월	6월	7월	8월	9월	10월	11월	12월
									종자채종		
				파종							

🌲 생태적 특성

여러해살이풀로 산골짜기나 강가에 서식하며, 근경이나 종자로 번식한다. 줄기의 높이는 1~2m이며, 속이 비어 있고, 줄기와 마디에 털이 있다. 잎은 어긋나고 약간 혁질이며, 선형의 잎몸은 길이 15~30cm, 너비 1~3cm로 끝이 뾰족하다. 꽃은 8~9월에 원추꽃차례로 피는데 꽃차례는 길이 20~35cm에 넓은 난형이고 자주색이다. 가지는 돌려나고 소축과 그 밖의 부분에 긴 털이 있다. 소수에는 3~4개의 소화가 있다.

🍃 생육상토

모래땅에서 잘 자라며, 마사토, 산흙, 밭흙을 사용하는 것이 좋다.

▲ 잎

▲ 꽃

252

🌰 종자

- 종자채종: 10~11월
- 종자저장: 2~5℃ 저온저장
- 발아처리: 저온저장

🖐 재배와 관리

❶ 파종

- 파종일자: 5~7월
- 파종방법: 상토 파종, 벼 못자리와 유사
- 온도/습도: 20~25℃ / 70~90% 이상
- 관수: 겉흙이 마르지 않게 관수
- 시비: 복합비료 주1회 살포. 모종 때 잘 녹으므로 살균제 주2회 살포
- 발아 소요기간: 5~10일
- 발아율: 60~70%

❷ 정식

- 정식방법: 8cm 포트 3개 이상 정식
- 온도/습도: 25~30℃ / 70~90% 이상
- 관수: 겉흙이 마르지 않게 관수
- 시비: 복합비료 주1회 살포
- 제초: 상시

❸ 병충해

- 병충해: 잘록병
- 방제법: 살균제 주2회 살포

❹ 생산방식

- 노지: 노지생육 양호
- 컨테이너: 8cm 비닐 포트 재배

🚚 유통

- 출하시기: 8cm 포트 정식 후 1달 이후 출하
- 출하단가: 물가자료(8cm: 1,000원), 조달청(8cm 망사포트: 1,000원), 나라장터쇼핑몰(8cm: 360원)
- 유통경로: 조경회사, 공공기관, 소매

▲ 보행로에 열식하여 장식효과

▲ 군식하여 경관 향상

▲ 군식하여 경관 향상

▲ 경계부의 지피식물로 이용

23 범의귀과(Saxifragaceae)
노루오줌

- 학명 : *Astilbe rubra* Hook. f. & Thomson
- 분포 : 한국, 일본, 중국, 헤이룽강
- 서식지 : 산지의 냇가나 습한 곳

1월	2월	3월	4월	5월	6월	7월	8월	9월	10월	11월	12월
							종자채종				
		파종									
			정식								

🌲 생태적 특성

여러해살이풀로 연못가에 서식하는 습생식물이며 근경이
나 종자로 번식한다. 줄기는 곧게 서고 군락으로 자라며,
근경은 굵고 옆으로 뻗는다. 화경은 높이 50~100cm이며,
갈색의 긴 털이 있다. 잎자루가 긴 잎은 3출복엽이고 2~3
회 갈라지며, 소엽은 길이 2~8cm, 너비 1~4cm의 긴 난형
으로 가장자리에 톱니가 있다. 꽃은 분홍색이며, 7~8월에
줄기 끝에 원추꽃차례로 핀다. 삭과는 길이 3~4mm이다.

🔨 생육상토

부엽토를 충분히 혼합하여 사용하며, 보습성이 좋은 식양
토를 사용한다.

▲ 잎

▲ 꽃

🌰 종자

- 종자채종: 꽃자루가 갈변하여 종자가 충분히 완숙하는 8~9월
- 종자저장: 2~5℃ 저온저장
- 발아처리: 저온저장

🌱 재배와 관리

❶ 파종

- 파종일자: 3~6월
- 파종방법: 미세종자이므로 고운 모래와 적당량 혼합하여 파종기를 이용 200~406구 트레이에 파종
- 온도/습도: 20~25℃ / 70% 이상
- 관수: 물을 좋아하므로 겉흙이 마르지 않게 관수
- 시비: 육묘시기에는 발근제, 살균제 살포
- 발아 소요기간: 7~15일
- 발아율: 약 70%

❷ 정식

- 정식방법: 4~9월 8cm 포트 정식
- 온도/습도: 20~25℃ / 70% 이상
- 관수: 겉흙이 마르지 않게 관수
- 시비: 생육 초기 유안시비, 생육 중기 복합시비
- 제초: 상시

❸ 병충해

- 병충해: 녹병
- 방제법: 꽃대가 올라와 꽃이 피기 전에 살균제나 살충제 살포

❹ 생산방식

- 노지: 노지생육 양호
- 컨테이너: 8cm 포트 재배

🚚 유통

- 출하시기: 8cm 포트 정식 후 2달 이후 출하
- 출하단가: 물가자료(10cm: 1,300원), 조달청(-), 나라장터쇼핑몰(8cm: 590원)
- 유통경로: 조경회사, 공공기관, 소매

▲ 경계부의 지피식물로 이용

▲ 군식하여 경관 향상

▲ 조경용 지피식물로 이용

▲ 군식하여 암석원 조성에 이용

24 미나리아재비과(Ranunculaceae)
매발톱꽃

- 학명 : *Aquilegia buergeriana* var. *oxysepala* (Trautv. & Meyer) Kitam.
- 분포 : 한국, 중국, 시베리아 동부
- 서식지 : 산골짜기 양지쪽

1월	2월	3월	4월	5월	6월	7월	8월	9월	10월	11월	12월
							종자채종				
							파종				
						정식					

 생태적 특성

여러해살이풀로 산지에서 서식하며 근경이나 종자로 번식한다. 줄기는 1m 정도이며, 윗부분이 약간 갈라지는 형태이다. 근생엽은 잎자루가 길고 2번 3갈래로 갈라지는 겹잎이다. 작은 잎은 약간 깊게 2~3갈래로 갈라지고 털이 없으며 뒷면이 분백색이다. 경생엽은 위로 갈수록 잎자루가 짧아진다. 6~7월에 지름 3cm 정도의 갈자색 꽃이 가지 끝에서 밑을 향해 달린다. 골돌과는 5개이며 털이 있다.

▲ 잎

생육상토

배수성이 좋은 사질양토에서 잘 자라며, 배수가 잘되는 마사토와 부엽토가 주로 사용된다.

▲ 꽃

🖋 종자

- 종자채종: 과피가 갈변하여 벌어지며 종자가 검은색으로 변하는 7~8월
- 종자저장: 2~5℃ 저온저장
- 발아처리: 저온저장

🌱 재배와 관리

❶ 파종

- 파종일자: 종자채종 후 즉시 파종
- 파종방법: 종자를 파종기로 200~406구 트레이에 파종
- 온도/습도: 20~25℃ / 70% 이상
- 관수: 겉흙이 마르지 않게 관수
- 시비: 육묘시기에는 발근제, 살균제 살포
- 발아 소요기간: 7~15일
- 발아율: 70~90%

❷ 정식

- 정식방법: 7~9월경 8cm 포트 정식
- 온도/습도: 20~25℃ / 70% 이상
- 관수: 겉흙이 마르지 않게 관수
- 시비: 생육 초기 유안시비, 생육 중기 복합시비
- 제초: 상시

❸ 병충해

- 병충해: 잘록병, 뿌리썩음병
- 방제법: 고온다습한 여름철에 뿌리썩음병이 발생될 우려가 있으므로 지하수위가 높은 곳은 이랑을 높여 예방하며, 발생 초기에 살균제를 살포

❹ 생산방식

- 노지: 노지생육 양호
- 컨테이너: 8cm 포트 재배

🚚 유통

- 출하시기: 8cm 포트 정식 후 3달 이후 출하
- 출하단가: 물가자료(10cm: 1,200원), 조달청(-), 나라장터쇼핑몰(8cm: 650원)
- 유통경로: 조경회사, 공공기관, 소매

▲ 군식하여 경관 향상

▲ 군식하여 경관 향상

▲ 군식하여 경관 향상

▲ 군식하여 경관 향상

25 돌나물과(Crassulaceae)
섬기린초

- **학명** : *Sedum takesimense* Nakai
- **분포** : 울릉도
- **서식지** : 산지

1월	2월	3월	4월	5월	6월	7월	8월	9월	10월	11월	12월
					파종						
					삽목						
					정식						

🌳 생태적 특성

여러해살이풀로 산지의 바위틈에서 자라며, 근경이나 종
자로 번식한다. 원줄기는 높이 15~30cm이며 옆으로 비스
듬히 뻗고, 줄기 밑부분이 겨울에 살아 있다가 다음해 봄에
새싹이 나온다. 잎은 길이 5~6cm이며 피침형으로 끝이 둔
하고, 가장자리에 둔한 톱니가 있고 양면에 털이 없다. 5~
6월에 지름 13mm의 노란 꽃이 피는데, 산방꽃차례에 20~
30송이가 달린다. 열매는 골돌 형태이다.

🌱 생육상토

보수성, 통기성이 좋으며 유기질이 많은 토양이 좋다. 마사
토 및 원예용 상토를 사용하는 것이 좋다.

▲ 잎

▲ 꽃

🖋 종자

- 종자채종: 과육이 갈변하여 벌어지는 7~8월
- 종자저장: 2~5℃ 저온저장
- 발아처리: 저온저장

🌱 재배와 관리

❶ 파종

- 파종일자: 3~9월
- 파종방법: 미세종자는 고운 모래와 적당량 혼합하여 파종기로 200~406구 트레이에 파종
- 온도/습도: 20~25℃ / 60% 이상
- 관수: 겉흙이 마르지 않게 관수
- 시비: 육묘시기에는 발근제, 살균제 살포
- 발아 소요기간: 7~15일
- 발아율: 약 80%

❷ 삽목

- 삽목일자: 4~9월
- 삽목방법: 1~2cm 삽수를 채취하여 200구 트레이에 삽목. 고온다습한 6~7월에는 삽목 중 부패하기 쉬우므로 베노밀액에 30초간 침지하여 삽목
- 온도/습도: 20~25℃ / 60% 이상
- 관수: 삽목 후에는 충분히 관수한 후 한랭사로 차광하여 건조를 방지
- 시비: 육묘시기에는 발근제, 살균제 살포
- 발근 소요기간: 약 30일
- 발근율: 약 80%

❸ 정식

- 정식방법: 4~9월 8cm 포트 정식
- 온도/습도: 20~33℃ / 습도 60% 이상
- 시비: 생육 초기 유안시비, 생육 중기 복합시비

❹ 병충해

- 병충해: 뿌리썩음병
- 방제법: 월 1~2회 살균제 살포

❺ 생산방식

- 노지: 노지생육 양호
- 컨테이너: 8cm 포트 재배

▲ 조경용 지피식물로 이용

▲ 군식하여 경관 향상

▲ 군식하여 경관 향상

🚚 유통

- 출하시기: 8cm 포트 정식 후 2달 이후 출하
- 출하단가: 물가자료(8cm: 1,200원), 조달청(8cm: 1,200원), 나라장터쇼핑몰(8cm: 420원)
- 유통경로: 조경회사, 공공기관, 소매

26 노박덩굴과(Celastraceae)
줄사철나무

- **학명** : *Euonymus fortunei* var. *radicans*
  (Siebold & Miq.) Rehder
- **분포** : 한국, 일본, 중국
- **서식지** : 산기슭 숲속

1월	2월	3월	4월	5월	6월	7월	8월	9월	10월	11월	12월
		종자									
		삽목									

🌳 생태적 특성

상록활엽 덩굴나무로 산기슭의 숲속에 자라며, 기근으로
다른 물질을 감고 올라간다. 잎은 마주나고, 길이 2~5cm
의 난형 또는 타원형이다. 잎의 표면은 짙은 녹색을 띠며,
뒷면은 회녹색으로 털이 없고 가장자리에 둔한 톱니가 있
다. 꽃은 양성화로 5~6월에 연한 녹색으로 피고, 지름 6~
7mm이다. 꽃자루는 길고 잎겨드랑이에 10여 송이씩 취산
꽃차례로 달린다. 삭과는 둥글납작하며, 연한 노란색으로
익는다. 종자는 황적색이며, 가종피에 둘러싸여 있다.

▲ 꽃

🌱 생육상토

마사토 또는 산흙과 같은 토양이나 원예용 상토를 사용하
는 것이 좋다.

▲ 열매

🌱 종자

- 종자채종: 3월경
- 종자저장: 채취한 삽수는 마르지 않게 침지나 분무하여 수분을 유지

🤚 재배와 관리

① 삽목
- 삽목일자: 2~3월
- 삽목방법: 2~3마디 삽수를 정선 후 잘라 200구 트레이나 삽목상자에 즉시 삽목
- 온도/습도: 20~25℃ / 60% 이상
- 관수: 겉흙이 마르지 않게 관수
- 시비: 삽목 안정기 발근제, 살균제 살포
- 발근 소요기간: 약 30일
- 발근율: 약 80%

② 병충해
- 병충해: 잎마름병
- 방제법: 주기적으로 살균제 살포

③ 생산방식
- 노지: 노지재배 적합하지 않음
- 컨테이너: 8cm 포트 재배

🚚 유통

- 출하시기: 지상부의 길이가 30cm 이상일 때 출하
- 출하단가: 물가자료(-), 조달청(-), 나라장터쇼핑몰(-)
- 유통경로: 조경회사, 공공기관, 소매

▲ 군식하여 경관 향상

▲ 조경용 지피식물로 이용

▲ 군식하여 암석원 조성에 이용

▲ 조경용 지피식물로 이용

27 버드나무과(Salicaceae)

갯버들

- **학명** : *Salix gracilistyla* Miq.
- **분포** : 한국, 일본, 중국 우수리강 연안
- **서식지** : 강가

1월	2월	3월	4월	5월	6월	7월	8월	9월	10월	11월	12월
	삽목										

🌲 생태적 특성

강가나 하천가에 자라며 키는 약 2m이다. 잎은 황록색으로 피침형 또는 넓은 피침형이며 길이는 3~12cm, 너비는 3~30mm이다. 잎의 뒷면에는 융모가 밀생하고 흰빛이 나며, 가장자리에는 작은 톱니가 있다. 꽃은 미상꽃차례로 3~4월에 잎보다 먼저 전년도 가지의 겨드랑이에 피어난다. 수꽃의 꽃차례는 넓은 타원형이고 포는 난형으로 상반부의 색깔은 검은색이고 털이 있다. 암꽃의 꽃차례는 긴 타원형이며, 포는 난상의 긴 타원형으로 털이 있다. 열매는 삭과로 4~5월에 익는다.

▲ 잎

▲ 꽃

🌱 생육상토

마사토 또는 산흙과 같은 토양이나 원예용 상토를 사용하는 것이 좋다.

🌱 재배와 관리

❶ 삽목
- 삽목일자: 2월
- 삽목방법: 2~3마디 삽수를 정선 후 잘라 200구 트레이나 삽목상자에 즉시 삽목
- 온도/습도: 야간 5~10℃ 이상 / 80% 이상
- 관수: 겉흙이 마르지 않게 매일 관수
- 시비: 발근 전까지 시비하지 않음
- 발근 소요기간: 20~40일
- 발근율: 약 80%

❷ 정식
- 정식방법: 8cm 포트 정식
- 온도/습도: 야간 14℃ 이상 / 70% 이상
- 관수: 겉흙이 마르지 않게 매일 관수
- 시비: 주1회 복합시비
- 제초: 상시

❸ 병충해
- 병충해: 병해와 충해에 강함

❹ 생산방식
- 노지: 노지생육 양호
- 컨테이너: 8cm 포트 재배

🚚 유통

- 출하시기: 8cm 포트 길이 20cm 이상일 때 출하
- 출하단가: 물가자료(10cm: 2,000원, 10cm 망사포트: 2,000원), 조달청(10cm 망사포트: 2,000원), 나라장터쇼핑몰(10cm: 900원)
- 유통경로: 조경회사, 공공기관, 소매

▲ 군식하여 경관 향상

▲ 연못가에 식재하여 관상효과

▲ 열식하여 경관 향상

▲ 군식하여 경관 향상

28 범의귀과(Saxifragaceae)
돌단풍

- **학명** : *Mukdenia rossii* (Oliv.) Koidz.
- **분포** : 경기도와 강원도 이북의 지역
- **서식지** : 물가의 바위틈

1월	2월	3월	4월	5월	6월	7월	8월	9월	10월	11월	12월
				종자채종							
				파종							
						정식					

🌳 생태적 특성

여러해살이풀로 산골짜기나 물가의 바위틈에서 서식하며, 근경이나 종자로 번식한다. 키는 20~30cm이며, 근경은 굵고 비늘 조각 모양의 막질로 된 포로 덮여 있다. 잎은 잎자루가 길고 잎몸은 손바닥 모양으로 5~7개로 갈라진다. 잎의 양면에 털이 없고 광택이 난다. 꽃은 5~6월에 피는데 원추꽃차례로서 엷은 홍색을 띠는 흰색이며 줄기 끝에 달린다. 삭과는 난형의 예첨두로서 2개로 갈라진다.

🌱 생육상토

보습성과 통기성이 좋은 사질양토에 재배하는 것이 좋으며, 유기질 부엽토를 섞어 사용하면 생육이 좋다.

▲ 잎

▲ 꽃

🌱 종자

- 종자채종: 화경까지 말라 갈변하면 5~6월 채종
- 종자저장: 2~5℃ 저온저장
- 발아처리: 저온저장

🌱 재배와 관리

❶ 파종

- 파종일자: 채종 즉시 파종
- 파종방법: 미세종자이므로 고운 모래와 적당히 혼합하여 파종기를 이용하여 200~406구 트레이에 파종
- 온도/습도: 20~25℃ / 70% 이상
- 관수: 겉흙이 마르지 않게 관수
- 시비: 육묘시기에는 발근제, 살균제 살포
- 발아 소요기간: 14~21일
- 발아율: 70% 이상

❷ 정식

- 정식방법: 7~9월 8cm 포트 정식
- 온도/습도: 20~25℃ / 70% 이상
- 관수: 겉흙이 마르지 않게 관수
- 시비: 생육 초기 유안시비, 생육 중기 복합시비
- 제초: 상시

❸ 병충해

- 병충해: 뿌리썩음병
- 방제법: 살균제 살포

❹ 생산방식

- 노지: 노지생육 양호
- 컨테이너: 8cm 포트 재배

🌱 유통

- 출하시기: 8cm 포트 정식 후 2달 이후 출하
- 출하단가: 물가자료(10cm: 1,300원), 조달청(-), 나라장터쇼핑몰(10cm: 630원)
- 유통경로: 조경회사, 공공기관, 소매

▲ 경계부의 지피식물로 이용

▲ 군식하여 암석원 조성에 이용

▲ 연못가에 식재하여 관상효과

▲ 교목 하부 지피식물로 이용

29 부들과(Typhaceae)
부들

- **학명** : *Typha orientalis* C. Presl
- **분포** : 한국, 일본, 중국, 우수리강, 필리핀
- **서식지** : 연못 가장자리와 습지

1월	2월	3월	4월	5월	6월	7월	8월	9월	10월	11월	12월
								종자채종			
				파종							
			분주								

🌲 생태적 특성

여러해살이풀로 연못이나 강 가장자리에서 잘 자라는 수생식물이자 염생식물이며 근경이나 종자로 번식한다. 줄기는 단단하고 원주형이며, 높이 100~150cm로 털이 없다. 잎은 분백색으로 선형이며, 길이 60~110cm, 너비 5~10mm로 두껍고, 밑부분이 원줄기를 완전히 둘러싼다. 꽃은 7월에 피는데, 수꽃은 황색으로 꽃가루가 서로 붙지 않고 암꽃은 소포가 없다. 과수는 긴 타원형으로 적갈색이며, 밑에는 긴 자루가 있다.

🌱 생육상토

양토나 점질양토에 부엽토가 혼합된 비옥한 토양에서 잘 자란다.

▲ 꽃

▲ 열매

🌱 종자

- 종자채종: 8~9월
- 종자저장: 2~5℃ 저온저장
- 발아처리: 저온저장

🌱 재배와 관리

❶ 파종
- 파종일자: 5~7월
- 파종방법: 종자를 채종하여 즉시 파종하거나 종이에 싸서 저온저장 후 이듬해 봄에 파종
- 온도/습도: 20~25℃ / 60% 이상
- 관수: 겉흙이 마르지 않게 관수
- 시비: 주1회 복합시비
- 발아 소요기간: 5~10일
- 발아율: 60~70%

❷ 분주
- 분주일자: 3~4월
- 분주방법: 뿌리가 억세므로 삽 같은 도구로 절단하여 심음

❸ 정식
- 정식방법: 8cm 포트 3개 이상 정식
- 온도/습도: 20℃ / 70~90% 이상
- 관수: 겉흙이 마르지 않게 관수
- 시비: 주1회 복합시비
- 제초: 상시

❹ 병충해
- 병충해: 병해와 충해에 강함

❺ 생산방식
- 노지: 노지생육 양호
- 컨테이너: 8cm 비닐포트 재배

🚚 유통

- 출하시기: 8cm 포트 정식 후 1달 이후 출하
- 출하단가: 물가자료(8cm: 1,000원, 8cm 망사포트: 1,000원, 10cm 망사포트: 1,200원), 조달청(8cm 망사포트: 1,000원), 나라장터쇼핑몰(8cm: 370원)
- 유통경로: 조경회사, 공공기관, 소매

▲ 연못가에 식재하여 관상효과

▲ 습지 경계부 식재

▲ 열식하여 경관 향상

▲ 연못가에 일렬로 식재하여 관상효과

30 초롱꽃과(Campanulaceae)
섬초롱꽃

- 학명 : *Campanula takesimana* Nakai
- 분포 : 울릉도
- 서식지 : 바닷가 풀밭

1월	2월	3월	4월	5월	6월	7월	8월	9월	10월	11월	12월
							종자채종				
		파종									
			정식								

🌳 생태적 특성

여러해살이풀로 해안지대의 풀밭에서 자라며, 근경이나 종
자로 번식한다. 높이 50cm 내외이며 원줄기는 가지가 갈라
지고 능선이 있으며 털이 적다. 근생엽은 잎자루가 길고 모
여난다. 경생엽은 잎자루가 없고 길이 4~8cm, 너비 1.5~
4cm의 난상 심장형으로 가장자리에 거친 톱니가 있다. 꽃
은 6~8월에 아래로 향하여 달리는데, 연한 자주색 또는 흰
색으로 바탕에 짙은 색의 반점이 있다.

▲ 잎

🌱 생육상토

배수성이 좋고 약간 척박한 토양에서 잘 자라며, 토양을 가
리지 않는다.

▲ 꽃

🌱 종자

- 종자채종: 꽃잎이 지고 과피가 갈변하여 종자가 완숙하는 8~9월
- 종자저장: 2~5℃ 저온저장
- 발아처리: 저온저장

🌱 재배와 관리

❶ 파종
- 파종일자: 3~6월
- 파종방법: 미세종자여서 고운 모래와 적당히 혼합하여 파종기로 200~406구 트레이에 파종
- 온도/습도: 20~25℃ / 60% 이상
- 관수: 겉흙이 마르지 않게 관수
- 시비: 육묘시기에는 발근제, 살균제 살포
- 발아 소요기간: 7~15일
- 발아율: 약 70%

❷ 정식
- 정식방법: 4~9월 8cm 포트 정식
- 온도/습도: 25~30℃ / 60% 이상
- 관수: 겉흙이 마르지 않게 관수
- 시비: 생육 초기 유안시비, 생육 중기 복합시비
- 제초: 상시

❸ 병충해
- 병충해: 탄저병
- 방제법: 고온다습한 장마철 지제부에 탄저병의 피해가 우려되므로 주기적으로 살균제 살포

❹ 생산방식
- 노지: 노지생육 양호
- 컨테이너: 8cm 포트 재배

🌱 유통

- 출하시기: 8cm 포트 정식 후 2달 이후 출하
- 출하단가: 물가자료(-), 조달청(-), 나라장터쇼핑몰(10cm: 540원)
- 유통경로: 조경회사, 공공기관, 소매

▲ 경계부의 지피식물로 이용

▲ 군식하여 경관 향상

▲ 군식하여 경관 향상

▲ 군식하여 경관 향상

31 국화과(Compositae)
쑥부쟁이

- 학명 : *Aster yomena* (Kitam.) Honda
- 분포 : 한국, 일본, 중국, 시베리아
- 서식지 : 습기가 약간 있는 산과 들

1월	2월	3월	4월	5월	6월	7월	8월	9월	10월	11월	12월
								종자채종			
		파종									
		정식									

🌳 생태적 특성

여러해살이풀로 습기가 있는 산과 들에서 자라며, 근경이
나 종자로 번식한다. 줄기는 40~80cm이며, 가지가 갈라
진다. 잎은 4~8cm의 피침형이고 가장자리에 굵은 톱니
가 있다. 꽃은 7~10월에 피는데 지름 2.5cm 정도의 두상화
로 연한 자주색을 띠고, 통상화는 황색이다. 수과는 길이
2.5mm, 관모는 0.5mm 정도이며, 가지는 굵은 편이다.

🌱 생육상토

유기질이 많이 함유된 퇴비나 원예용 상토를 사용하는 것
이 좋다.

▲ 잎

▲ 꽃

🌰 종자

- 종자채종: 꽃잎이 지고 꽃봉오리가 갈변하여 완숙하는 9~10월
- 종자저장: 2~5℃ 저온저장
- 발아처리: 저온저장

🌱 재배와 관리

❶ 파종
- 파종일자: 3~9월
- 파종방법: 파종기를 이용하여 200~406구 트레이에 파종
- 온도/습도: 20~25℃ / 60% 이상
- 관수: 겉흙이 마르지 않게 관수
- 시비: 육묘시기에는 발근제, 살균제 살포
- 발아 소요기간: 7~14일
- 발아율: 약 80%

❷ 정식
- 정식방법: 4~8월 8cm 포트 정식
- 온도/습도: 20~25℃ / 60% 이상
- 관수: 겉흙이 마르지 않게 관수
- 시비: 생육 초기 유안시비, 생육 중기 복합시비
- 제초: 상시

❸ 병충해
- 병충해: 잘록병
- 방제법: 주기적으로 살균제 살포

❹ 생산방식
- 노지: 노지생육 양호
- 컨테이너: 8cm 포트 재배

🚚 유통

- 출하시기: 8cm 포트 정식 후 2달 이후 출하
- 출하단가: 물가자료(8cm: 1,000원), 조달청(8cm: 1,000원), 나라장터쇼핑몰(8cm: 630원)
- 유통경로: 조경회사, 공공기관, 소매

▲ 군식하여 경관 향상

▲ 군식하여 경관 향상

▲ 군식하여 경관 향상

▲ 군식하여 경관 향상

32 범의귀과(Saxifragaceae)
바위취

- 학명 : *Saxifraga stolonifera* Meerb.
- 분포 : 한국, 일본
- 서식지 : 그늘지고 축축한 땅

1월	2월	3월	4월	5월	6월	7월	8월	9월	10월	11월	12월
						분주					

🌳 생태적 특성

늘푸른 여러해살이풀로 그늘지고 습한 곳에서 자라며, 근
경이나 종자로 번식한다. 줄기는 높이 60cm 정도이고 전체
에 긴 털이 있으며, 근경은 짧고 줄기는 홍자색이다. 잎은
녹색에 연한 무늬가 있고 뒷면은 진한 붉은색이며, 잎자루
는 길고 길이는 3~5cm이다. 5월에 흰 꽃이 피는데 꽃대는
높이 20~40cm로서 곧게 서며, 길이는 10~20cm이고 홍자
색의 짧은 선모가 있다. 열매는 7~8월에 달리고 길이 4~
5mm로 원형이며, 종자는 난형이다.

▲ 잎

🌱 생육상토

비옥도가 높고 배수가 좋은 토양에서 잘 자라며, 파종 용토
는 원예용 상토를 사용하는 것이 좋다.

▲ 꽃

🌱 재배와 관리

❶ 분주
- 분주일자: 3~9월
- 분주방법: 바위취는 자묘가 나오므로 이를 포트나 노지에 받으면 뿌리를 내리며, 뿌리가 내린 후 자묘 줄을 잘라주면 번식이 잘됨
- 온도/습도: 20~25℃ / 60% 이상
- 관수: 내습성이 강하므로 관수는 표토의 건조 정도를 보고 결정

❷ 정식
- 정식방법: 8cm 포트 정식
- 온도/습도: 20~25℃ / 60% 이상
- 관수: 겉흙이 마르지 않게 관수
- 시비: 생육 초기 유안시비, 생육 중기 복합시비
- 제초: 상시

❸ 병충해
- 병충해: 뿌리썩음병
- 방제법: 살균제 살포

❹ 생산방식
- 노지: 노지재배 적합하지 않음
- 컨테이너: 8cm 포트 재배

🚚 유통

- 출하시기: 8cm 포트 정식 후 2달 이후 출하
- 출하단가: 물가자료(8cm: 1,200원), 조달청(-), 나라장터쇼핑몰(8cm: 460원)
- 유통경로: 조경회사, 공공기관, 소매

▲ 군식하여 암석원 조성에 이용

▲ 군식하여 경관 향상

▲ 지피식물로 이용

▲ 조경용 지피식물로 이용

33 부처꽃과(Lythraceae)
부처꽃

- **학명** : *Lythrum anceps* (Koehne) Makino
- **분포** : 한국, 일본
- **서식지** : 냇가, 초원 등의 습지

1월	2월	3월	4월	5월	6월	7월	8월	9월	10월	11월	12월
							종자채종				
		파종									
		정식									

🌳 생태적 특성

여러해살이풀로 산야의 습지에서 자라며, 근경이나 종자로
번식한다. 줄기는 높이 60~120cm이며, 가지가 많이 갈라
지고 전체에 털이 거의 없다. 잎은 마주나고 잎자루가 없으
며, 끝이 뾰족한 피침형으로 가장자리는 밋밋하다. 6~8월
에 잎겨드랑이에서 3~5개의 꽃이 취산상으로 달리고 색은
홍자색이다. 삭과는 난형이고 꽃받침통 안에 있다.

▲ 잎

🛠 생육상토

습기가 많은 토양에서 잘 자라며, 토양을 가리지 않는 편
이다.

▲ 꽃

🌱 종자

- 종자채종: 꽃봉오리가 갈변하여 종자가 완숙하는 8~9월
- 종자저장: 2~5℃ 저온저장
- 발아처리: 저온저장

🫱 재배와 관리

❶ 파종

- 파종일자: 3~9월
- 파종방법: 미세종자이므로 고운 모래와 적당량 혼합하여 파종기로 200~406구 트레이에 파종
- 온도/습도: 20~25℃ / 70% 이상
- 관수: 겉흙이 마르지 않게 관수
- 시비: 육묘시기에는 발근제, 살균제 살포
- 발아 소요기간: 7~15일
- 발아율: 약 90%

❷ 정식

- 정식방법: 4~9월 8cm 포트 정식
- 온도/습도: 20~33℃ / 70% 이상
- 관수: 겉흙이 마르지 않게 관수
- 시비: 생육 초기 유안시비, 생육 중기 복합시비
- 제초: 상시

❸ 병충해

- 병충해: 병해와 충해에 강함

❹ 생산방식

- 노지: 노지생육 양호
- 컨테이너: 8cm 포트 재배

🚚 유통

- 출하시기: 8cm 포트 정식 후 2달 이후 출하
- 출하단가: 물가자료(8cm: 1,000원, 8cm 망사포트: 1,000원, 10cm 망사포트: 1,200원), 조달청(8cm: 1,000원), 나라장 터쇼핑몰(8cm: 400원)
- 유통경로: 조경회사, 공공기관, 소매

▲ 연못가에 식재하여 관상효과

▲ 연못가에 식재하여 관상효과

▲ 조경용 지피식물로 이용

▲ 연못가에 식재하여 관상효과

34 백합과(Liliaceae)
좀비비추

- 학명 : *Hosta minor* (Baker) Nakai
- 분포 : 한국(제주), 일본
- 서식지 : 산속 습지

1월	2월	3월	4월	5월	6월	7월	8월	9월	10월	11월	12월
								종자채종			
			파종								

 생태적 특성

여러해살이풀로 산속의 습지에서 자라며, 근경이나 종자로 번식한다. 잎 사이에서 나오는 화경은 높이 30~60cm 이다. 땅속의 줄기는 짧으며, 끈 모양의 수염뿌리는 모여난다. 잎자루는 길며 잎몸은 길이 10~13cm, 너비 8~9cm로 난형 또는 타원형이다. 잎에는 8~9개의 맥이 있고 가장자리가 밋밋하며, 조금 우글쭈글하다. 7~8월에 연한 자주색 꽃이 화경 끝에 한쪽으로 치우쳐서 총상으로 달리며, 길이는 4cm 정도이다. 삭과는 비스듬히 서고 긴 타원형이다.

생육상토

물빠짐이 좋으며 약간 척박한 토양이 좋다. 너무 습하면 식물체가 도장하므로 유의한다.

▲ 잎

▲ 꽃

🌱 종자

- 종자채종: 9~10월
- 종자저장: 2~5℃ 저온저장
- 발아처리: 저온저장

🌿 재배와 관리

❶ 파종
- 파종일자: 4~5월
- 파종방법: 상토에 흩어뿌림
- 온도/습도: 야간 15℃ 이상 / 60% 이상
- 관수: 1~2일에 1번 관수
- 시비: 주1회 복합시비
- 발아 소요기간: 10~20일
- 발아율: 60~70%

❷ 정식
- 정식방법: 8cm 포트 2~3개 정식
- 온도/습도: 야간 15℃ 이상 / 60% 이상
- 관수: 1~2일에 1번 관수
- 시비: 주1회 복합시비
- 제초: 상시

❸ 병충해
- 병충해: 잘록병
- 방제법: 주기적으로 살균제 살포

❹ 생산방식
- 노지: 노지생육 양호, 반그늘
- 컨테이너: 8cm 포트 재배

🚚 유통

- 출하시기: 8cm 포트 정식 후 3달 이후 출하
- 출하단가: 물가자료(-), 조달청(-), 나라장터쇼핑몰(-)
- 유통경로: 조경회사, 공공기관, 소매

▲ 지피식물로 이용

▲ 군식하여 경관 향상

▲ 교목 하부 지피식물로 군식

35 현호색과(Fumariaceae)
금낭화

- **학명** : *Dicentra spectabilis* (L.) Lem.
- **분포** : 중국, 한국(설악산)
- **서식지** : 산지의 돌무덤, 계곡

1월	2월	3월	4월	5월	6월	7월	8월	9월	10월	11월	12월
					종자채종						
			파종								

🌳 생태적 특성

여러해살이풀로 깊은 산 계곡 근처에 자라며, 근경이나 종
자로 번식한다. 원줄기는 모여나며 40~60cm 높이로 곧게
서고, 전체가 분백색으로 줄기가 연하고 갈라지기도 한다.
잎은 잎자루가 길고 3개씩 2회 갈라지며, 소엽은 길이 3~
6cm이고 3~5개로 깊게 갈라진다. 꽃은 연한 홍색으로 5~
6월에 피며, 총상꽃차례에 한쪽으로 치우쳐서 줄기 끝에 주
렁주렁 달린다. 바깥쪽 2개의 꽃잎은 기부에 포가 있다.

🔨 생육상토

비옥하고 통기성이 좋은 곳에서 자라며, 습기는 필요하나
과다하면 뿌리가 부식되기 쉬우므로 주의한다.

▲ 잎

▲ 꽃

278

🌰 종자

- 종자채종: 6~7월
- 종자저장: 2~5℃ 저온저장
- 발아처리: 흐르는 물에 3일 동안 침지

🤲 재배와 관리

❶ 파종

- 파종일자: 채종 즉시 파종 또는 냉동저장 시 4~5월에 파종
- 파종방법: 배수가 잘되는 모래, 마사토에 흩어뿌림. 발아가 불규칙하여 2~3년 뒤에 발아되기도 함
- 온도/습도: 야간 14℃ 이상 / 70% 이상
- 관수: 1~2일에 1번 관수
- 시비: 주1회 복합시비
- 발아 소요기간: 20~40일
- 발아율: 약 50%

❷ 정식

- 정식방법: 10cm 포트 정식
- 온도/습도: 야간 14℃ 이상 / 70% 이상
- 관수: 1~2일에 1번 관수
- 시비: 주1회 복합시비
- 제초: 상시

❸ 병충해

- 병충해: 잘록병
- 방제법: 고온다습한 여름철 뿌리썩음병이 발생할 우려가 있으므로 살균제를 주기적으로 살포

❹ 생산방식

- 노지: 노지재배 적합하지 않음
- 컨테이너: 10cm 포트 재배

🚚 유통

- 출하시기: 10cm 포트 정식 후 3달 이후 출하
- 출하단가: 물가자료(10cm: 1,300원), 조달청(-), 나라장터쇼핑몰(10cm: 980원)
- 유통경로: 조경회사, 공공기관, 소매

▲ 연못 주변에 식재

▲ 연못 주변에 식재

▲ 교목 하부에 식재하여 관상효과

▲ 군식하여 경관 향상

36 석죽과(Caryophyllaceae)
패랭이꽃

- **학명** : *Dianthus chinensis* L.
- **분포** : 한국, 중국
- **서식지** : 낮은 지대의 건조한 곳

1월	2월	3월	4월	5월	6월	7월	8월	9월	10월	11월	12월
							종자채종				
			파종								
		정식									

🌲 생태적 특성

여러해살이풀로 산 가장자리나 들의 건조한 곳에서 자라며, 근경이나 종자로 번식한다. 원줄기는 높이 20~40cm로 곧게 서며, 가지가 갈라지고 분백색을 띤다. 잎은 마주나며 선형 또는 피침형으로 끝이 뾰족하고, 밑부분에서 합쳐져서 원줄기를 둘러싸고 가장자리는 밋밋하다. 6~8월에 진분홍색 또는 홍색의 꽃이 줄기 끝에 1~3송이씩 달린다. 꽃받침 아래의 포는 4장이며, 꽃잎은 5장이다.

🔧 생육상토

pH 6.5 정도로 배수가 잘되고 부식질이 많은 점질양토에서 잘 자라며, 척박한 토양에서도 잘 자란다.

▲ 잎

▲ 꽃

🖊 종자

- 종자채종: 꽃봉오리가 벌어지고 갈변하여 종자가 완숙하는 8~9월
- 종자저장: 2~5℃ 저온저장
- 발아처리: 저온저장

🧤 재배와 관리

❶ 파종
- 파종일자: 3~6월
- 파종방법: 파종기를 이용하여 200~406구 트레이에 파종
- 온도/습도: 20~25℃ / 70% 이상
- 관수: 겉흙이 마르지 않게 관수
- 시비: 육묘시기에는 발근제, 살균제 살포
- 발아 소요기간: 5~17일
- 발아율: 약 80%

❷ 정식
- 정식방법: 4~7월 8cm 포트 정식
- 온도/습도: 20~33℃ / 70% 이상
- 관수: 겉흙이 마르지 않게 관수
- 시비: 생육 초기 유안시비, 생육 중기 복합시비
- 제초: 상시

❸ 병충해
- 병충해: 잎마름병, 뿌리썩음병
- 방제법: 초기에 살충제나 살비제를 살포하여 방제

❹ 생산방식
- 노지: 노지생육 양호
- 컨테이너: 8cm 포트 재배

🚚 유통

- 출하시기: 8cm 포트 정식 후 2달 이후 출하
- 출하단가: 물가자료(8cm: 1,000원), 조달청(8cm: 1,000원), 나라장터쇼핑몰(8cm: 470원)
- 유통경로: 조경회사, 공공기관, 소매

▲ 경계부의 지피식물로 이용

▲ 군식하여 경관 향상

▲ 경계부의 지피식물로 이용

▲ 지피식물로 이용

37 미나리아재비과(Ranunculaceae)
동의나물

- **학명** : *Caltha palustris* L.
- **분포** : 전국
- **서식지** : 산지의 습지

1월	2월	3월	4월	5월	6월	7월	8월	9월	10월	11월	12월
					종자채종						
					파종						

🌲 생태적 특성

여러해살이풀로 산지의 습지나 물가에서 서식하며, 근경이
나 종자로 번식한다. 뿌리의 색깔은 흰색이며, 수염뿌리가
많이 난다. 줄기는 40~80cm이고, 털이 없으며, 가지가 갈
라진다. 근생엽은 위로 올라갈수록 잎자루가 짧아지고, 잎
몸은 길이와 너비가 각각 5~10cm 크기의 심장형이다. 4~
5월에 노란색 또는 황백색의 꽃이 핀다. 골돌과는 4~16개이
고, 길이 1cm 정도이며, 끝에 1~2mm의 암술대가 있다.

🔨 생육상토

보습성이 양호한 식양토를 선호하며, 비옥하고 습한 토양
에서도 잘 자란다.

▲ 잎

▲ 꽃

🍃 종자

- 종자채종: 6~7월
- 종자저장: 채종 즉시 파종

👤 재배와 관리

❶ 파종

- 파종일자: 6~7월
- 파종방법: 6~7월에 채종 즉시 파종
- 온도/습도: 야간 16℃ 이상 / 70% 이상
- 관수: 겉흙이 마르지 않게 관수
- 시비: 주1회 복합시비
- 발아 소요기간: 15~30일
- 발아율: 60~80%

❷ 정식

- 정식방법: 10cm 포트 정식
- 온도/습도: 야간 16℃ 이상 / 70% 이상
- 관수: 겉흙이 마르지 않게 관수
- 시비: 주1회 복합시비
- 제초: 상시

❸ 병충해

- 병충해: 점박이병
- 방제법: 여름철 주1회 살균제 살포

❹ 생산방식

- 노지: 노지생육 양호
- 컨테이너: 10cm 포트 재배

🚚 유통

- 출하시기: 10cm 포트 정식 후 3달 이후 출하
- 출하단가: 물가자료(10cm: 2,000원), 조달청(-), 나라장터쇼
  핑몰(10cm: 670원)
- 유통경로: 조경회사, 공공기관, 소매

▲ 연못가에 식재하여 관상효과

▲ 연못가에 식재하여 관상효과

▲ 연못가에 일렬로 식재하여 관상효과

▲ 못 주변에 식재

무늬둥굴레

- **학명** : *Polygonatum odoratum* var. *pluriflorum* f. *variegatum* Y. N. Lee
- **분포** : 전국 각지
- **서식지** : 산과 들

1월	2월	3월	4월	5월	6월	7월	8월	9월	10월	11월	12월
		분주									
		근삽									

🌲 생태적 특성

여러해살이풀로 산이나 들에서 자라며, 근경이나 종자로
번식한다. 굵은 육질의 근경은 점질이고 옆으로 뻗으며, 줄
기의 높이는 30~60cm로 6개의 능각이 있고 끝이 처진다.
잎은 한쪽으로 치우쳐서 퍼지며, 길이 5~10cm, 너비 2~
5cm의 긴 타원형으로 잎자루가 없다. 잎 끝과 주변에 옅은
무늬가 있다. 5~8월에 종 모양의 흰 꽃이 1~2송이씩 잎겨
드랑이에 매달려 피는데, 꽃의 밑부분은 녹색이다. 소화경
은 밑부분이 합쳐져서 화경이 된다. 열매는 장과이며, 둥근
모양으로 검게 익는다.

▲ 잎

⛏ 생육상토

마사토 또는 산흙과 같은 토양이나 원예용 상토를 사용하
는 것이 좋다.

▲ 꽃

🌰 종자

- 종자채종: 본밭에서 뿌리를 수확해 눈을 보이게 자름
- 종자저장: 마르지 않게 저장

🍃 재배와 관리

❶ 분주
- 분주일자: 3~4월
- 분주방법: 밭에서 캐서 촉을 나눔
- 온도/습도: 야간 5℃ 이상 / 약 70%
- 관수: 겉흙이 마르지 않게 관수
- 시비: 주1회 복합시비

❷ 근삽
- 근삽일자: 3~4월
- 근삽방법: 1개의 눈을 포함하여 5cm 길이로 잘라서 삽목
- 온도/습도: 20~25℃ / 70% 이상
- 관수: 겉흙이 마르지 않게 관수
- 시비: 안정기에 들어서면 발근제, 살균제 살포

❸ 정식
- 정식방법: 10cm 포트 정식
- 온도/습도: 20~25℃ / 습도 70% 이상
- 관수: 겉흙이 마르지 않게 관수
- 시비: 생육 초기 유안시비, 생육 중기 복합시비
- 제초: 상시

❹ 병충해
- 병충해: 병해와 충해에 강함

❺ 생산방식
- 노지: 노지재배 적합하지 않음
- 컨테이너: 10cm 포트 재배

🚚 유통

- 출하시기: 10cm 포트 정식 후 2달 이후 출하
- 출하단가: 물가자료(10cm: 2,200원), 조달청(-), 나라장터쇼핑몰(10cm: 950원)
- 유통경로: 조경회사, 공공기관, 소매

▲ 군식하여 관상효과

▲ 군식하여 관상효과

▲ 군식하여 관상효과

▲ 교목 하부 지피용으로 군식

39 꿀풀과(Labiatae)

섬백리향

- 학명 : *Thymus quinquecostatus* var. *japonicus* H. Hara
- 분포 : 한국(경북)
- 서식지 : 바닷가의 바위가 많은 곳

1월	2월	3월	4월	5월	6월	7월	8월	9월	10월	11월	12월
		삽목						삽목			
			정식								

🌲 생태적 특성

낙엽활엽 소관목으로 높은 산의 바위나 바닷가에서 자라며, 근경이나 종자로 번식한다. 줄기는 높이 10~20cm이며 가지가 많이 갈라지고 옆으로 퍼진다. 잎은 길이 5~12mm, 너비 3~8mm의 난상 타원형이며, 가장자리에 톱니가 없고 털이 약간 있다. 5~7월에 홍자색 꽃이 피는데, 잎겨드랑이에 2~4개의 꽃이 달리지만 가지 끝부분에서 모여나므로 짧은 총상으로 보인다. 열매는 소견과로 둥글고 검붉은색으로 익는다.

🪴 생육상토

일반토양과 원예용 상토를 6:4의 비율로 섞어 사용하는 것이 좋다.

▲ 잎

▲ 꽃

🌱 재배와 관리

❶ 삽목
- 삽목일자: 3~4월, 9~10월
- 삽목방법: 삽수를 200구 트레이에 삽목
- 온도/습도: 20~25℃ / 80% 이상
- 관수: 겉흙이 마르지 않게 관수
- 시비: 삽목 안정기에 접어들면 발근제, 살균제를 살포

❷ 정식
- 정식방법: 4~10월 8cm 포트 정식
- 온도/습도: 20~33℃ / 80% 이상
- 관수: 겉흙이 마르지 않게 관수
- 시비: 생육 초기 유안시비, 생육 중기 복합시비
- 제초: 상시

❸ 병충해
- 병충해: 병해와 충해에 강함

❹ 생산방식
- 노지: 노지생육 양호
- 컨테이너: 8cm 포트 재배

🚚 유통

- 출하시기: 8cm 포트 정식 후 2달 이후 출하
- 출하단가: 물가자료(-), 조달청(-), 나라장터쇼핑몰(8cm: 540원)
- 유통경로: 조경회사, 공공기관, 소매

▲ 열식하여 경관 향상

▲ 열식하여 경관 향상

▲ 군식하여 암석원 조성에 이용

▲ 군식하여 암석원 조성에 이용

40 백합과(Liliaceae)
일월비비추

- **학명** : *Hosta capitata* (Koidz.) Nakai
- **분포** : 한국, 일본
- **서식지** : 석회암 지대

1월	2월	3월	4월	5월	6월	7월	8월	9월	10월	11월	12월
								종자채종	종자채종		
			파종	파종	파종						
			정식	정식	정식						

🌲 생태적 특성

여러해살이풀로 석회암 지대나 산속의 습지에서 자라며, 근경이나 종자로 번식한다. 화경은 높이 40~60cm이다. 잎자루는 길고 아랫부분에 자주색 점이 있다. 잎몸은 길이 10~15cm, 너비 5~7cm로 넓은 난형이며, 가장자리가 물결 모양이다. 8~9월에 자줏빛이 도는 꽃이 피는데, 포는 2cm 내외의 타원형이고 여러 개의 꽃이 화경 끝에 두상꽃차례로 달린다. 삭과는 2~3cm이며, 종자는 9mm 정도의 긴 타원형으로 납작하고 검은색의 날개가 있다.

⚒ 생육상토

배수가 잘되고 보습력이 높은 곳을 좋아하며, 특별히 토양을 가리지 않고 잘 자란다.

▲ 잎

▲ 꽃

🖋 종자

- 종자채종: 과피가 벌어지고 종자가 검은색을 띠는 9~10월
- 종자저장: 2~5℃ 저온저장
- 발아처리: 물속에 3~5일 정도 침지

🌱 재배와 관리

❶ 파종
- 파종일자: 3~6월
- 파종방법: 종자에 붙은 날개를 비벼 제거한 후 정선하여 200~406구 트레이에 파종기를 이용하여 파종
- 온도/습도: 20~25℃ / 60% 이상
- 관수: 겉흙이 마르지 않게 관수
- 시비: 육묘시기에는 발근제, 살균제 살포
- 발아 소요기간: 14~21일
- 발아율: 60~70%

❷ 정식
- 정식방법: 4~7월 8cm 포트 정식
- 온도/습도: 20~33℃ / 60% 이상
- 관수: 겉흙이 마르지 않게 관수
- 시비: 생육 초기 유안시비, 생육 중기 복합시비
- 제초: 상시

❸ 병충해
- 병충해: 잘록병
- 방제법: 주기적으로 살균제 살포

❹ 생산방식
- 노지: 노지생육 양호
- 컨테이너: 8cm 포트 재배

🚚 유통

- 출하시기: 8cm 포트 정식 후 2달 이후 출하
- 출하단가: 물가자료(-), 조달청(-), 나라장터쇼핑몰(10cm: 720원)
- 유통경로: 조경회사, 공공기관, 소매

▲ 군식하여 경관 향상

▲ 교목 하부에 식재하여 관상효과

▲ 군식하여 암석원 조성에 이용

▲ 지피식물로 이용

땅채송화

- **학명** : *Sedum oryzifolium* Makino
- **분포** : 한국(제주·경남·울릉도·충남)
- **서식지** : 바닷가의 바위 위

1월	2월	3월	4월	5월	6월	7월	8월	9월	10월	11월	12월
								종자채종			
			파종					파종			
			삽목					삽목			

🌲 생태적 특성

여러해살이풀로 근경이나 종자로 번식하며, 주로 바위 위에 서식한다. 줄기는 옆으로 뻗어 나가며, 가지가 나오고 곧게 선다. 잎은 어긋나고 길이가 3~6mm이며, 원기둥 모양의 도란형 또는 타원형으로 끝이 둥글다. 꽃은 노란색으로 5~7월에 가지 끝에 달리며, 원줄기 끝에는 달리지 않는다. 꽃받침은 난상 타원형이며, 끝이 둥근 모양이다. 꽃잎은 넓은 피침형으로 끝이 뾰족하다.

🔨 생육상토

배수가 잘되는 사질토에서 잘 자라며, 척박한 토양에서도 재배가 가능하다.

▲ 잎

▲ 꽃

🥚 종자

- 종자채종: 8~9월
- 종자저장: 2~5℃ 저온저장
- 발아처리: 저온저장

🌱 재배와 관리

❶ 파종
- 파종일자: 4~5월, 8~9월
- 파종방법: 파종과 삽목 모두 잘됨
- 온도/습도: 14℃ 이상 / 60~80% 이상
- 관수: 2~3일에 1번 관수
- 시비: 주1회 복합시비
- 발아 소요기간: 20~30일
- 발아율: 70% 이상

❷ 삽목
- 삽목일자: 4~5월, 8~9월
- 삽목방법: 파종과 삽목 모두 잘됨
- 온도/습도: 14℃ 이상 / 60~80% 이상
- 관수: 2~3일에 1번 관수
- 시비: 주1회 복합시비
- 발근 소요기간: 20~30일
- 발근율: 70% 이상

❸ 정식
- 정식방법: 8cm 포트 재배
- 온도/습도: 14℃ 이상 / 60~80% 이상
- 관수: 2~3일에 1번 관수
- 시비: 주1회 복합시비
- 제초: 상시

❹ 병충해
- 병충해: 잿빛곰팡이병
- 방제법: 살균제 살포하고 전정을 하여 초장을
  짧게 관리

❺ 생산방식
- 노지: 노지생육 양호
- 컨테이너: 8cm 포트 재배

▲ 군식하여 암석원 조성에 이용

▲ 군식하여 경관 향상

▲ 지피식물로 이용

🚚 유통

- 출하시기: 8cm 포트 정식 후 2달 이후 출하
- 출하단가: 물가자료(8cm: 1,500원), 조달청(-),
  나라장터쇼핑몰(8cm: 490원)
- 유통경로: 조경회사, 공공기관, 소매

42 돌나물과(Crassulaceae)
돌나물

- 학명 : *Sedum sarmentosum* Bunge
- 분포 : 한국(전역)
- 서식지 : 산과 들의 습지

1월	2월	3월	4월	5월	6월	7월	8월	9월	10월	11월	12월
				삽목							
				정식							

🌳 생태적 특성

여러해살이풀로 근경이나 종자로 번식하며, 산골짜기나 들의 습기가 있는 곳에 서식한다. 줄기는 가지가 많이 갈라져서 땅위로 뻗어 가며, 마디에서 뿌리가 난다. 3개씩 돌려나는 잎은 길이 7~25mm이며, 너비 3~6mm의 긴 타원형 또는 피침형이다. 잎자루는 없으며, 가장자리에 톱니가 없고 분백색을 띤다. 5~6월에 노란 꽃이 취산꽃차례로 달린다.

▲ 잎

🔨 생육상토

보습성과 통기성이 좋은 사질양토에 재배하는 것이 좋으며, 유기질 부엽토를 섞어 사용하면 생육이 좋다.

▲ 꽃

🪴 재배와 관리

❶ 삽목
- 삽목일자: 5~6월 삽수를 채취
- 삽목방법: 용토가 담긴 포트에 5cm 길이의 삽수를 꽂음
- 온도/습도: 14℃ 이상 / 60~80%
- 관수: 2~3일에 1번 관수
- 시비: 주1회 복합시비
- 발근 소요기간: 20~30일
- 발근율: 약 70%

❷ 정식
- 정식방법: 5~6월 8cm 포트 즉삽
- 온도/습도: 20~33℃ / 80% 이상
- 관수: 겉흙이 마르지 않게 관수
- 시비: 생육 초기 유안시비, 생육 중기 복합시비
- 제초: 상시

❸ 병충해
- 병충해: 잿빛곰팡이병
- 방제법: 살균제 살포하고 전정을 하여 초장을 짧게 관리하여 방제

❹ 생산방식
- 노지: 노지생육 양호
- 컨테이너: 8cm 포트 재배

🚚 유통

- 출하시기: 8cm 포트 정식 후 2달 이후 출하
- 출하단가: 물가자료(8cm: 1,200원), 조달청(-), 나라장터쇼핑몰(8cm: 490원)
- 유통경로: 조경회사, 공공기관, 소매

▲ 군식하여 암석원 조성에 이용

▲ 지피식물로 이용

▲ 군식하여 경관 향상

▲ 지피식물로 이용

인동

- **학명** : *Lonicera japonica* Thunb.
- **분포** : 한국, 일본, 중국
- **서식지** : 산과 들의 양지바른 곳

1월	2월	3월	4월	5월	6월	7월	8월	9월	10월	11월	12월
		삽목									
			정식								

🌳 생태적 특성

덩굴성 낙엽관목으로 산과 들의 양지바른 곳에 자란다. 키
는 2~4m로 자라며, 줄기는 오른쪽으로 감기고 털이 있다.
잎은 마주나고 긴 타원형 또는 넓은 피침형이며, 길이 3~
8cm, 너비 1~3cm로 가장자리에 톱니가 없고 잔털이 나 있
다. 어린잎은 양면에 잔털이 있지만 자라면 없어지거나 뒷
면에 일부 남아 있다. 잎자루는 길이 5mm로 털이 있다. 꽃
은 6~7월에 피는데 흰색에서 노란색으로 변하며, 잎겨드랑
이에 1~2송이씩 달린다. 열매는 둥근 모양이며, 9~10월에
검은색으로 익는다.

▲ 잎

🌱 생육상토

척박하고 건조한 사질양토 또는 모래토양에서 잘 자란다.
주로 일반토양과 상토를 5:4의 비율로 혼합하여 사용한다.

▲ 꽃

🌱 재배와 관리

❶ 삽목

- 삽목일자: 3~4월
- 삽목방법: 준비된 삽수를 200구 트레이에 삽목
- 온도/습도: 20~25℃ 이상 / 70% 이상
- 관수: 2~3일에 1번 관수
- 시비: 주1회 복합시비
- 발근 소요기간: 30~40일
- 발근율: 70% 이상

❷ 정식

- 정식방법: 4~6월 8cm 포트 정식
- 온도/습도: 20~33℃ / 70% 이상
- 관수: 겉흙이 마르지 않게 관수
- 시비: 생육 초기 유안시비, 생육 중기 복합시비
- 제초: 상시

❸ 병충해

- 병충해: 잿빛곰팡이병, 뿌리썩음병
- 방제법: 주기적으로 살균제 살포

❹ 생산방식

- 노지: 반음지
- 컨테이너: 8cm 포트 재배

🚚 유통

- 출하시기: 지상부가 규격(30~60cm)에 맞고 뿌리 생육이 좋을 때 출하
- 출하단가: 물가자료(L=0.4: 2,300원), 조달청(-), 나라장터쇼핑몰(8cm: 560원)
- 유통경로: 조경회사, 공공기관, 소매

▲ 담장 녹화용으로 이용

▲ 붉은인동 담장 녹화용으로 이용

▲ 붉은인동 담장 녹화용으로 이용

▲ 붉은인동 장식효과

44 사초과(Cyperaceae)
매자기

- 학명 : *Scirpus maritimus* L.
- 분포 : 한국, 일본, 타이완, 중국
- 서식지 : 연못가나 늪

1월	2월	3월	4월	5월	6월	7월	8월	9월	10월	11월	12월
							종자채종				
						파종					

🌳 생태적 특성

여러해살이풀로 해안지방의 수로나 연못가에서 잘 자라며, 괴경이나 종자로 번식한다. 지하경이 있으며, 괴경은 지름 3~4cm이다. 화경은 높이 80~160cm의 삼각기둥으로 3~5개의 마디가 있다. 꽃은 8~9월에 줄기 끝에 산방상으로 피는데, 작은 이삭은 1~4개이며, 9~20mm의 긴 타원형으로 녹색이다. 수과는 2~3mm의 타원형으로 회갈색이다.

🔧 생육상토

마사토 또는 산흙과 같은 토양이나 원예용 상토를 사용하는 것이 좋다.

▲ 잎

▲ 꽃

🌰 종자

- 종자채종: 7~8월
- 종자저장: 0~5℃ 저온저장
- 발아처리: 저온저장

🌱 재배와 관리

❶ 파종
- 파종일자: 7~8월
- 파종방법: 채종 즉시 파종
- 온도/습도: 야간온도 16℃ 이상 / 70% 이상
- 관수: 매일
- 시비: 주1회 복합시비
- 발아 소요기간: 7~15일
- 발아율: 80% 이상

❷ 정식
- 정식방법: 8cm 포트 재배
- 온도/습도: 야간온도 16℃ 이상 / 70% 이상
- 관수: 매일
- 시비: 주1회 복합시비
- 제초: 상시

❸ 병충해
- 병충해: 병해와 충해에 강함

❹ 생산방식
- 노지: 노지생육 양호
- 컨테이너: 8cm 포트 재배

🚚 유통

- 출하시기: 8cm 포트 정식 후 2달 이후 출하
- 출하단가: 물가자료(8cm: 1,200원), 조달청(-), 나라장터쇼핑몰(8cm: 640원)
- 유통경로: 조경회사, 공공기관, 소매

▲ 군식하여 경관 향상

▲ 연못 주변에 식재

▲ 군식하여 경관 향상

▲ 연못가에 일렬로 식재하여 관상효과

45 국화과(Compositae)
개미취

- 학명 : *Aster tataricus* L. F.
- 분포 : 한국, 일본, 중국 북부 및 북동부, 몽골
- 서식지 : 깊은 산속 습지

1월	2월	3월	4월	5월	6월	7월	8월	9월	10월	11월	12월
			파종				파종				
			삽목				삽목				

🌲 생태적 특성

여러해살이풀로 산지나 들의 습지에서 자라며, 근경이나 종자로 번식한다. 근경에서 나오는 줄기는 1~2m 높이로 자라고 가지는 갈라지며 짧은 털이 있다. 근생엽은 길이 40~60cm, 너비 12~14cm이며 가장자리에 파상의 톱니가 있고, 꽃이 필 때쯤 없어진다. 어긋나는 경생엽은 길이 20~30cm, 너비 5~10cm의 타원형으로 가장자리에 톱니가 있다. 8~10월에 산방상 형태의 두상화가 피는데, 지름이 25~33mm이며 색깔은 하늘색이다. 수과는 약 3mm의 도란형으로 털이 있으며, 관모는 약 6mm이다.

▲ 잎

🛠 생육상토

배수가 잘되고 부식질이 많은 사질양토에서 잘 자란다.

▲ 꽃

🖋 종자

- 종자채종: 9월
- 종자저장: 2~5℃ 저온저장
- 발아처리: 저온저장

🌱 재배와 관리

❶ 파종

- 파종일자: 4~5월, 8~9월
- 파종방법: 상토에 흩어뿌림
- 온도/습도: 야간온도 10℃ 이상 / 60% 이상
- 관수: 겉흙이 마르지 않게 관수
- 시비: 주1회 복합시비
- 발아 소요기간: 7~15일
- 발아율: 70~80%

❷ 삽목

- 삽목일자: 4~5월, 8~9월
- 삽목방법: 삽목 가능하나 파종이 효율적임
- 온도/습도: 야간온도 10℃ 이상 / 60% 이상
- 관수: 2~3일에 1번 관수
- 시비: 주1회 복합시비
- 발근 소요기간: 7~15일
- 발근율: 70~80%

❸ 정식

- 정식방법: 8cm 포트 2~3개 정식
- 온도/습도: 야간온도 10℃ 이상 / 60% 이상
- 관수: 2~3일에 1번 관수
- 시비: 주1회 복합시비
- 제초: 상시

❹ 병충해

- 병충해: 잘록병
- 방제법: 주기적으로 살균제 살포

❺ 생산방식

- 노지: 노지생육 양호
- 컨테이너: 8cm 포트 재배

▲ 군식하여 경관 향상

▲ 군식하여 경관 향상

▲ 군식하여 경관 향상

🚚 유통

- 출하시기: 8cm 포트 정식 후 2달 이후 출하
- 출하단가: 물가자료(-), 조달청(-), 나라장터쇼핑몰(8cm: 390원)
- 유통경로: 조경회사, 공공기관, 소매

46 장미과(Rosaceae)
물싸리

- **학명** : *Potentilla fruticosa* var. *rigida* (Wall.) Th. Wolf
- **분포** : 한국(함남 · 함북), 중국, 일본
- **서식지** : 깊은 산의 습지나 바위틈

1월	2월	3월	4월	5월	6월	7월	8월	9월	10월	11월	12월
	삽목										

🌲 생태적 특성

낙엽활엽관목으로 깊은 산의 습지나 바위틈에서 자라며, 줄기의 높이는 1.5m 정도이다. 잎은 어긋나고 우상복엽의 형태이며, 작은 잎은 3~7장으로 타원형 또는 긴 타원형이다. 작은 잎의 길이는 1~2cm로 끝이 뾰족하고 뒷면에 잔털이 있으며, 가장자리에 털이 있다. 꽃은 노란색으로 6~8월에 햇가지 끝이나 잎겨드랑이에 2~3송이씩 달린다. 열매는 수과이며, 난형으로 광택이 나고 긴 털이 퍼져 있다.

⛏ 생육상토

일반토양과 원예용 상토를 6:4의 비율로 섞어 사용하는 것이 좋다.

▲ 잎

▲ 꽃

🌱 재배와 관리

① 삽목
- 삽목일자: 2~3월
- 삽목방법: 눈이 맺힌 가지를 10cm 길이로 잘라 105구 플러그에 삽목
- 온도/습도: 야간온도 5℃ 이상 / 80% 이상
- 관수: 매일
- 시비: 발근 전까지 시비하지 않음
- 발근 소요기간: 30~40일
- 발근율: 70~80%

② 정식
- 정식방법: 10cm 포트 정식
- 온도/습도: 야간온도 19℃ 이상 / 80% 이상
- 관수: 매일
- 시비: 주1회 복합시비
- 제초: 상시

③ 병충해
- 병충해: 병해와 충해에 강함

④ 생산방식
- 노지: 노지재배 적합하지 않음
- 컨테이너: 10cm 포트 재배

🚚 유통

- 출하시기: 10cm 포트 정식 후 2달 이후 출하
- 출하단가: 물가자료(-), 조달청(10cm: 1,200원), 나라장터쇼핑몰(10cm: 810원)
- 유통경로: 조경회사, 공공기관, 소매

▲ 경계부의 지피식물로 이용

▲ 연못 주변에 식재

▲ 군식하여 암석원 조성에 이용

▲ 경계부의 지피식물로 이용

47 국화과(Compositae)
좀개미취

- 학명 : *Aster maackii* Regel
- 분포 : 전국 각지
- 서식지 : 산지의 냇가

1월	2월	3월	4월	5월	6월	7월	8월	9월	10월	11월	12월
								종자			
			파종					파종			
			삽목					삽목			

🌳 생태적 특성

여러해살이풀로 산골짜기 냇가에서 자란다. 키는 30~
70cm이고 줄기에 자주색 줄이 있으며, 가지가 갈라져서 산
방상으로 된다. 근생엽은 꽃이 필 때 없어지며, 잎은 피침
형으로 끝이 뾰족해지고 길이 6.5~9cm, 너비 1~3cm이
다. 잎의 양면에 잔털이 있으며, 가장자리에 톱니가 있다.
8~9월에 자주색 꽃이 줄기 끝에 달리며, 두상화는 지름 3
~4cm이다. 포는 2~3개이고 긴 타원형이다. 수과는 길이
2mm, 지름 1mm 정도의 납작한 도란형이며, 털이 있다.

🏷 생육상토

습한 곳이나 건조한 곳 어디에서나 잘 자라며, 마사토 또는
산흙과 같은 토양이나 원예용 상토를 사용하는 것이 좋다.

▲ 잎

▲ 꽃

🥚 종자

- 종자채종: 9월
- 종자저장: 2~5℃ 저온저장
- 발아처리: 저온저장

🤲 재배와 관리

❶ 파종

- 파종일자: 4~5월, 8~9월
- 파종방법: 상토에 흩어뿌림
- 온도/습도: 야간온도 10℃ 이상 / 60% 이상
- 관수: 겉흙이 마르지 않게 관수
- 시비: 주1회 복합시비
- 발아 소요기간: 7~15일
- 발아율: 70~80%

❷ 삽목

- 삽목일자: 4~5월, 8~9월
- 삽목방법: 삽목 가능하나 파종이 효율적임
- 온도/습도: 야간온도 10℃ 이상 / 60% 이상
- 관수: 2~3일에 1번 관수
- 시비: 주1회 복합시비
- 발근 소요기간: 7~15일
- 발근율: 70~80%

❸ 정식

- 정식방법: 8cm 포트 2~3개 정식
- 온도/습도: 야간온도 10℃ 이상 / 60% 이상
- 시비: 주1회 복합시비
- 관수: 2~3일에 1번 관수
- 제초: 상시

❹ 병충해

- 병충해: 잘록병
- 방제법: 주기적으로 살균제 살포

❺ 생산방식

- 노지: 노지생육 양호
- 컨테이너: 8cm 포트 재배

▲ 군식하여 암석원 조성에 이용

▲ 군식하여 경관 향상

▲ 군식하여 경관 향상

🚜 유통

- 출하시기: 8cm 포트 정식 후 2달 이후 출하
- 출하단가: 물가자료(-), 조달청(-), 나라장터쇼
  핑몰(8cm: 400원)
- 유통경로: 조경회사, 공공기관, 소매

물레나물

- **학명** : *Hypericum ascyron* L.
- **분포** : 한국, 시베리아 동부, 중국, 일본
- **서식지** : 양지쪽 풀밭

1월	2월	3월	4월	5월	6월	7월	8월	9월	10월	11월	12월
									종자채종		
				파종							
				삽목							

🌳 생태적 특성

여러해살이풀로 산지나 들의 풀밭에서 자라며, 근경이나 종자로 번식한다. 줄기는 80~160cm로 곧게 자라고 가지가 갈라지며, 밑부분은 연한 갈색이고 윗부분은 녹색이다. 잎은 잎자루가 없이 밑동으로 줄기를 싸고 있으며, 길이 5~10cm, 너비 1~2cm의 피침형으로 가장자리가 밋밋하다. 꽃은 6~7월에 줄기 끝에 달리는데, 노란색 바탕에 붉은빛이 돈다. 삭과는 12~18mm의 난형이며, 종자의 크기는 1mm 정도이다.

▲ 꽃

🪴 생육상토

보습성과 배수성이 좋은 사질양토에서 잘 자란다.

▲ 열매

304

🌰 종자

- 종자채종: 과피가 벌어지고 종자가 검은색을 띠는 9~10월
- 종자저장: 2~5℃ 저온저장
- 발아처리: 저온저장

🌱 재배와 관리

❶ 파종

- 파종일자: 3~9월
- 파종방법: 정선된 종자를 200~406구 트레이에 파종기를 이용하여 파종
- 온도/습도: 20~25℃ / 60% 이상
- 관수: 겉흙이 마르지 않게 관수
- 시비: 육묘시기에는 발근제, 살균제 살포
- 발아 소요기간: 7~15일
- 발아율: 약 90%

❷ 정식

- 정식방법: 4~7월 8cm 포트 정식
- 온도/습도: 20~33℃ / 60% 이상
- 관수: 겉흙이 마르지 않게 관수
- 시비: 생육 초기 유안시비, 생육 중기 복합시비
- 제초: 상시

❸ 병충해

- 병충해: 잘록병
- 방제법: 주기적으로 살균제 살포

❹ 생산방식

- 노지: 노지생육 양호
- 컨테이너: 8cm 포트 재배

🚜 유통

- 출하시기: 8cm 포트 정식 후 2달 이후 출하
- 출하단가: 물가자료(-), 조달청(-), 나라장터쇼핑몰(8cm: 520원)
- 유통경로: 조경회사, 공공기관, 소매

▲ 군식하여 암석원 조성에 이용

▲ 군식하여 경관 향상

▲ 군식하여 경관 향상

▲ 군식하여 경관 향상

49 국화과(Compositae)
털머위

- 학명 : *Farfugium japonicum* (L.) Kitam.
- 분포 : 한국(경남 · 전남 · 울릉도), 일본
- 서식지 : 바닷가 근처

1월	2월	3월	4월	5월	6월	7월	8월	9월	10월	11월	12월
	종자채종										
			파종								

🌳 생태적 특성

늘푸른 여러해살이풀로 산지나 바닷가에서 자라며, 근경이나 종자로 번식한다. 줄기는 높이 40~80cm이며, 전체에 연한 갈색 솜털이 있다. 잎은 자루가 길고 잎몸은 길이 7~20cm, 너비 6~30cm의 신장형이며 두껍다. 윗면은 짙은 녹색, 뒷면은 흰색이며, 가장자리에 톱니가 있다. 꽃은 9~10월에 피는데, 지름 4~6cm의 노란 두상화가 줄기 끝에 산방꽃차례로 달린다. 수과는 5~7mm로 갈색이며, 관모는 8~11mm의 흰색이다.

🌱 생육상토

비옥한 사질양토를 좋아하며, 배양토는 밭흙과 부엽토를 6:4로 혼합하여 사용하는 것이 좋다.

▲ 잎

▲ 꽃

🫘 종자

- 종자채종: 2~3월
- 종자저장: 2~5℃ 저온저장
- 발아처리: 저온저장

🫎 재배와 관리

❶ 파종

- 파종일자: 4~5월
- 파종방법: 상토에 흩어뿌림
- 온도/습도: 야간온도 14℃ 이상 / 70% 이상
- 관수: 매일
- 시비: 주1회 복합시비
- 발아 소요기간: 30~40일
- 발아율: 60~70%

❷ 정식

- 정식방법: 10cm 포트 1~2개 정식
- 온도/습도: 야간온도 14℃ 이상 / 70% 이상
- 관수: 매일
- 시비: 주1회 복합시비
- 제초: 상시

❸ 병충해

- 병충해: 검은점무늬병, 탄저병
- 방제법: 15일에 1회씩 살균제 살포

❹ 생산방식

- 노지: 노지재배 적합하지 않음
- 컨테이너: 10cm 포트 재배

🚜 유통

- 출하시기: 10cm 포트 정식 후 3달 이후 출하
- 출하단가: 물가자료(10cm: 2,000원), 조달청(-), 나라장터쇼핑몰(10cm: 1,020원)
- 유통경로: 조경회사, 공공기관, 소매

▲ 교목 하부에 식재하여 관상효과

▲ 일렬로 식재하여 관상효과

▲ 경계부의 지피식물로 이용

▲ 교목 하부에 일렬로 식재하여 관상효과

• 학명 : *Scirpus tabernaemontani*
• 분포 : 우리나라 전역에 자생
• 서식지 : 연못가나 냇가

1월	2월	3월	4월	5월	6월	7월	8월	9월	10월	11월	12월
							종자채종				
								파종			

생태적 특성

여러해살이풀로 연못가나 냇가의 얕은 지역에서 무리를 지어 자라는 수생식물이다. 옆으로 자라는 땅속줄기의 마디에서 돋아난 줄기는 높이 90~180cm, 지름 0.5~1.5cm의 원주형이며, 색깔은 짙은 녹색이다. 윗부분의 잎집은 길이 10~30cm로 가장자리가 비스듬히 잘라진 모양이다. 꽃은 8~9월에 피며, 꽃차례는 옆에 달리고 산방상으로 4~7개의 가지가 발달한다. 소수는 길이 5~10mm의 타원상 난형이다. 수과는 2~3mm의 넓은 타원형이며 황갈색으로 익는다.

생육상토

마사토 또는 산흙과 같은 토양이나 원예용 상토를 사용하는 것이 좋다.

▲ 잎

🖋 종자

- 종자채종: 7~8월
- 종자저장: 2~5℃ 저온저장
- 발아처리: 저온저장

🖐 재배와 관리

❶ 파종

- 파종일자: 9~10월
- 파종방법: 채종 즉시 파종
- 온도/습도: 야간온도 16℃ 이상 / 70% 이상
- 관수: 매일
- 시비: 주1회 복합시비
- 발아 소요기간: 7~14일
- 발아율: 80% 이상

❷ 정식

- 정식방법: 8cm 포트 정식
- 온도/습도: 야간온도 16℃ 이상 / 70% 이상
- 관수: 매일
- 시비: 주1회 복합시비
- 제초: 상시

❸ 병충해

- 병충해: 병해와 충해에 강함

❹ 생산방식

- 노지: 노지생육 양호
- 컨테이너: 8cm 포트 재배

🚜 유통

- 출하시기: 8cm 포트 정식 후 2달 이후 출하
- 출하단가: 물가자료(8cm: 1,500원, 8cm 망사포트: 1,000원, 10cm 망사포트: 1,500원), 조달청(8cm 망사포트: 1,000원), 나라장터쇼핑몰(8cm: 490원)
- 유통경로: 조경회사, 공공기관, 소매

▲ 혼식하여 입체화단 조성

▲ 연못가에 일렬로 식재하여 관상효과

▲ 연못 주변에 식재

▲ 군식하여 경관 향상

해국

- **학명** : *Aster spathulifolius* Maxim.
- **분포** : 한국(중부 이남), 일본
- **서식지** : 바닷가

1월	2월	3월	4월	5월	6월	7월	8월	9월	10월	11월	12월
									종자채종		
				파종							
				분주							
				정식							

🌲 생태적 특성

여러해살이풀로 바닷가에서 자라며, 근경이나 종자로 번
식한다. 줄기는 높이 30~60cm로 부드러운 털이 밀생하고,
비스듬히 자라며 밑에서 여러 갈래로 갈라진다. 잎은 어긋
나고 잎몸은 길이 3~20cm, 너비 1.5~5.5cm의 주걱 모양
또는 도란형으로 양면에 융모가 있다. 잎 가장자리에는 큰
톱니가 있거나 밋밋하다. 꽃은 7~8월에 피는데, 지름 3.5
~4cm의 연한 자주색 두상화가 가지 끝에 1개씩 달린다.
종자는 11월에 익고 관모는 갈색이다.

▲ 잎

🔨 생육상토

일반토양에서 잘 자라며, 부엽토, 배양토 및 마사토를 3:3:4
비율로 혼합하여 사용하는 것이 좋다.

▲ 꽃

🌰 종자

- 종자채종: 꽃잎이 지고 씨앗이 완숙하는 10~11월
- 종자저장: 2~5℃ 저온저장
- 발아처리: 물속에 5시간 정도 침지

🤲 재배와 관리

❶ 파종
- 파종일자: 3~9월
- 파종방법: 종자에 붙은 털을 제거 후 200~406구 트레이에 파종기를 이용하여 파종
- 온도/습도: 온도 20~25℃ / 60% 이상
- 관수: 겉흙이 마르지 않게 매일 관수
- 시비: NPK 복합비료 1,000배액 주1회 살포. 육묘시기에는 발근제, 살균제 살포
- 발아 소요기간: 7~15일
- 발아율: 70~80%

❷ 분주
- 분주방법: 6월경 8cm 포트나 105플러그에 2~3개씩 정식

❸ 정식
- 정식방법: 4~9월 8cm 포트 정식
- 온도/습도: 20~33℃ / 60% 이상
- 관수: 겉흙이 마르지 않게 관수
- 시비: 생육 초기 유안시비, 생육 중기 복합시비
- 제초: 상시

❹ 병충해
- 병충해: 잘록병
- 방제법: 주기적으로 살균제 살포

❺ 생산방식
- 노지: 노지생육 양호
- 컨테이너: 8cm 포트 재배

🚛 유통

- 출하시기: 8cm 포트 정식 후 2달 이후 출하
- 출하단가: 물가자료(8cm: 1,100원), 조달청(-), 나라장터쇼 핑몰(8cm: 430원)
- 유통경로: 조경회사, 공공기관, 소매

▲ 군식하여 암석원 조성에 이용

▲ 교목 하부에 식재하여 관상효과

▲ 지피식물로 이용

▲ 군식하여 경관 향상

52 현삼과(Scrophulariaceae)

꼬리풀

- 학명 : *Veronica linariifolia* Pall. ex Link
- 분포 : 한국
- 서식지 : 산과 들의 풀밭

1월	2월	3월	4월	5월	6월	7월	8월	9월	10월	11월	12월
								종자			
			파종					파종			
			삽목					삽목			

🌳 생태적 특성

여러해살이풀로 산이나 들에 서식한다. 줄기는 곧게 서고 높이 40~80cm이며, 가지가 거의 없고 위로 굽은 털이 있다. 잎은 마주나고 길이는 5~10cm이며, 너비는 15~25mm의 좁은 난형 또는 긴 타원형이다. 잎자루는 거의 없고 가장자리에 톱니가 있다. 꽃은 벽자색으로 8월에 피며, 줄기 끝에 길이 10~30cm의 총상꽃차례를 이룬다.

🔨 생육상토

마사토 또는 산흙과 같은 토양이나 원예용 상토를 사용하는 것이 좋다.

▲ 잎

▲ 꽃

🥄 종자

- 종자채종: 9월
- 종자저장: 2~5℃ 저온저장
- 발아처리: 저온저장

🤲 재배와 관리

❶ 파종

- 파종일자: 4~5월, 8~9월
- 파종방법: 상토에 흩어뿌림
- 온도/습도: 야간온도 10℃ 이상 / 60% 이상
- 관수: 겉흙이 마르지 않게 관수
- 시비: 주1회 복합시비
- 발아 소요기간: 7~15일
- 발아율: 70~80%

❷ 삽목

- 삽목일자: 4~5월, 8~9월
- 삽목방법: 삽목 가능하나 파종이 효율적임
- 온도/습도: 야간온도 10℃ 이상 / 60% 이상
- 관수: 2~3일에 1번 관수
- 시비: 주1회 복합시비
- 발근 소요기간: 7~15일
- 발근율: 70~80%

❸ 정식

- 정식방법: 8cm 포트 정식
- 온도/습도: 야간온도 10℃ 이상 / 60% 이상
- 관수: 2~3일에 1번 관수
- 시비: 주1회 복합시비
- 제초: 상시

❹ 병충해

- 병충해: 잘록병
- 방제법: 주기적으로 살균제 살포

❺ 생산방식

- 노지: 노지생육 양호
- 컨테이너: 8cm 포트 재배

▲ 교목 하부에 식재하여 관상효과

▲ 군식하여 경관 향상

▲ 군식하여 경관 향상

유통

- 출하시기: 8cm 포트 정식 후 2달 이후 출하
- 출하단가: 물가자료(-), 조달청(-), 나라장터쇼핑몰
  (8cm: 930원)
- 유통경로: 조경회사, 공공기관, 소매

53 붓꽃과(Iridaceae)
범부채

- 학명 : *Belamcanda chinensis* (L.) DC.
- 분포 : 한국, 일본, 중국
- 서식지 : 산지나 바닷가

1월	2월	3월	4월	5월	6월	7월	8월	9월	10월	11월	12월
							종자채종				
		파종									
			정식								

🌲 생태적 특성

여러해살이풀로 산지나 바닷가에서 자라며, 근경이나 종자
로 번식한다. 근경에서 나는 화경은 높이가 60~120cm이
며, 가지가 많이 갈라진다. 잎은 어긋나고 2줄로 부챗살 모
양으로 퍼져서 자라며, 녹색 바탕에 흰빛이 난다. 길이 25
~50cm, 너비 2~4cm이며, 끝이 뾰족하고 밑동은 줄기를
껴안는다. 꽃은 7~8월에 피며 황적색에 검은 반점이 있다.
삭과는 3cm 정도의 도란상 타원형이며, 종자는 흑색으로
윤기가 난다.

▲ 꽃

🪴 생육상토

토질을 가리지 않는 편이나, 물빠짐과 보습성이 좋은 사질
양토에 부엽토를 혼합하여 사용하는 것이 좋다.

▲ 열매

🌱 종자

- 종자채종: 씨앗이 검게 변하여 완숙하는 8~9월
- 종자저장: 2~5℃ 저온저장
- 발아처리: 물속에 1일 정도 침지

🤲 재배와 관리

❶ 파종

- 파종일자: 3~6월
- 파종방법: 200~406구 트레이에 파종기를 이용하여 파종
- 온도/습도: 20~25℃ / 70% 이상
- 관수: 겉흙이 마르지 않게 관수
- 시비: 육묘시기에는 발근제, 살균제 살포
- 발아 소요기간: 15~30일
- 발아율: 70~80%

❷ 정식

- 정식방법: 4~8월 8cm 포트 정식
- 온도/습도: 20~33℃ / 70% 이상
- 관수: 겉흙이 마르지 않게 관수
- 시비: 생육 초기 유안시비, 생육 중기 복합시비
- 제초: 상시

❸ 병충해

- 병충해: 잘록병
- 방제법: 주기적으로 살균제 살포

❹ 생산방식

- 노지: 노지생육 양호
- 컨테이너: 8cm 포트 재배

🚚 유통

- 출하시기: 8cm 포트 정식 후 2달 이후 출하
- 출하단가: 물가자료(2~3분얼: 1,500원), 조달청(8cm: 1,500원), 나라장터쇼핑몰(8cm: 490원)
- 유통경로: 조경회사, 공공기관, 소매

▲ 교목 하부에 식재하여 관상효과

▲ 지피식물로 이용

▲ 지피식물로 이용

▲ 지피식물로 이용

54 석죽과(Caryophyllaceae)
동자꽃

- 학명 : *Lychnis cognata* Maxim.
- 분포 : 한국(경남 · 경북 · 충북 · 강원 · 경기)
- 서식지 : 산

1월	2월	3월	4월	5월	6월	7월	8월	9월	10월	11월	12월
						종자채종					
						파종					

🌲 생태적 특성

여러해살이풀로 산지에 서식하며, 근경이나 종자로 번식한다. 높이 40~100cm로 전체에 털이 있으며, 줄기는 곧게 서고 마디가 있다. 잎은 길이 5~8cm, 너비 2~5cm의 난상 타원형으로, 잎자루가 없고 끝이 뾰족하며 가장자리는 밋밋하다. 꽃은 주황색으로 7~8월에 피며, 줄기 끝과 잎겨드랑이에서 나오는 소화경에 1개씩 달린다. 삭과는 꽃받침통 안에 있으며, 많은 종자가 있다.

🪓 생육상토

유기질이 많고 배수와 통기성이 양호한 사질양토가 적합하며, pH 5.2~5.7의 산성 토양을 선호한다.

▲ 잎

▲ 꽃

🌱 종자

- 종자채종: 6~7월
- 종자저장: 2~5℃ 저온저장
- 발아처리: 저온저장

🖐 재배와 관리

❶ 파종
- 파종일자: 채종 즉시 파종
- 파종방법: 상토에 흩어뿌림
- 온도/습도: 야간온도 16℃ 이상 / 70% 이상
- 관수: 겉흙이 마르지 않게 관수
- 시비: 주1회 복합시비
- 발아 소요기간: 30~40일
- 발아율: 60~70%

❷ 정식
- 정식방법: 8cm 포트 정식
- 온도/습도: 야간온도 16℃ 이상 / 70% 이상
- 관수: 겉흙이 마르지 않게 관수
- 시비: 주1회 복합시비
- 제초: 상시

❸ 병충해
- 병충해: 줄기썩음병
- 방제법: 고온다습한 여름철에 살균제를 주기적으로 살포

❹ 생산방식
- 노지: 노지생육 양호
- 컨테이너: 8cm 포트 재배

🚚 유통

- 출하시기: 8cm 포트 정식 후 3달 이후 출하
- 출하단가: 물가자료(8cm: 1,500원), 조달청(-), 나라장터쇼핑몰(8cm: 450원)
- 유통경로: 조경회사, 공공기관, 소매

▲ 경계부 식재

▲ 군식하여 경관 향상

▲ 경계부 식재

▲ 군식하여 경관 향상

55 버드나무과(Salicaceae)
키버들

- **학명** : *Salix koriyanagi* Kimura ex Goerz
- **분포** : 한국, 일본, 중국, 우수리강, 헤이룽강
- **서식지** : 들이나 물가

1월	2월	3월	4월	5월	6월	7월	8월	9월	10월	11월	12월
	삽목										

생태적 특성

낙엽활엽관목으로 냇가에서 자란다. 높이는 2~3m이며 줄기는 황갈색이다. 잎은 마주나거나 어긋나며 길이 6~8cm, 너비 5~10mm이고, 피침형으로 가장자리에 잔 톱니가 있다. 잎의 표면은 진한 녹색이며, 뒷면은 분백색으로 턱잎은 없다. 꽃은 3~4월에 분백색으로 피는데, 미상꽃차례는 원기둥 모양으로 긴 털이 있다.

생육상토

마사토 또는 산흙과 같은 토양이나 원예용 상토를 사용하는 것이 좋다.

▲ 잎

▲ 꽃

🌱 재배와 관리

❶ 삽목

- 삽목일자: 2~3월
- 삽목방법: 이른 봄 눈이 맺힌 가지를 10cm 잘라 포트에 삽목
- 온도/습도: 야간온도 5℃ 이상 / 80~90%
- 관수: 겉흙이 마르지 않게 관수
- 시비: 발근 전까지 하지 않음
- 발근 소요기간: 20~30일
- 발근율: 약 90%

❷ 정식

- 정식방법: 8cm 포트 정식
- 온도/습도: 야간온도 5℃ 이상 / 80~90%
- 관수: 겉흙이 마르지 않게 관수
- 시비: 주1회 복합시비
- 제초: 상시

❸ 병충해

- 병충해: 병해와 충해에 강함

❹ 생산방식

- 노지: 노지생육 양호
- 컨테이너: 8cm 포트 재배

🚚 유통

- 출하시기: 8cm 포트 삽목 후 3달 이후 출하
- 출하단가: 물가자료(10cm: 2,000원, 10cm 망사포트: 2,000원), 조달청(10cm: 2,000원), 나라장터쇼핑몰(10cm: 900원)
- 유통경로: 조경회사, 공공기관, 소매

▲ 물가 주변에 식재

▲ 군식하여 경관 향상

▲ 물가 주변에 식재

56 돌나물과(Crassulaceae)
큰꿩의비름

- **학명** : *Hylotelephium spectabile* (Boreau) H. Ohba
- **분포** : 한국, 중국 북동부
- **서식지** : 산과 들

1월	2월	3월	4월	5월	6월	7월	8월	9월	10월	11월	12월
							종자채종				
		파종									
			정식								

생태적 특성

여러해살이풀로 산이나 들에서 자라며, 근경이나 종자로 번식한다. 줄기는 높이 40~100cm이며, 전체에 털이 없고 분백색이 돈다. 잎은 마주나고 잎자루가 없으며, 길이 5~10cm, 너비 1~3cm의 난형 또는 주걱 모양으로 가장자리는 밋밋하거나 둔한 톱니가 있다. 꽃은 8~9월에 홍자색으로 피며, 지름 10mm의 작은 꽃이 산방꽃차례로 빽빽이 달린다. 꽃잎은 피침형이고 끝이 뾰족하며, 길이는 5~6mm이다. 골돌과는 5개이다.

생육상토

토질을 가리지 않는 편이며, 배수가 잘되는 마사토 또는 산 흙과 같은 토양이나 원예용 상토를 사용하는 것이 좋다.

▲ 잎

▲ 꽃

320

🍃 종자

- 종자채종: 꽃봉오리가 갈변하여 종자가 완숙하는 7~8월
- 종자저장: 2~5℃ 저온저장
- 발아처리: 저온저장

🌱 재배와 관리

❶ 파종

- 파종일자: 3~7월
- 파종방법: 미세종자이므로 고운 모래와 적당 비율 섞어 200~406구 트레이에 파종기를 이용하여 파종
- 온도/습도: 20~25℃ / 60% 이상
- 관수: 1~2일에 1번 관수
- 시비: 육묘시기에는 발근제, 살균제 살포
- 발아 소요기간: 7~15일
- 발아율: 70% 이상

❷ 정식

- 정식방법: 4~9월 8cm 포트 정식
- 온도/습도: 20~33℃ / 60% 이상
- 관수: 1~2일에 1번 관수
- 시비: 생육 초기 유안시비, 생육 중기 복합시비
- 제초: 상시

❸ 병충해

- 병충해: 무름병
- 방제법: 주기적으로 살균제 살포

❹ 생산방식

- 노지: 노지생육 양호
- 컨테이너: 8cm 포트 재배

🚚 유통

- 출하시기: 8cm 포트 정식 후 2달 이후 출하
- 출하단가: 물가자료(-), 조달청(-), 나라장터쇼핑몰(8cm: 540원)
- 유통경로: 조경회사, 공공기관, 소매

▲ 군식하여 암석원 조성에 이용

▲ 경계부의 지피식물로 이용

▲ 군식하여 경관 향상

▲ 군식하여 경관 향상

57 석죽과(Caryophyllaceae)
술패랭이

- 학명 : *Dianthus longicalyx* Miq.
- 분포 : 한국, 중국, 타이완, 일본
- 서식지 : 산과 들

1월	2월	3월	4월	5월	6월	7월	8월	9월	10월	11월	12월
						종자채종					
			파종								
				정식							

🌳 생태적 특성

여러해살이풀로 산이나 들에서 자라며, 근경이나 종자로 번식한다. 줄기는 높이 40~80cm로 털이 없고 밑부분이 비스듬히 자라며, 가지는 갈라지고 전체에 분백색이 돈다. 잎은 길이 4~10cm, 너비 3~9cm의 선상 피침형이고 끝이 뾰족하며, 밑부분이 합쳐져서 마디를 둘러싼다. 7~8월에 연한 홍색 꽃이 피는데, 꽃잎은 5갈래이며 끝이 잘게 갈라지고 밑동에 털이 있다. 삭과는 원주형으로 끝이 4갈래로 갈라지고 꽃받침 속에 들어 있다.

🌱 생육상토

습도가 높지 않게 해야 하며, 마사토 또는 산흙과 같은 토양이나 원예용 상토를 사용하는 것이 좋다.

▲ 잎

▲ 꽃

🌰 종자

- 종자채종: 씨앗이 완숙하는 6~7월
- 종자저장: 2~5℃ 저온저장
- 발아처리: 저온저장

✋ 재배와 관리

❶ 파종

- 파종일자: 3~7월
- 파종방법: 정선된 종자를 200~406구 트레이에 파종기를 이용하여 파종
- 온도/습도: 야간온도 16℃ 이상 / 70% 이상
- 관수: 겉흙이 마르지 않게 관수
- 시비: 육묘시기에는 발근제, 살균제 살포
- 발아 소요기간: 7~15일
- 발아율: 80~90%

❷ 정식

- 정식방법: 4~9월 8cm 포트 정식
- 온도/습도: 야간온도 16℃ 이상 / 70% 이상
- 관수: 겉흙이 마르지 않게 관수
- 시비: 생육 초기 유안시비, 생육 중기 복합시비
- 제초: 상시

❸ 병충해

- 병충해: 병해와 충해에 강함

❹ 생산방식

- 노지: 노지생육 양호
- 컨테이너: 8cm 포트 재배

🚚 유통

- 출하시기: 8cm 포트 정식 후 3달 이후 출하
- 출하단가: 물가자료(8cm: 1,200원), 조달청(8cm: 1,200원), 나라장터쇼핑몰(8cm: 370원)
- 유통경로: 조경회사, 공공기관, 소매

▲ 경계부의 지피식물로 이용

▲ 군식하여 경관 향상

▲ 군식하여 경관 향상

▲ 군식하여 경관 향상

58 초롱꽃과(Campanulaceae)
초롱꽃

- 학명 : *Campanula punctata* Lan.
- 분포 : 한국, 일본, 중국
- 서식지 : 산지의 풀밭

1월	2월	3월	4월	5월	6월	7월	8월	9월	10월	11월	12월
							종자채종				
			파종								
					정식						

🌳 생태적 특성

여러해살이풀로 산지의 풀밭에서 자라며, 근경이나 종자
로 번식한다. 높이 40~80cm로 곧게 서고 전체에 털이 있
으며, 옆으로 자라는 줄기가 있다. 잎은 어긋나며 근생엽은
잎자루가 길고 난상 심장형이다. 경생엽은 길이 4~8cm,
너비 1~4cm의 난형으로 끝이 뾰족하고 가장자리에 고르
지 않은 톱니가 있다. 6~8월에 피는 꽃은 종 모양으로, 흰
색 또는 연한 황색 바탕에 자주색 반점이 있다. 길이는 4~
5cm이며, 줄기 위에 여러 개의 꽃이 붙고 아래로 처진다.
삭과는 난형이다.

▲ 잎

🔨 생육상토

배수와 통기성이 좋은 사질양토 또는 습한 사양토에 잘 생
육한다.

▲ 꽃

📀 종자

- 종자채종: 종자가 완숙하는 7~8월
- 종자저장: 2~5℃ 저온저장
- 발아처리: 저온저장

🌱 재배와 관리

❶ 파종

- 파종일자: 3~7월
- 파종방법: 미세종자이므로 정선된 종자를 고운 모래와 섞어 200~406구 트레이에 파종기를 이용하여 파종
- 온도/습도: 20~25℃ / 60% 이상
- 관수: 겉흙이 마르지 않게 관수
- 시비: 육묘시기에는 발근제, 살균제 살포
- 발아 소요기간: 7~15일
- 발아율: 약 80%

❷ 정식

- 정식방법: 4~9월 8cm 포트 정식
- 온도/습도: 20~33℃ / 60% 이상
- 관수: 겉흙이 마르지 않게 관수
- 시비: 생육 초기 유안시비, 생육 중기 복합시비
- 제초: 상시

❸ 병충해

- 병충해: 병해와 충해에 강함

❹ 생산방식

- 노지: 노지생육 양호
- 컨테이너: 8cm 포트 재배

🚚 유통

- 출하시기: 8cm 포트 정식 후 2달 이후 출하
- 출하단가: 물가자료(10cm: 1,500원), 조달청(-), 나라장터쇼핑몰(10cm: 730원)
- 유통경로: 조경회사, 공공기관, 소매

▲ 군식하여 경관 향상

▲ 군식하여 경관 향상

▲ 섬초롱꽃 군식하여 경관 향상

▲ 금강초롱꽃 군식하여 암석원 조성에 이용

59 미나리아재비과(Ranunculaceae)
하늘매발톱

- **학명** : *Aquilegia japonica* Nakai & H. Hara
- **분포** : 한국(낭림산 이북), 일본
- **서식지** : 고산지대

1월	2월	3월	4월	5월	6월	7월	8월	9월	10월	11월	12월
						종자채종					
						파종					
									정식		

🌳 생태적 특성

여러해살이풀로 높은 산의 중턱 이상에서 자라며, 근경이
나 종자로 번식한다. 줄기는 높이 20~40cm이며, 근생엽
은 잎자루가 길고 2회 3출엽이고 작은 잎은 다시 2~3개
로 갈라지고 털이 없다. 경생엽은 2개이고 윗부분의 잎은
작고 1~2회 3출엽이다. 꽃은 흰색 또는 연한 보라색이며,
7~8월에 줄기 끝에 밑을 향해 달린다. 골돌과는 5개이고 털
이 없다.

🌱 생육상토

물빠짐이 좋은 토양에서 잘 자라며, 일반토양과 원예용 상
토를 6:4의 비율로 섞어 사용하는 것이 좋다.

▲ 꽃

▲ 열매

종자

- **종자채종**: 종자가 검게 완숙하는 6~7월
- **종자저장**: 2~5℃ 저온저장
- **발아처리**: 채종 즉시 파종하거나 저온저장 후 이듬해 5~6월에 파종

재배와 관리

❶ 파종

- **파종일자**: 6~8월
- **파종방법**: 정선된 종자를 200~406구 트레이에 파종기를 이용하여 파종
- **온도/습도**: 20~25℃ / 70% 이상
- **관수**: 겉흙이 마르지 않게 관수
- **시비**: 육묘시기에는 발근제, 살균제 살포
- **발아 소요기간**: 7~15일
- **발아율**: 약 80%

❷ 정식

- **정식방법**: 9~10월 8cm 포트 정식
- **온도/습도**: 20~33℃ / 70% 이상
- **관수**: 겉흙이 마르지 않게 관수
- **시비**: 생육 초기 유안시비, 생육 중기 복합시비
- **제초**: 상시

❸ 병충해

- **병충해**: 병해와 충해에 강함

❹ 생산방식

- **노지**: 노지생육 양호
- **컨테이너**: 8cm 포트 재배

유통

- **출하시기**: 8cm 포트 정식 후 3달 이후 출하
- **출하단가**: 물가자료(10cm: 2,000원), 조달청(-), 나라장터쇼핑몰(8cm: 490원)
- **유통경로**: 조경회사, 공공기관, 소매

▲ 군식하여 암석원 조성에 이용

▲ 군식하여 경관 향상

▲ 군식하여 경관 향상

▲ 지피식물로 이용

60 흑삼릉과(Sparganiaceae)
흑삼릉

- **학명** : *Sparganium erectum* L.
- **분포** : 아시아, 유럽 및 북아프리카
- **서식지** : 연못가와 도랑

1월	2월	3월	4월	5월	6월	7월	8월	9월	10월	11월	12월
							종자채종				
						파종					

🌲 생태적 특성

여러해살이풀로 강 가장자리나 연못가 및 도랑에서 자라
며, 포복지나 종자로 번식하는 수생식물이다. 전체는 해면
질이며, 포복지는 옆으로 뻗는다. 원줄기는 곧고 굵으며,
높이 70~100cm로 윗부분에 가지가 있다. 잎은 줄기보다
길어지고 너비 20~30mm로 뒷면에 능선이 있다. 꽃은 7~
8월에 피는데 화경에 두상꽃차례가 이삭처럼 달리며, 밑부
분에는 암꽃, 윗부분에는 수꽃만 달린다. 열매는 도란형으
로 각이 지고 자루가 있다.

🪨 생육상토

마사토 또는 산흙과 같은 토양이나 원예용 상토를 사용하
는 것이 좋다.

▲ 잎

▲ 꽃

🌱 종자

- 종자채종: 7~8월
- 종자저장: 2~5℃ 저온저장
- 발아처리: 저온저장

🌱 재배와 관리

❶ 파종
- 파종일자: 7~8월
- 파종방법: 채종 즉시 파종하거나, 상토에 흩어뿌림
- 온도/습도: 야간온도 16℃ 이상 / 70% 이상
- 관수: 겉흙이 마르지 않게 관수
- 시비: 주1회 복합시비
- 발아 소요기간: 7~15일
- 발아율: 80% 이상

❷ 정식
- 정식방법: 8cm 포트 정식
- 온도/습도: 야간온도 16℃ 이상 / 70% 이상
- 관수: 겉흙이 마르지 않게 관수
- 시비: 주1회 복합시비
- 제초: 상시

❸ 병충해
- 병충해: 병해와 충해에 강함

❹ 생산방식
- 노지: 노지생육 양호
- 컨테이너: 8cm 포트 재배

🌱 유통

- 출하시기: 8cm 포트 정식 후 2달 이후 출하
- 출하단가: 물가자료(-), 조달청(-), 나라장터쇼핑몰(2~3분 얼: 640원)
- 유통경로: 조경회사, 공공기관, 소매

▲ 물가 주변에 식재

▲ 군식하여 경관 향상

▲ 열식하여 경관 향상

▲ 군식하여 경관 향상

61 마타리과(Valerianaceae)
마타리

- 학명 : *Patrinia scabiosifolia* Fisch. ex Trevir.
- 분포 : 일본, 중국 및 시베리아 동부
- 서식지 : 산이나 들

1월	2월	3월	4월	5월	6월	7월	8월	9월	10월	11월	12월
							종자채종				
			파종								
				정식							

🌳 생태적 특성

여러해살이풀로 산이나 들의 양지에서 서식하며, 근경이나 종자로 번식한다. 높이 90~180cm이며, 가지는 윗부분에서 갈라지는 형태로 털이 없으나 아래쪽에는 털이 있으며, 밑에서 새싹이 나와 자란다. 7~9월에 노란 꽃이 가지 끝과 줄기 끝에서 산방상으로 달린다. 화서의 가지 한쪽에 돌기 같은 흰 털이 있다. 열매는 3~4mm의 타원형으로 편평하고, 앞면에 맥이 있으며 뒷면에는 능선이 있다.

▲ 잎

🐌 생육상토

물빠짐이 좋고 유기물질 함량이 높은 토양에서 잘 자라며, 원예용 상토를 사용하는 것이 좋다.

▲ 꽃

🖉 종자

- 종자채종: 꽃봉오리가 갈변하여 종자가 완숙하는 8~9월
- 종자저장: 2~5℃ 저온저장
- 발아처리: 저온저장

🌱 재배와 관리

❶ 파종

- 파종일자: 3~8월
- 파종방법: 정선된 종자를 200~406구 트레이에 파종기를 이용하여 파종
- 온도/습도: 20~25℃ / 60% 이상
- 관수: 겉흙이 마르지 않게 관수
- 시비: 육묘시기에는 발근제, 살균제 살포
- 발아 소요기간: 7~15일
- 발아율: 약 80%

❷ 정식

- 정식방법: 4~9월 8cm 포트 정식
- 온도/습도: 20~33℃ / 60% 이상
- 관수: 겉흙이 마르지 않게 관수
- 시비: 생육 초기 유안시비, 생육 중기 복합시비
- 제초: 상시

❸ 병충해

- 병충해: 병해와 충해에 강함

❹ 생산방식

- 노지: 노지생육 양호
- 컨테이너: 8cm 포트 재배

🚚 유통

- 출하시기: 8cm 포트 정식 후 2달 이후 출하
- 출하단가: 물가자료(-), 조달청(-), 나라장터쇼핑몰(8cm: 420원)
- 유통경로: 조경회사, 공공기관, 소매

▲ 군식하여 경관 향상

▲ 군식하여 경관 향상

▲ 군식하여 경관 향상

▲ 조경용 지피식물로 이용

골풀

- **학명** : *Juncus effusus* var. *decipiens* Buchenau
- **분포** : 한국(전남), 일본, 타이완, 중국
- **서식지** : 들의 물가, 습지

1월	2월	3월	4월	5월	6월	7월	8월	9월	10월	11월	12월
							종자채종				
							파종				

🌱 생태적 특성

여러해살이풀로 풀밭의 습지에서 자라며, 근경이나 종자로 번식한다. 근경은 마디 사이가 짧기 때문에 줄기가 모여난다. 줄기는 높이가 40~100cm이며 원뿔형으로 희미한 세로 줄이 있고, 줄기의 내부는 하얗고 스폰지처럼 탄력성이 있다. 잎은 원줄기 밑부분에 위치하며, 비늘과 같은 모양이다. 꽃은 6~7월에 피는데 꽃차례는 줄기의 끝부분에서 측면으로 자라며, 포는 연속해서 10~20cm 자라기 때문에 줄기의 끝부분처럼 보인다. 열매는 삭과로 길이 2~3mm에 난형 또는 도란형이며, 갈색이다.

▲ 꽃

🪴 생육상토

마사토 또는 산흙과 같은 토양이나 원예용 상토를 사용하는 것이 좋다.

▲ 열매

🖊 종자

- 종자채종: 7~8월
- 종자저장: 2~5℃ 저온저장
- 발아처리: 저온저장

🌱 재배와 관리

❶ 파종
- 파종일자: 7~8월
- 파종방법: 채종 즉시 파종하거나 상토에 흩어뿌림
- 온도/습도: 야간온도 16℃ 이상 / 70% 이상
- 관수: 겉흙이 마르지 않게 관수
- 시비: 주1회 복합시비
- 발아 소요기간: 7~15일
- 발아율: 80% 이상

❷ 정식
- 정식방법: 8cm 포트 정식
- 온도/습도: 야간온도 16℃ 이상 / 70% 이상
- 관수: 겉흙이 마르지 않게 관수
- 시비: 주1회 복합시비
- 제초: 상시

❸ 병충해
- 병충해: 병해와 충해에 강함

❹ 생산방식
- 노지: 노지생육 양호
- 컨테이너: 8cm 포트 재배

🚚 유통

- 출하시기: 8cm 포트 정식 후 2달 이후 출하
- 출하단가: 물가자료(10cm: 1,800원), 조달청(-), 나라장터쇼핑몰(8cm: 390원)
- 유통경로: 조경회사, 공공기관, 소매

▲ 군식하여 경관 향상

▲ 군식하여 경관 향상

▲ 물가 주변에 식재

▲ 물가 주변에 식재

63 수선화과(Amaryllidaceae)
꽃무릇

- **학명** : *Lycoris radiata*
- **분포** : 한국(남쪽의 따뜻한 지방), 일본
- **서식지** : 산기슭이나 풀밭

1월	2월	3월	4월	5월	6월	7월	8월	9월	10월	11월	12월
								종자채종	종자채종		
	분주	분주									

🌳 생태적 특성

여러해살이풀로 산기슭이나 풀밭 또는 습한 야지에서 서식하며, 인경으로 번식한다. 넓은 타원형의 인경은 지름이 2~4cm이며, 바깥 껍질은 검은색이다. 잎은 길이 20~40cm, 너비 6~8mm의 선형이다. 9~10월에 잎이 없어진 인경에서 높이 25~50cm의 화경이 나오며 붉고 큰 꽃이 우산 모양으로 달린다. 꽃이 진 다음 짙은 녹색의 잎이 나오며 다음해에 화경이 나올 때 잎이 없어진다.

▲ 잎

🌱 생육상토

일반토양과 원예용 상토를 6:4의 비율로 섞어 용토로 사용하는 것이 좋다.

▲ 꽃

🥄 종자

- 종자채종: 9~10월
- 종자저장: 2~5℃ 저온저장
- 발아처리: 저온저장

🌱 재배와 관리

❶ 분주

- 분주일자: 2~3월
- 분주방법: 2~3월 증식된 종구를 나누어 정식
- 온도/습도: 야간온도 10℃ 이상 / 60% 이상
- 관수: 겉흙이 마르지 않게 관수
- 시비: 주1회 복합시비
- 발아 소요기간: 30~40일
- 발아율: 70~80%

❷ 정식

- 정식방법: 8cm 포트 정식
- 온도/습도: 야간온도 10℃ 이상 / 60% 이상
- 관수: 겉흙이 마르지 않게 관수
- 시비: 주1회 복합시비
- 제초: 상시

❸ 병충해

- 병충해: 병해와 충해에 강함

❹ 생산방식

- 노지: 노지재배 적합하지 않음
- 컨테이너: 8cm 포트 재배

🚚 유통

- 출하시기: 8cm 포트 정식 후 2달 이후 출하
- 출하단가: 물가자료(-), 조달청(-), 나라장터쇼핑몰(개화구: 560원)
- 유통경로: 조경회사, 공공기관, 소매

▲ 군식하여 경관 향상

▲ 교목 하부에 식재하여 관상효과

▲ 교목 하부에 식재하여 관상효과

▲ 경계부의 지피식물로 이용

64 백합과(Liliaceae)
산부추

- 학명 : *Allium thunbergii* G. Don
- 분포 : 한국, 일본, 중국, 타이완
- 서식지 : 산지나 들

1월	2월	3월	4월	5월	6월	7월	8월	9월	10월	11월	12월
									종자채종		
			파종								

🌲 생태적 특성

여러해살이풀로 산이나 들에서 자라며, 인경이나 종자로 번식한다. 줄기는 높이 30~60cm이며, 인경은 길이 2cm 정도의 난상 피침형으로, 마른 잎집으로 싸여 있다. 지름은 2~5mm이며 외피는 약간 두껍고 갈색이 돈다. 잎은 단면이 삼각형이며 2~3개가 비스듬히 위로 뻗고, 흰빛이 도는 녹색으로 생육 중에는 분백색이다. 꽃은 8~9월에 피는데, 화경은 길이 30~60cm이며 홍자색 꽃이 꽃대 끝에 산형으로 둥글게 달린다.

▲ 잎

🛠 생육상토

토질을 가리지 않는 편이나, 배수가 양호하고 비옥한 양토 또는 사양토가 좋다.

▲ 꽃

🌱 종자

- 종자채종: 9~10월
- 종자저장: 2~5℃ 저온저장
- 발아처리: 저온저장

🌱 재배와 관리

❶ 파종

- 파종일자: 4~5월
- 파종방법: 상토에 흩어뿌림
- 온도/습도: 야간온도 14℃ 이상 / 60~80%
- 관수: 겉흙이 마르지 않게 관수
- 시비: 주1회 복합시비
- 발아 소요기간: 20~30일
- 발아율: 약 70%

❷ 정식

- 정식방법: 8cm 포트 정식
- 온도/습도: 야간온도 14℃ 이상 / 60~80%
- 관수: 겉흙이 마르지 않게 관수
- 시비: 주1회 복합시비
- 제초: 상시

❸ 병충해

- 병충해: 병해와 충해에 강함

❹ 생산방식

- 노지: 노지생육 양호
- 컨테이너: 8cm 포트 재배

🚚 유통

- 출하시기: 8cm 포트 정식 후 2달 이후 출하
- 출하단가: 물가자료(-), 조달청(-), 나라장터쇼핑몰(8cm: 400원)
- 유통경로: 조경회사, 공공기관, 소매

▲ 지피식물로 이용

▲ 군식하여 경관 향상

▲ 군식하여 경관 향상

65 천남성과(Araceae)
창포

- **학명** : *Acorus calamus* L.
- **분포** : 한국, 일본, 중국
- **서식지** : 연못가나 도랑가

1월	2월	3월	4월	5월	6월	7월	8월	9월	10월	11월	12월
							종자채종				
				파종							

🌳 생태적 특성

여러해살이풀로 연못가나 강가의 습지에서 자라며, 근경이
나 종자로 번식한다. 근경은 굵고 옆으로 뻗으며, 마디에서
굵은 뿌리가 난다. 선형의 잎은 근경에서 나오고 길이 50~
70cm, 너비 1~2cm이며, 주맥이 뚜렷하고 끝이 차츰 뾰족
해진다. 꽃은 6~7월에 육수꽃차례로 피고 연한 황록색을
띠며, 화경의 가운데에서 나오고 꽃대가 없다. 열매는 장과
로 긴 타원형이고 적색이다.

🪏 생육상토

비옥하고 습기가 매우 높은 습지에서 재배하며, 마사토 또
는 산흙과 같은 토양을 사용하는 것이 좋다.

▲ 잎

▲ 꽃

🥄 종자

- 종자채종: 8~9월
- 종자저장: 2~5℃ 저온저장
- 발아처리: 저온저장 후 흐르는 물에 5일간 침지

🌱 재배와 관리

❶ 파종

- 파종일자: 5~6월
- 파종방법: 상토 파종
- 온도/습도: 야간온도 16℃ 이상 / 70% 이상
- 관수: 겉흙이 마르지 않게 관수
- 시비: 주1회 복합시비
- 발아 소요기간: 14~28일
- 발아율: 약 70%

❷ 정식

- 정식방법: 8cm 포트 2~3개 정식
- 온도/습도: 야간온도 16℃ 이상 / 70% 이상
- 관수: 겉흙이 마르지 않게 관수
- 시비: 주1회 복합시비
- 제초: 상시

❸ 병충해

- 병충해: 잘록병
- 방제법: 주기적으로 살균제 살포

❹ 생산방식

- 노지: 노지생육 양호
- 컨테이너: 8cm 포트 재배

🚚 유통

- 출하시기: 8cm 포트 정식 후 2달 이후 출하
- 출하단가: 물가자료(2~3분얼(8cm): 2,000원), 조달청(8cm: 2,500원), 나라장터쇼핑몰(2~3분얼: 630원)
- 유통경로: 조경회사, 공공기관, 소매

▲ 연못가에 일렬로 식재하여 관상효과

▲ 물가 주변에 식재

▲ 군식하여 경관 향상

▲ 군식하여 경관 향상

두메부추

- 학명 : *Allium senescens* L.
- 분포 : 한국(경북 · 함북)
- 서식지 : 산

1월	2월	3월	4월	5월	6월	7월	8월	9월	10월	11월	12월
									종자채종		
			파종								

🌳 생태적 특성

여러해살이풀로 주로 산지에 서식하며, 인경이나 종자로
번식한다. 인경은 3cm 정도의 난상 타원형이며, 외피가 얇
은 막질로 섬유가 없다. 화경은 높이 15~30cm이다. 잎은
근생엽으로 길이 20~30cm, 너비 3~9mm의 선형이다. 꽃
은 홍자색으로 8~9월에 피는데, 줄기의 끝에 산형으로 많
이 모여 달린다. 화경은 위쪽이 납작하고, 양쪽에 좁은 날
개가 있다. 열매는 삭과이며 종자는 검다.

🔨 생육상토

배수가 잘되는 사질토양에서 재배 가능하며, 비옥한 토양
은 생육에 효과적이고 원예용 상토를 사용하는 것이 좋다.

▲ 잎

▲ 꽃

🖊 종자

- 종자채종: 9~10월
- 종자저장: 2~5℃ 저온저장
- 발아처리: 저온저장

♨ 재배와 관리

❶ 파종

- 파종일자: 4~5월
- 파종방법: 상토에 흩어뿌림
- 온도/습도: 야간온도 14℃ 이상 / 60~80%
- 관수: 겉흙이 마르지 않게 관수
- 시비: 주1회 복합시비
- 발아 소요기간: 20~30일
- 발아율: 약 70%

❷ 정식

- 정식방법: 8cm 포트 정식
- 온도/습도: 야간온도 14℃ 이상 / 60~80%
- 관수: 겉흙이 마르지 않게 관수
- 시비: 주1회 복합시비
- 제초: 상시

❸ 병충해

- 병충해: 병해와 충해에 강함

❹ 생산방식

- 노지: 노지생육 양호
- 컨테이너: 8cm 포트 재배

🚜 유통

- 출하시기: 8cm 포트 정식 후 2달 이후 출하
- 출하단가: 물가자료(8cm: 1,500원), 조달청(-), 나라장터쇼
  핑몰(8cm: 620원)
- 유통경로: 조경회사, 공공기관, 소매

▲ 지피식물로 이용

▲ 교목 하부 지피식물로 이용

▲ 경계부의 지피식물로 이용

▲ 군식하여 경관 향상

마삭줄

- 학명 : *Trachelospermum asiaticum* (Siebold & Zucc.) Nakai
- 분포 : 한국(남부지방), 일본
- 서식지 : 숲속의 바위나 나무

1월	2월	3월	4월	5월	6월	7월	8월	9월	10월	11월	12월
	삽목										

🌳 생태적 특성

숲속에 서식하며, 부착근으로 바위나 나무에 기어오르는 상록활엽 덩굴나무이다. 가지는 적갈색이고 털이 있다. 잎은 난상 피침형으로 마주나며, 양끝이 뾰족하다. 잎의 표면은 짙은 녹색으로 윤기가 있으며, 뒷면에는 털이 있거나 없고 가장자리는 밋밋하다. 꽃은 6~7월에 피는데, 흰색에서 황색으로 변해가며, 취산꽃차례가 줄기 끝이나 잎의 겨드랑이에 성기게 붙는다. 열매는 골돌과로 가을에 익는다.

🛠 생육상토

사질양토나 사토에서 잘 자라며, 일반토양과 상토를 5:5의 비율로 혼합하여 사용하는 것이 좋다.

▲ 잎

▲ 꽃

🌱 재배와 관리

❶ 삽목
- 삽목일자: 2~3월
- 삽목방법: 7~10cm 길이로 2~3개 105플러그에 삽목
- 온도/습도: 야간온도 10℃ 이상 / 약 80%
- 관수: 겉흙이 마르지 않게 관수
- 시비: 발근 전까지 시비하지 않음
- 발근 소요기간: 30~50일
- 발근율: 약 70%

❷ 정식
- 정식방법: 8cm 포트 정식
- 온도/습도: 야간온도 10℃ 이상 / 약 80%
- 관수: 겉흙이 마르지 않게 관수
- 시비: 주1회 복합시비
- 제초: 상시

❸ 병충해
- 병충해: 병해와 충해에 강함

❹ 생산방식
- 노지: 노지재배 적합하지 않음
- 컨테이너: 8cm 포트 재배

🚚 유통

- 출하시기: 8cm 포트 정식 후 2달 이후 출하
- 출하단가: 물가자료(10cm: 2,000원), 조달청(-), 나라장터쇼
  핑몰(8cm: 800원)
- 유통경로: 조경회사, 공공기관, 소매

▲ 군식하여 경관 향상

▲ 군식하여 암석원 조성에 이용

▲ 군식하여 암석원 조성에 이용

▲ 군식하여 경관 향상

68 아욱과(Malvaceae)
부용

- **학명** : *Hibiscus mutabilis* L.
- **분포** : 한국
- **서식지** : 산과 들

1월	2월	3월	4월	5월	6월	7월	8월	9월	10월	11월	12월
								종자채종			
			파종								

🌳 생태적 특성

낙엽 반관목으로 근경이나 종자로 번식한다. 높이 1~3m로
자라고 가지에는 성모가 있다. 잎은 둥근 모양으로 길이와
너비가 10~20cm이며 3~7개로 갈라지고, 열편은 심장상
난형이고 뒷면에 흰색 털이 밀생한다. 8~9월에 피는 꽃은
연한 붉은색으로 윗부분의 잎겨드랑이에 1송이씩 달린다.
삭과는 둥글고, 긴 털과 맥이 있다. 종자는 신장형이다.

▲ 꽃

🌱 생육상토

마사토 또는 산흙과 같은 토양이나 원예용 상토를 사용하
는 것이 좋다.

▲ 열매

🌱 종자

- 종자채종: 8~9월
- 종자저장: 2~5℃ 저온저장
- 발아처리: 저온저장

🌱 재배와 관리

❶ 파종

- 파종일자: 4~5월
- 파종방법: 상토에 흩어뿌림
- 온도/습도: 야간온도 14℃ 이상 / 60~80%
- 관수: 겉흙이 마르지 않게 관수
- 시비: 주1회 복합시비
- 발아 소요기간: 20~30일
- 발아율: 약 80%

❷ 정식

- 정식방법: 8cm 포트 정식
- 온도/습도: 야간온도 14℃ 이상 / 60~80%
- 관수: 겉흙이 마르지 않게 관수
- 시비: 주1회 복합시비
- 제초: 상시

❸ 병충해

- 병충해: 병해와 충해에 강함

❹ 생산방식

- 노지: 노지생육 양호
- 컨테이너: 8cm 포트 재배

🚚 유통

- 출하시기: 8cm 포트 정식 후 2달 이후 출하
- 출하단가: 물가자료(-), 조달청(-), 나라장터쇼핑몰(-)
- 유통경로: 조경회사, 공공기관, 소매

▲ 경계부의 지피식물로 이용

▲ 군식하여 경관 향상

▲ 물가 주변에 식재

▲ 물가 주변에 식재

69 꿀풀과(Labiatae)
꽃향유

- 학명 : *Elsholtzia splendens*
  Nakai & F. Maek.
- 분포 : 한국
- 서식지 : 산야

1월	2월	3월	4월	5월	6월	7월	8월	9월	10월	11월	12월
										종자채종	
			파종								

🌳 생태적 특성

여러해살이풀로 산지나 들에서 자라며, 근경이나 종자로
번식한다. 높이 40~60cm이며, 줄기는 사각형으로 희고 굽
은 털이 있다. 잎은 마주나며 잎자루가 길고, 길이 3~6cm,
너비 1~4cm의 난형으로 가장자리에 둔한 톱니가 있다. 9
~10월에 분홍빛이 나는 자주색 꽃이 피는데, 줄기 한쪽으
로 치우쳐서 빽빽한 이삭꽃차례를 이룬다. 꽃차례는 길이
5cm, 지름은 1cm 정도이며 바로 밑에 잎이 있다. 열매는 소
견과이다.

🌱 생육상토

물빠짐이 좋은 사질토양에서 재배하는 것이 좋으며, 마사
토 또는 산흙과 같은 일반토양이나 원예용 상토를 사용하
는 것이 좋다.

▲ 잎

▲ 꽃

346

🌱 종자

- 종자채종: 11~12월
- 종자저장: 2~5℃ 저온저장
- 발아처리: 저온저장

🌱 재배와 관리

❶ 파종

- 파종일자: 4~5월
- 파종방법: 상토에 흩어뿌림. 발아율이 좋은 편
- 온도/습도: 야간온도 14℃ 이상 / 70% 이상
- 관수: 겉흙이 마르지 않게 관수
- 시비: 주1회 복합시비
- 발아 소요기간: 20~30일
- 발아율: 80% 이상

❷ 정식

- 정식방법: 8cm 포트 정식
- 온도/습도: 야간온도 14℃ 이상 / 70% 이상
- 관수: 겉흙이 마르지 않게 관수
- 시비: 주1회 복합시비
- 제초: 상시

❸ 병충해

- 병충해: 뿌리썩음병
- 방제법: 고온다습한 여름철 피해가 우려되므로 주기적으로 살균제를 살포

❹ 생산방식

- 노지: 노지생육 양호
- 컨테이너: 8cm 포트 재배

🌱 유통

- 출하시기: 8cm 포트 정식 후 2달 이후 출하
- 출하단가: 물가자료(-), 조달청(-), 나라장터쇼핑몰(-)
- 유통경로: 조경회사, 공공기관, 소매

▲ 지피식물로 이용

▲ 군식하여 경관 향상

▲ 군식하여 경관 향상

▲ 군식하여 경관 향상

70 돌나물과(Crassulaceae)

둥근잎꿩의비름

- **학명** : *Hylotelephium ussuriense* (Kom.) H. Ohba
- **분포** : 경북 청송 주왕산
- **서식지** : 계곡의 바위틈

1월	2월	3월	4월	5월	6월	7월	8월	9월	10월	11월	12월
							종자채종				
			파종								
			정식								

생태적 특성

여러해살이풀로 계곡의 바위틈에서 서식하며, 근경이나 종
자로 번식한다. 뿌리에서 나오는 줄기는 높이 15~30cm이
며, 밑으로 처지고 붉은빛이 돈다. 잎자루가 없는 잎은 약
간 육질이며, 길이 2~5cm로 난상 원형이다. 잎 가장자리
에 불규칙하고 둔한 톱니가 있다. 7~8월에 자홍색 꽃이 피
는데, 줄기의 끝에 둥글게 모여 달린다. 꽃받침은 녹색으로
피침형이며, 꽃잎은 배 모양이다. 열매는 골돌과로 끝이 벌
어진다.

▲ 잎

생육상토

토양을 가리지 않는 편이나 배수가 잘되는 사양토가 좋다.

▲ 꽃

348

🌰 종자

- 종자채종: 꽃봉오리가 갈변하여 종자가 완숙하는 7~8월
- 종자저장: 2~5℃ 저온저장
- 발아처리: 저온저장

👤 재배와 관리

❶ 파종

- 파종일자: 3~7월
- 파종방법: 미세종자이므로 고운 모래와 적당 비율 섞어 200~406구 트레이에 파종기를 이용하여 파종
- 온도/습도: 20~25℃ / 60% 이상
- 관수: 1~2일에 1번 관수
- 시비: 육묘시기에는 발근제, 살균제 살포
- 발아 소요기간: 7~15일
- 발아율: 70% 이상

❷ 정식

- 정식방법: 4~9월 8cm 포트 정식
- 온도/습도: 20~33℃ / 60% 이상
- 관수: 1~2일에 1번 관수
- 시비: 생육 초기 유안시비, 생육 중기 복합시비
- 제초: 상시

❸ 병충해

- 병충해: 무릎병
- 방제법: 주기적으로 살균제 살포

❹ 생산방식

- 노지: 노지생육 양호
- 컨테이너: 8cm 포트 재배

🚚 유통

- 출하시기: 8cm 포트 정식 후 2달 이후 출하
- 출하단가: 물가자료(-), 조달청(10cm: 3,000원), 나라장터쇼핑몰(8cm: 640원)
- 유통경로: 조경회사, 공공기관, 소매

▲ 군식하여 암석원 조성에 이용

▲ 군식하여 암석원 조성에 이용

▲ 군식하여 암석원 조성에 이용

▲ 군식하여 경관 향상

71 수선화과(Amaryllidaceae)
붉노랑상사화
(개상사화)

- **학명** : *Lycoris flavescens*
- **분포** : 한국(제주 · 전남 · 충남), 일본, 타이완
- **서식지** : 산과 들의 따뜻한 곳

1월	2월	3월	4월	5월	6월	7월	8월	9월	10월	11월	12월
	분주										

🌳 생태적 특성

여러해살이풀로 산과 들에서 자라며, 인경으로 번식한다. 인경은 둥근 모양이며, 지름은 약 6cm이고 껍질은 흙갈색이다. 잎은 뭉쳐나며 넓은 선형으로 끝이 뭉툭하다. 뒷면은 분백색이고 길이 60cm, 너비 1.5~2cm이다. 잎이 두껍고 표면에서 광택이 나며 잎이 진 후에 화경이 나와 꽃이 핀다. 꽃은 연한 노란색으로 산형화이며, 높이 60cm 정도의 화경 끝에 5~10개의 송이가 달린다. 꽃자루는 짧고 잎에 피침형의 포가 있다.

🌱 생육상토

보습성이 좋고 비옥한 토양에서 잘 자라며, 마사토 및 원예용 상토를 이용하여 재배할 수 있다.

▲ 잎

▲ 꽃

🌱 재배와 관리

❶ 분주
- 분주일자: 2~3월
- 분주방법: 2~3월 증식된 종구를 나누어 정식
- 온도/습도: 야간온도 5℃ 이상 / 60% 이상
- 관수: 겉흙이 마르지 않게 관수
- 시비: 주1회 복합시비
- 발아 소요기간: 20~30일
- 발아율: 80% 이상

❷ 정식
- 정식방법: 10cm 포트 정식
- 온도/습도: 야간온도 5℃ 이상 / 60% 이상
- 관수: 겉흙이 마르지 않게 관수
- 시비: 주1회 복합시비
- 제초: 상시

❸ 병충해
- 병충해: 뿌리썩음병
- 방제법: 고온다습한 여름철 피해가 우려되므로 주기적으로 살균제를 살포

❹ 생산방식
- 노지: 노지생육 양호
- 컨테이너: 10cm 포트 재배

🚚 유통
- 출하시기: 10cm 포트 정식 후 3달 이후 출하
- 출하단가: 물가자료(-), 조달청(-), 나라장터쇼핑몰(개화구: 610원)
- 유통경로: 조경회사, 공공기관, 소매

▲ 교목 하부에 식재하여 관상효과

▲ 군식하여 경관 향상

▲ 지피식물로 이용

▲ 교목 하부에 식재하여 관상효과

72 미나리아재비과(Ranunculaceae)
할미꽃

- 학명 : *Pulsatilla koreana* (Yabe ex Nakai) Nakai ex Mori
- 분포 : 한국, 중국 북동부, 우수리강
- 서식지 : 산과 들의 양지

1월	2월	3월	4월	5월	6월	7월	8월	9월	10월	11월	12월
			종자채종								
				파종							
					정식						

🌲 생태적 특성

여러해살이풀로 산이나 들의 양지에 자라며, 근경이나 종
자로 번식한다. 줄기 전체에 긴 털이 밀생하고, 뿌리는 흙
갈색이며 윗부분에서 많은 잎이 나온다. 잎자루가 길고
5개의 작은 잎으로 구성된 우상복엽으로 깊게 갈라지며, 표
면은 짙은 녹색에 털이 없다. 4~5월에 길이 약 3cm의 붉은
자주색 꽃이 긴 종 모양으로 밑을 향해 핀다. 꽃받침은 6장
이며, 겉면에 긴 털이 밀생하고 안쪽은 털이 없다. 수과는
긴 난형으로 흰 털이 밀생한다.

▲ 잎

🌱 생육상토

유기질이 풍부하고 물빠짐이 좋은 사질토양(pH 6~7)에 재
배하는 것이 좋으며, 일반토양과 원예용 상토를 6:4의 비율
로 섞어 사용하는 것이 좋다.

▲ 꽃

🖊️ 종자

- 종자채종: 4~5월에 꽃이 지고 완숙한 종자가 날리기 전 채종
- 종자저장: 즉시 파종
- 발아처리: 즉시 파종

🌱 재배와 관리

❶ 파종

- 파종일자: 채종 후 5월 적기 파종
- 파종방법: 종자에 털이 붙어 있어 적당량의 상토와 혼합하여 흩어뿌림
- 온도/습도: 20~25℃ / 60~80%
- 관수: 겉흙이 마르지 않게 관수
- 시비: 육묘시기에는 발근제, 살균제 살포
- 발아 소요기간: 14~21일
- 발아율: 약 70%

❷ 정식

- 정식방법: 6~8월 8cm 포트 정식
- 온도/습도: 20~33℃ / 약 80%
- 관수: 겉흙이 마르지 않게 관수
- 시비: 생육 초기 유안시비, 생육 중기 복합시비
- 제초: 상시

❸ 병충해

- 병충해: 뿌리썩음병
- 방제법: 고온다습한 여름철 피해가 우려되므로 주기적으로 살균제를 살포

❹ 생산방식

- 노지: 노지생육 양호
- 컨테이너: 8cm 포트 재배

🚚 유통

- 출하시기: 8cm 포트 정식 후 2달 이후 출하
- 출하단가: 물가자료(10cm: 1,500원), 조달청(-), 나라장터쇼핑몰(10cm: 730원)
- 유통경로: 조경회사, 공공기관, 소매

▲ 군식하여 경관 향상

▲ 지피식물로 이용

▲ 경계부의 지피식물로 이용

▲ 군식하여 경관 향상

톱풀

- **학명** : *Achillea alpina* L.
- **분포** : 한국, 일본, 중국, 동시베리아
- **서식지** : 산과 들

1월	2월	3월	4월	5월	6월	7월	8월	9월	10월	11월	12월
						종자채종					
						파종					

🌲 생태적 특성

여러해살이풀로 산지나 들에서 자라며, 근경이나 종자로 번식한다. 줄기는 높이 50~100cm이며, 윗부분에 털이 많고 아랫부분에는 털이 없다. 잎은 어긋나고, 길이 5~12cm, 너비 7~15mm의 타원상 피침형이며, 잎자루 없이 줄기를 둘러싼다. 7~10월에 흰 꽃이 피는데, 두상화로 지름 7~9mm이다. 수과는 양끝이 편평하고 털이 없다.

🌱 생육상토

부식질이 많은 사질토양에 재배하는 것이 좋으며, 원예용 상토를 사용하는 것이 좋다.

▲ 잎

▲ 꽃

🌱 종자

- 종자채종: 7~8월
- 종자저장: 2~5℃ 저온저장
- 발아처리: 즉시 파종

🌰 재배와 관리

❶ 파종

- 파종일자: 7~8월
- 파종방법: 채종 즉시 상토에 파종
- 온도/습도: 야간온도 14℃ 이상 / 60~80%
- 관수: 겉흙이 마르지 않게 관수
- 시비: 주1회 복합시비
- 발아 소요기간: 21~28일
- 발아율: 약 80%

❷ 정식

- 정식방법: 8cm 포트 정식
- 온도/습도: 야간온도 14℃ 이상 / 60~80%
- 관수: 겉흙이 마르지 않게 관수
- 시비: 주1회 복합시비
- 제초: 상시

❸ 병충해

- 병충해: 진딧물, 흰가룻병
- 방제법: 주기적으로 살균제 살포

❹ 생산방식

- 노지: 노지생육 양호
- 컨테이너: 8cm 포트 재배

🚚 유통

- 출하시기: 8cm 포트 정식 후 2달 이후 출하
- 출하단가: 물가자료(-), 조달청(-), 나라장터쇼핑몰(8cm: 630원)
- 유통경로: 조경회사, 공공기관, 소매

▲ 군식하여 경관 향상

▲ 군식하여 경관 향상

▲ 군식하여 경관 향상

▲ 경계부의 지피식물로 이용

- 학명 : *Prunella vulgaris* var. *lilacina* Nakai
- 분포 : 한국, 일본, 중국, 타이완, 사할린
- 서식지 : 산기슭의 볕이 잘 드는 풀밭

1월	2월	3월	4월	5월	6월	7월	8월	9월	10월	11월	12월
						종자채종					
		파종									
				정식							

🌳 생태적 특성

여러해살이풀로 들이나 산기슭 양지에 자라며, 근경이나 종자로 번식한다. 원줄기는 높이 15~30cm이며 전체에 짧은 털이 있고, 줄기는 네모가 지며 모여나고 가지가 갈라진다. 잎은 마주나고 경생엽이며, 2~5cm의 긴 타원형으로 가장자리가 밋밋하다. 잎자루는 1~3cm이고 윗부분으로 갈수록 없어진다. 꽃은 5~7월에 피고 붉은빛을 띤 보라색이다. 화관은 2cm이며, 수술대는 돌기가 있고 꽃이 질 때 포복지가 나온다. 열매는 골돌과이고, 길이 1.6mm 정도의 타원형으로 황갈색이다.

🔧 생육상토

토양이 비옥한 곳을 선호하므로 보습성이 좋고 유기물질이 많은 토양과 원예용 상토를 사용하는 것이 좋다.

▲ 잎

▲ 꽃

🖋 종자

- 종자채종: 꼬투리가 갈변하여 종자가 완숙하는 7~8월
- 종자저장: 2~5℃ 저온저장
- 발아처리: 저온저장

👐 재배와 관리

❶ 파종

- 파종일자: 3~6월
- 파종방법: 정선된 종자를 200~406구 트레이에 파종기를 이용하여 파종
- 온도/습도: 20~25℃ / 60% 이상
- 관수: 겉흙이 마르지 않게 관수
- 시비: 육묘시기에는 발근제, 살균제 살포
- 발아 소요기간: 14~21일
- 발아율: 약 70%

❷ 정식

- 정식방법: 4~9월 8cm 포트 정식
- 온도/습도: 20~33℃ / 60% 이상
- 관수: 겉흙이 마르지 않게 관수
- 시비: 생육 초기 유안시비, 생육 중기 복합시비
- 제초: 상시

❸ 병충해

- 병충해: 뿌리썩음병
- 방제법: 고온다습한 여름철 피해가 우려되므로 주기적으로 살균제를 살포

❹ 생산방식

- 노지: 노지생육 양호
- 컨테이너: 8cm 포트 재배

🚚 유통

- 출하시기: 8cm 포트 정식 후 2달 이후 출하
- 출하단가: 물가자료(10cm: 1,500원), 조달청(-), 나라장터쇼핑몰(10cm: 540원)
- 유통경로: 조경회사, 공공기관, 소매

▲ 군식하여 경관 향상

▲ 군식하여 경관 향상

▲ 군식하여 경관 향상

▲ 군식하여 경관 향상

75 장미과(Rosaceae)
분홍찔레

- 학명 : *Rosa rubiginosa*
- 분포 : 한국
- 서식지 : 산과 들

1월	2월	3월	4월	5월	6월	7월	8월	9월	10월	11월	12월
	삽목										

 생태적 특성

낙엽활엽관목으로 산지나 하천 유역에 서식하며, 수고는 1~2m이고 줄기에 가시가 많다. 잎은 어긋나며 도란형이고 길이 2~3cm, 너비 1~2cm로 뒷면에 잔털이 있고 흰빛을 띤 연두색이다. 5월에 지름 약 2cm의 연분홍색 꽃이 가지 끝에 원추꽃차례로 달린다. 열매는 난상 타원형이며 붉게 익는다.

생육상토

일반토양과 원예용 상토를 6:4의 비율로 혼합하여 사용하는 것이 좋다.

▲ 잎

▲ 꽃

358

🤲 재배와 관리

❶ 삽목
- 삽목일자: 2~3월
- 삽목방법: 눈이 나온 가지를 10cm 간격으로 잘라 상토에 삽목
- 온도/습도: 야간온도 5℃ 이상 / 80% 이상
- 관수: 겉흙이 마르지 않게 관수
- 시비: 발근 전까지 시비하지 않음
- 발근 소요기간: 20~30일
- 발근율: 70% 이상

❷ 정식
- 정식방법: 10cm 포트 정식
- 온도/습도: 야간온도 12℃ 이상 / 80% 이상
- 관수: 겉흙이 마르지 않게 관수
- 시비: 주1회 복합시비
- 제초: 상시

❸ 병충해
- 병충해: 잿빛곰팡이병
- 방제법: 살균제 주1회 살포

❹ 생산방식
- 노지: 노지생육 양호
- 컨테이너: 10cm 포트 재배

🚚 유통

- 출하시기: 10cm 포트 정식 후 3달 이후 출하
- 출하단가: 물가자료(-), 조달청(-), 나라장터쇼핑몰(-)
- 유통경로: 조경회사, 공공기관, 소매

▲ 군식하여 경관 향상

▲ 군식하여 경관 향상

▲ 교목 하부에 식재하여 경관 향상

▲ 군식하여 경관 향상

76 천남성과(Araceae)
석창포

- 학명 : *Acorus gramineus* Sol.
- 분포 : 한국(중부 이남), 일본, 중국
- 서식지 : 산지나 들판의 냇가

1월	2월	3월	4월	5월	6월	7월	8월	9월	10월	11월	12월
							종자채종				
		파종									

생태적 특성

여러해살이풀로 냇가나 골짜기의 물가에서 자라며, 근경이
나 종자로 번식한다. 근경은 옆으로 뻗고 마디가 많으며 밑
부분에서 수염뿌리가 많이 난다. 지하경은 흰색으로 마디
사이가 길고, 땅 위로 나온 근경은 마디 사이가 짧고 녹색
이다. 잎은 선형으로 길이 20~40cm, 너비 2~8mm이고 칼
모양이다. 주맥이 없고 엷은 녹색 줄이 있으며, 질기고 윤
기가 난다. 6~7월에 연한 황색 꽃이 수상꽃차례로 꽃대에
밀생하며, 길이 5~10cm, 지름 3~5mm이다.

▲ 잎

생육상토

습기가 많고 유기질이 풍부한 토양을 선호하며, 원예용 상
토를 사용하는 것이 좋다.

▲ 꽃

🌱 종자

- 종자채종: 8~9월
- 종자저장: 2~5℃ 저온저장
- 발아처리: 저온저장

🌱 재배와 관리

❶ 파종

- 파종일자: 3~4월
- 파종방법: 상토에 흩어뿌림
- 온도/습도: 야간온도 16℃ 이상 / 70~80%
- 관수: 겉흙이 마르지 않게 관수
- 시비: 주2회 복합시비
- 발아 소요기간: 20~40일
- 발아율: 약 80%

❷ 정식

- 정식방법: 10cm 포트 정식
- 온도/습도: 야간온도 16℃ 이상 / 70~80%
- 관수: 겉흙이 마르지 않게 관수
- 시비: 주2회 복합시비
- 제초: 상시

❸ 병충해

- 병충해: 병해와 충해에 강함

❹ 생산방식

- 노지: 노지생육 양호
- 컨테이너: 10cm 포트 재배

🌱 유통

- 출하시기: 10cm 포트 정식 후 2달 이후 출하
- 출하단가: 물가자료(-), 조달청(-), 나라장터쇼핑몰(8cm: 400원)
- 유통경로: 조경회사, 공공기관, 소매

▲ 군식하여 경관 향상

▲ 물가에 식재

▲ 물가에 식재

▲ 물가에 식재

77 국화과(Compositae)
우산나물

- **학명** : *Syneilesis palmata* (Thunb.) Maxim.
- **분포** : 한국, 일본
- **서식지** : 산지의 나무 밑 그늘

1월	2월	3월	4월	5월	6월	7월	8월	9월	10월	11월	12월
								종자채종	종자채종		
			파종	파종							

🌳 생태적 특성

여러해살이풀로 깊은 산 나무 밑에서 자라며, 근경이나 종
자로 번식한다. 줄기는 곧게 서고 높이 70~140cm이며, 털
이 없고 2~3개의 잎이 달린다. 잎은 마주나고 방패 모양이
며, 잎자루는 길이 9~15cm이고 잎몸은 지름 35~50cm의
원형이다. 7~9갈래의 열편은 끝이 날카롭고 2회 2개씩 갈
라지며, 가장자리에 날카로운 톱니가 있다. 경생엽은 잎자
루가 짧고 5갈래이다. 꽃은 6~8월에 피는데, 지름 8~10cm
의 두상화로 꽃부리는 분홍빛을 띠는 흰색이다. 수과는 길
이 5~6mm, 너비 1.2~1.5mm의 원통형이다.

▲ 잎

⚒ 생육상토

비옥하며 습도가 높은 토양이 좋다. 건조한 곳에서는 적당
한 차광이 필요하며, 사질토양에서 잘 자란다.

▲ 꽃

362

종자

- 종자채종: 9~10월
- 종자저장: 2~5℃ 저온저장
- 발아처리: 저온저장

재배와 관리

❶ 파종

- 파종일자: 4~5월
- 파종방법: 상토에 흩어뿌림
- 온도/습도: 야간온도 14℃ 이상 / 70% 이상
- 관수: 겉흙이 마르지 않게 관수
- 시비: 주1회 복합시비
- 발아 소요기간: 20~30일
- 발아율: 60% 이상

❷ 정식

- 정식방법: 10cm 포트 정식
- 온도/습도: 야간온도 14℃ 이상 / 70% 이상
- 관수: 겉흙이 마르지 않게 관수
- 시비: 주1회 복합시비
- 제초: 상시

❸ 병충해

- 병충해: 잿빛곰팡이병
- 방제법: 살균제 주1회 살포

❹ 생산방식

- 노지: 반음지 식물
- 컨테이너: 10cm 포트 재배

유통

- 출하시기: 10cm 포트 정식 후 2달 이후 출하
- 출하단가: 물가자료(-), 조달청(-), 나라장터쇼핑몰(10cm: 600원)
- 유통경로: 조경회사, 공공기관, 소매

▲ 지피식물로 이용

▲ 지피식물로 이용

▲ 군식하여 경관 향상

▲ 지피식물로 이용

78 벼과(Gramineae)

띠

- **학명** : *Imperata cylindrica* var. *koenigii* (Retz.) Pilg.
- **분포** : 북아메리카, 아시아, 아프리카
- **서식지** : 산과 들

1월	2월	3월	4월	5월	6월	7월	8월	9월	10월	11월	12월
						종자채종					
						파종					

🌳 생태적 특성

여러해살이풀로 근경이나 종자로 번식하며, 산야나 논, 밭둑, 강가에 서식한다. 근경은 길게 옆으로 뻗고 화경의 높이는 30~60cm이며, 줄기는 곧게 서고 마디에 털이 있다. 잎몸은 선형이고 납작하며 길이 20~50cm, 너비 7~12mm로 가장자리나 기부 근처에 털이 있기도 하다. 잎혀는 짧으며 절두이다. 4~5월에 잎과 동시에 화경이 나와서 꽃이 피고 그 후에는 근생엽만 자란다. 원추꽃차례는 길이 10~20cm이며 전체가 원기둥 모양이다.

▲ 꽃

🔨 생육상토

마사토 또는 산흙과 같은 토양이나 원예용 상토를 사용하는 것이 좋다.

▲ 열매

🌱 종자

- 종자채종: 6~7월
- 종자저장: 2~5℃ 저온저장
- 발아처리: 저온저장

🌱 재배와 관리

❶ 파종

- 파종일자: 7~8월
- 파종방법: 채종 즉시 파종
- 온도/습도: 20~25℃ / 60% 이상
- 관수: 겉흙이 마르지 않게 관수
- 시비: 주1회 복합시비
- 발아 소요기간: 5~10일
- 발아율: 60~70%

❷ 정식

- 정식방법: 8cm 포트 3개 이상 정식
- 온도/습도: 20℃이상 / 70~90%
- 관수: 겉흙이 마르지 않게 관수
- 시비: 주1회 복합시비
- 제초: 상시

❸ 병충해

- 병충해: 잘록병
- 방제법: 주기적으로 살균제 살포

❹ 생산방식

- 노지: 노지생육 양호
- 컨테이너: 8cm 포트 재배

🚚 유통

- 출하시기: 8cm 포트 정식 후 1달 이후 출하
- 출하단가: 물가자료(8cm: 1,000원, 8cm 망사포트: 1,000원, 10cm 망사포트: 1,200원), 조달청(8cm: 1,000원), 나라장터쇼핑몰(8cm: 520원)
- 유통경로: 조경회사, 공공기관, 소매

▲ 경계부의 지피식물로 이용

▲ 군식하여 경관 향상

▲ 군식하여 경관 향상

▲ 군식하여 경관 향상

- **학명** : *Primula sieboldii* E. Morren
- **분포** : 한국, 일본, 중국 동북부, 시베리아
- **서식지** : 산과 들의 물가나 풀밭의 습지

1월	2월	3월	4월	5월	6월	7월	8월	9월	10월	11월	12월
				종자채종							
				파종							

생태적 특성

여러해살이풀로 산과 들의 물가에서 자라며, 근경이나 종
자로 번식한다. 근경은 옆으로 비스듬히 서며 잔뿌리가 내
리고, 줄기는 곧게 서며 부드러운 털이 있다. 잎은 뿌리에
서 모여나며 잎자루가 길다. 잎몸은 길이 3~9cm, 너비 3~
6cm의 타원형으로 가장자리가 얕게 갈라지며, 잎면이 우글
쭈글하고 열편에 톱니가 있다. 꽃은 4~5월에 홍자색으로
피는데, 7~14개의 꽃이 산형으로 달린다. 열매는 삭과로
지름 5cm의 둥근 원추형이다.

▲ 잎

생육상토

비옥하고 보습력과 물빠짐이 좋은 사질양토가 좋으며, 부
엽토, 배양토, 모래를 5:3:2의 비율로 섞어 사용하는 것이
좋다.

▲ 꽃

🥚 종자

- 종자채종: 5~6월
- 종자저장: 이듬해 파종할 경우에는 2~5℃ 저온저장

👐 재배와 관리

❶ 파종

- 파종일자: 5~6월
- 파종방법: 채종 즉시 파종
- 온도/습도: 야간온도 14℃ 이상 / 70~80%
- 관수: 겉흙이 마르지 않게 관수
- 시비: 주1회 복합시비
- 발아 소요기간: 20~40일
- 발아율: 약 60%

❷ 정식

- 정식방법: 10cm 포트 정식
- 온도/습도: 야간온도 14℃ 이상 / 70~80%
- 관수: 겉흙이 마르지 않게 관수
- 시비: 주1회 복합시비
- 제초: 상시

❸ 병충해

- 병충해: 잿빛곰팡이병
- 방제법: 살균제 주1회 살포

❹ 생산방식

- 노지: 반음지
- 컨테이너: 10cm 포트 재배

🚚 유통

- 출하시기: 10cm 포트 정식 후 2달 이후 출하
- 출하단가: 물가자료(8cm: 1,500원), 조달청(-), 나라장터쇼
  핑몰(8cm: 410원)
- 유통경로: 조경회사, 공공기관, 소매

▲ 지피식물로 이용

▲ 군식하여 경관 향상

▲ 군식하여 경관 향상

▲ 지피식물로 이용

80 조름나물과(Menyanthaceae)
어리연꽃

- 학명 : *Nymphoides indica* (L.) Kuntze
- 분포 : 한국(중부 이남), 일본, 중국
- 서식지 : 못이나 호수

1월	2월	3월	4월	5월	6월	7월	8월	9월	10월	11월	12월
						분주					

🌲 생태적 특성

여러해살이풀로 연못이나 늪, 도랑에서 자라는 수생식물이
며, 근경이나 종자로 번식한다. 줄기는 가늘고 마디에 수염
뿌리가 있으며, 1~3개의 잎이 물 위에 수평으로 뜬다. 잎
자루는 길이 1~2cm이고, 잎몸은 지름 7~20cm의 원심형
이다. 꽃은 7~8월에 피는데, 흰색 바탕에 꽃잎 주변으로
가는 섬모들이 나 있고 중심은 황색이며 10여 송이가 한곳
에 모여 핀다. 삭과는 길이 4~5mm의 긴 타원형이고, 종자
는 길이 0.8mm 정도의 넓은 타원형이며 회백색이다.

▲ 잎

🪏 생육상토

점토에 부엽토 등 유기물을 섞어 사용하는 것이 좋다.

▲ 꽃

🖐 재배와 관리

❶ 분주
- 분주일자: 연중 증식 가능
- 분주방법: 물 위에 떠 있는 줄기에서 물속으로 뿌리를 내리므로 적당한 길이로 마디를 잘라 심으면 연중 증식 가능
- 온도/습도: 야간온도 14℃ 이상 / 70% 이상
- 관수: 토양에 물이 잠기도록 관수
- 시비: EC 농도 1.0~2.0으로 관리
- 발아 소요기간: 20~30일
- 발아율: 70% 이상

❷ 정식
- 정식방법: 10cm 포트 정식
- 온도/습도: 야간온도 14℃ 이상 / 70% 이상
- 관수: 토양에 물이 잠기도록 관수
- 시비: EC 농도 1.0~2.0으로 관리
- 제초: 상시

❸ 병충해
- 병충해: 잿빛곰팡이병
- 방제법: 살균제 주1회 살포

❹ 생산방식
- 노지: 노지생육 양호
- 컨테이너: 2~3분얼 10cm 포트 재배

🚜 유통
- 출하시기: 10cm 포트 정식 후 1달 이후 출하
- 출하단가: 물가자료(2~3분얼: 2,000원), 조달청(-), 나라장터 쇼핑몰(10cm: 670원)
- 유통경로: 조경회사, 공공기관, 소매

▲ 군식하여 경관 향상

▲ 군식하여 경관 향상

▲ 군식하여 경관 향상

▲ 군식하여 경관 향상

81 수련과(Nymphaeaceae)
연꽃

- 학명 : *Nelumbo nucifera* Gaertn.
- 분포 : 한국
- 서식지 : 연못

1월	2월	3월	4월	5월	6월	7월	8월	9월	10월	11월	12월
								종자채종			
		파종									

🌿 생태적 특성

여러해살이풀로 연못이나 강가에서 자라는 수생식물이며, 근경이나 종자로 번식한다. 잎자루는 원주형으로 가시가 있다. 잎몸은 지름 25~50cm에 둥근 방패 모양이며, 가운데가 오목하고 가장자리가 밋밋하다. 7~8월에 분홍색 또는 흰색 꽃이 지름 15~20cm로 핀다. 열매는 견과이고 타원형이며, 길이 1~2cm로 벌집 모양의 구멍 속에 들어 있고 검은색이다.

🐌 생육상토

점토에 부엽토 등 유기물을 섞어 사용하는 것이 좋다.

▲ 꽃

▲ 열매

370

🥥 종자

- 종자채종: 9~10월
- 종자저장: 2~5℃ 저온저장
- 발아처리: 종자 끝부분에 상처를 주어 물에 5~20일 침지

🪴 재배와 관리

❶ 파종

- 파종일자: 3~4월
- 파종방법: 토양에 파종하고 흙이 물에 잠기도록 관수
- 온도/습도: 야간온도 14℃ 이상 / 70% 이상
- 관수: 토양에 물이 잠기도록 함
- 시비: EC 농도 1.0~2.0으로 관리
- 발아 소요기간: 20~30일
- 발아율: 70% 이상

❷ 정식

- 정식방법: 10cm 포트 재배
- 온도/습도: 야간온도 14℃ 이상 / 70% 이상
- 관수: 토양에 물이 잠기도록 함
- 시비: EC 농도 1.0~2.0으로 관리
- 제초: 상시

❸ 병충해

- 병충해: 잿빛곰팡이병
- 방제법: 살균제 주1회 살포

❹ 생산방식

- 노지: 노지생육 양호
- 컨테이너: 2~3분얼 10cm 포트 재배

🚚 유통

- 출하시기: 10cm 포트 정식 후 1달 이후 출하
- 출하단가: 물가자료(-), 조달청(-), 나라장터쇼핑몰(1분얼: 4,900원)
- 유통경로: 조경회사, 공공기관, 소매

▲ 군식하여 경관 향상

▲ 군식하여 경관 향상

▲ 군식하여 경관 향상

▲ 군식하여 경관 향상

털중나리

- 학명 : *Lilium amabile* Palib.
- 분포 : 한국, 중국 북동부
- 서식지 : 산지의 숲속

1월	2월	3월	4월	5월	6월	7월	8월	9월	10월	11월	12월
							종자채종				
			파종								

🌲 생태적 특성

여러해살이풀로 산지의 숲속에서 자라며, 인경이나 종자로 번식한다. 줄기는 높이 50~100cm이며, 가지가 윗부분에서 갈라지고 전체에 털이 있다. 잎은 길이 3~7cm, 너비 3~8mm로 피침형이며, 잎자루는 없다. 꽃은 6~8월에 피는데 황적색 바탕에 자주색 반점이 있으며, 줄기와 가지 끝에 1개씩 밑을 향해 핀다. 꽃잎은 피침형이며, 뒤로 많이 젖혀진다. 열매는 삭과로 난상의 넓은 타원형이며, 종자는 갈색이다.

▲ 새순 올라오는 모습

🌱 생육상토

건조하고 물빠짐과 통기성이 좋은 사질토양에 유기물을 혼합하여 재배한다.

▲ 꽃

🖊 종자

- 종자채종: 8~9월경
- 종자저장: 2~5℃ 저온저장
- 발아처리: 저온저장

🌱 재배와 관리

❶ 파종
- 파종일자: 3~6월
- 파종방법: 씨앗이 넓고 납작하여 삽목상자에 흩어뿌림
- 온도/습도: 20~25℃ / 60% 이상
- 관수: 겉흙이 마르지 않게 관수
- 시비: 육묘시기에는 발근제, 살균제 살포
- 발아 소요기간: 7~14일
- 발아율: 약 60%

❷ 정식
- 정식방법: 파종상에 구근이 형성되면 다음해에 노지포장에 정식
- 온도/습도: 20~33℃ / 60% 이상
- 관수: 겉흙이 마르지 않게 관수
- 시비: 노지정식 후 생육 초기 유안시비, 생육 중기 복합시비
- 제초: 상시

❸ 병충해
- 병충해: 병해와 충해에 강함

❹ 생산방식
- 노지: 노지재배 적합하지 않음
- 컨테이너: 개화구, 구근

🚚 유통

- 출하시기: 상시 출하
- 출하단가: 물가자료(-), 조달청(-), 나라장터쇼핑몰(10cm: 840원)
- 유통경로: 조경회사, 공공기관, 소매

▲ 군식하여 경관 향상

▲ 군식하여 경관 향상

83 장미과(Rosaceae)
눈개승마

- **학명** : *Aruncus dioicus* var. *kamtschaticus* (Maxim.) H. Hara
- **분포** : 한국(경남 · 경북 · 강원 · 경기 · 평북)
- **서식지** : 높은 산

1월	2월	3월	4월	5월	6월	7월	8월	9월	10월	11월	12월
							종자채종				
		파종									
			정식								

🌲 생태적 특성

여러해살이풀로 고산지대에서 서식하며, 근경이나 종자로 번식한다. 높이 30~100cm이며, 근경은 목질화되고 굵어진다. 잎은 2~3회 우상복엽이고, 소엽은 길이 3~10cm, 너비 1~6cm의 난형으로 가장자리에 결각과 톱니가 있다. 6~8월에 노란빛을 띠는 흰 꽃이 원추꽃차례로 핀다. 열매는 골돌과로 밑으로 향하고, 익을 때는 광택이 난다. 길이는 2.5mm 정도로 긴 타원형이다.

🥄 생육상토

습도가 높고 반그늘이 진 곳이 좋다. 보습성이 좋고 영양 및 수분함량이 높은 토양을 사용하는 것이 좋다.

▲ 잎

▲ 꽃

▲ 군식하여 경관 향상

🌰 종자

- **종자채종**: 열매가 갈색을 띠는 8~9월
- **종자저장**: 2~5℃ 저온저장
- **발아처리**: 저온저장

👐 재배와 관리

❶ 파종
- **파종일자**: 3~7월
- **파종방법**: 정선된 종자를 고운 모래와 적당 비율 섞어 200~406구 트레이에 파종기를 이용하여 파종
- **온도/습도**: 20~25℃ / 60% 이상
- **관수**: 겉흙이 마르지 않게 관수
- **시비**: 육묘시기에는 발근제, 살균제 살포
- **발아 소요기간**: 7~14일
- **발아율**: 약 60%

❷ 정식
- **정식방법**: 4~9월 8cm 포트 정식
- **온도/습도**: 20~33℃ / 60% 이상
- **관수**: 겉흙이 마르지 않게 관수
- **시비**: 생육 초기 유안시비, 생육 중기 복합시비
- **제초**: 상시

❸ 병충해
- **병충해**: 진드기, 잎애벌레
- **방제법**: 주기적으로 살균제 살포

❹ 생산방식
- **노지**: 노지생육 양호
- **컨테이너**: 8cm 포트 재배

▲ 군식하여 경관 향상

🚚 유통

- **출하시기**: 8cm 포트 정식 후 2달 이후 출하
- **출하단가**: 물가자료(-), 조달청(-), 나라장터쇼핑몰(-)
- **유통경로**: 조경회사, 공공기관, 소매

▲ 군식하여 경관 향상

84 면마과(Dryopteridaceae)

도깨비고비

- **학명** : *Cyrtomium falcatum* (L. f.) C. Presl
- **분포** : 한국, 일본, 타이완, 중국, 인도
- **서식지** : 숲이나 습지

1월	2월	3월	4월	5월	6월	7월	8월	9월	10월	11월	12월
		분주									

🌳 생태적 특성

여러해살이풀로 숲이나 습지에서 자라며 근경이나 포자로 번식한다. 잎은 근경의 끝에서 모여나며, 짙은 녹색에 혁질이고 광택이 난다. 영양엽은 길이 60~100cm로 자라고 우상복엽이며, 포자엽은 우상으로 갈라진다. 포자낭군은 잎 뒷면 전체에 퍼져 붙으며, 포막은 둥글고 흑갈색이 된다.

🪴 생육상토

부식질이 많은 부식토가 좋으며, 원예용 상토를 사용하는 것이 좋다.

▲ 잎

▲ 포자

🌰 재배와 관리

❶ 분주

- 분주일자: 3~4월
- 분주방법: 뿌리 쪽 뇌두 부근에 분주가 된 식물체를 선별
  하여 분주 식재
- 온도/습도: 20~25℃ / 60% 이상
- 관수: 겉흙이 마르지 않게 관수
- 시비: 분주 후 발근제, 살균제 살포
- 발근 소요기간: 약 30일 후 발근
- 발근율: 약 70%

❷ 정식

- 정식방법: 분주와 동시에 15cm 포트에 정식
- 온도/습도: 20~33℃ / 60% 이상
- 관수: 겉흙이 마르지 않게 관수
- 시비: 생육 초기 유안시비, 생육 중기 복합시비
- 제초: 상시

❸ 병충해

- 병충해: 병해와 충해에 강함

❹ 생산방식

- 노지: 시설재배
- 컨테이너: 15cm 포트 재배

🚚 유통

- 출하시기: 지상부 생육이 좋고 뿌리 생육상태가 좋을 때
  출하
- 출하단가: 물가자료(-), 조달청(-), 나라장터쇼핑몰(10cm:
  1,420원)
- 유통경로: 조경회사, 공공기관, 소매

▲ 경계부의 지피식물로 이용

▲ 경계부의 지피식물로 이용

▲ 군식하여 경관 향상

▲ 군식하여 암석원 조성에 이용

종지나물

- 학명 : *Viola papilionacea* Pursh
- 분포 : 한국 전역, 북아메리카
- 서식지 : 산과 들

1월	2월	3월	4월	5월	6월	7월	8월	9월	10월	11월	12월
				종자채종							
			파종								

🌿 생태적 특성

여러해살이풀로 산과 들에서 자라며, 근경이나 종자로 번
식한다. 밑동에서 잎이 나며, 잎자루는 길이 5~15cm로 잎
몸보다 길다. 잎몸은 길이 3~8cm, 너비 4~10cm이며, 잎
은 심장형으로 끝이 뾰족하고 가장자리에 톱니가 있다. 꽃
은 4~6월에 피며 길이 2cm 정도로 화경에 1개씩 달리고,
흰색에 보라색과 황록색의 무늬가 있다. 열매는 길이 1~
1.5cm의 긴 타원형으로 흑자색이고, 종자는 길이 2mm 정
도이며 흑갈색이다.

▲ 잎

⛏ 생육상토

주로 일반토양과 상토를 7:3의 비율로 혼합하여 사용하는
것이 좋다.

▲ 꽃

🌰 종자

- 종자채종: 4~7월
- 종자저장: 2~5℃ 저온저장
- 발아처리: 저온저장

🖐 재배와 관리

❶ 파종

- 파종일자: 4~7월
- 파종방법: 모주 구간에서 종자가 열려 상시 발아되는 묘를
  채취하여 포트에 정식
- 온도/습도: 야간온도 14℃ 이상 / 약 70%
- 관수: 겉흙이 마르지 않게 관수
- 시비: 주1회 복합시비
- 발아 소요기간: 20~30일
- 발아율: 약 80%

❷ 정식

- 정식방법: 8cm 포트
- 온도/습도: 야간온도 14℃ 이상 / 약 70%
- 관수: 겉흙이 마르지 않게 관수
- 시비: 주1회 복합시비
- 제초: 상시

❸ 병충해

- 병충해: 잿빛곰팡이병
- 방제법: 15일에 1번씩 살균제 살포

❹ 생산방식

- 노지: 노지재배 적합하지 않음
- 컨테이너: 10cm 포트 재배

🚚 유통

- 출하시기: 10cm 포트 정식 후 2달 이후 출하
- 출하단가: 물가자료(8cm: 1,700원), 조달청(-), 나라장터쇼
  핑몰(8cm: 430원)
- 유통경로: 조경회사, 공공기관, 소매

▲ 지피식물로 이용

▲ 군식하여 경관 향상

▲ 군식하여 경관 향상

▲ 경계부의 지피식물로 이용

86 돌나물과(Crassulaceae)
애기기린초

- **학명** : *Sedum middendorffianum* Maxim.
- **분포** : 한국 전역, 중국, 일본 등지
- **서식지** : 산지의 바위틈

1월	2월	3월	4월	5월	6월	7월	8월	9월	10월	11월	12월
							종자채종				
				파종							
								삽목			

🌳 생태적 특성

여러해살이풀로 산지의 바위틈에서 자라며, 근경이나 종
자로 번식한다. 줄기는 높이 10~20cm이며, 겨울동안 줄기
아래쪽이 죽지 않고 있다가 밑동 부분에서 다시 싹이 나온
다. 잎은 어긋나며 잎자루는 없고 길이 1~2cm, 너비 3~
6mm이다. 모양은 긴 타원형으로 끝이 뾰족하거나 둔하고,
양면에 털이 없다. 6~8월에 노란 꽃이 원줄기 끝에 취산꽃
차례로 달린다. 골돌과는 5개로 비스듬히 벌어진다.

▲ 꽃

🌱 생육상토

배수성과 통기성이 좋은 사질양토가 좋으며, 원예용 상토
를 사용하는 것이 좋다.

▲ 열매

🌰 종자

- 종자채종: 7~8월
- 종자저장: 2~5℃ 저온저장
- 발아처리: 저온저장

✋ 재배와 관리

❶ 파종
- 파종일자: 4~6월
- 파종방법: 상토에 흩어뿌림
- 온도/습도: 야간온도 15℃ 이상 / 60% 이상
- 관수: 겉흙이 마르지 않게 관수
- 시비: 주1회 복합시비
- 발아 소요기간: 7~15일
- 발아율: 70% 이상

❷ 삽목
- 삽목일자: 9월
- 삽목방법: 삽목은 잘되지만 파종이 효율적
- 온도/습도: 야간온도 15℃ 이상 / 60% 이상
- 관수: 겉흙이 마르지 않게 관수
- 시비: 주1회 복합시비
- 발근 소요기간: 7~15일
- 발근율: 70% 이상

❸ 정식
- 정식방법: 8cm 포트 2~3개
- 온도/습도: 야간온도 15℃ 이상 / 60% 이상
- 관수: 겉흙이 마르지 않게 관수
- 시비: 주1회 복합시비
- 제초: 상시

❹ 병충해
- 병충해: 무름병
- 방제법: 주기적으로 살균제 살포

❺ 생산방식
- 노지: 노지생육 양호
- 컨테이너: 8cm 포트 재배

▲ 지피식물로 이용

▲ 군식하여 경관 향상

▲ 군식하여 경관 향상

🚚 유통

- 출하시기: 8cm 포트 정식 후 2달 이후 출하
- 출하단가: 물가자료(-), 조달청(-), 나라장터쇼핑몰
  (8cm: 600원)
- 유통경로: 조경회사, 공공기관, 소매

- **학명** : *Zizania latifolia* (Griseb.) Turcz. ex Stapf
- **분포** : 한국, 일본, 중국, 시베리아 동부
- **서식지** : 연못이나 냇가

1월	2월	3월	4월	5월	6월	7월	8월	9월	10월	11월	12월
							종자채종				
				근삽							
				정식							

🌳 생태적 특성

여러해살이풀로 연못이나 냇가, 강의 가장자리에서 자라고, 근경이나 종자로 번식한다. 줄기는 곧게 서며 높이 100~200cm이고, 근경은 옆으로 뻗는다. 잎몸은 선형이며 길이 50~100cm, 너비 2~3cm로 털이 없고, 가장자리는 꺼칠꺼칠하다. 잎혀는 흰색 막질이고 끝이 뾰족하다. 꽃은 8~9월에 원추꽃차례로 피는데, 꽃차례는 길이 30~50cm로 윗부분에 암꽃이 달리고 아래쪽에 수꽃이 달린다. 열매는 영과이다.

🌱 생육상토

마사토 또는 산흙과 같은 토양이나 원예용 상토를 사용하는 것이 좋다.

▲ 꽃

▲ 열매

🌱 종자

- 종자채종: 8~9월

🖐 재배와 관리

❶ 근삽

- 근삽일자: 4~6월
- 근삽방법: 근경를 캐내어 1~2마디를 자른 후 젖은 육묘상에 뿌림
- 온도/습도: 20~25℃ / 60% 이상
- 관수: 겉흙이 마르지 않게 관수
- 시비: 주1회 복합시비
- 발근 소요기간: 7~21일
- 발근율: 약 70%

❷ 정식

- 정식방법: 5~7월 8cm 포트 정식
- 온도/습도: 20~35℃ / 80% 이상
- 관수: 겉흙이 마르지 않게 관수
- 시비: 주1회 복합시비
- 제초: 상시

❸ 병충해

- 병충해: 병해와 충해에 강함

❹ 생산방식

- 노지: 노지재배 적합하지 않음
- 컨테이너: 8cm 포트 재배

🚛 유통

- 출하시기: 지상부 생육이 좋고 뿌리 생육상태가 좋을 때 출하
- 출하단가: 물가자료(8cm: 1,000원, 8cm 망사포트: 1,000원, 10cm 망사포트: 1,200원), 조달청(8cm: 1,000원), 나라장터쇼핑몰(8cm: 550원)
- 유통경로: 조경회사, 공공기관, 소매

▲ 군식하여 경관 향상

▲ 일렬로 식재하여 관상효과

▲ 군식하여 경관 향상

▲ 군식하여 경관 향상

88 초롱꽃과(Campanulaceae)
숫잔대

- 학명 : *Lobelia sessilifolia* Lamb.
- 분포 : 한국, 일본, 중국 동북부, 사할린
- 서식지 : 산과 들의 습지

1월	2월	3월	4월	5월	6월	7월	8월	9월	10월	11월	12월
								종자채종			
			파종								
				정식							

생태적 특성

여러해살이풀로 산이나 들의 습지에서 자라며, 근경이나 종자로 번식한다. 근경에서 나오는 줄기는 높이 50~100cm 이며 가지와 털이 없다. 잎은 어긋나는데 다소 밀생하고 길이 4~8cm, 너비 5~15cm의 피침형으로 잎자루는 없고 가장자리에 낮은 톱니가 있다. 꽃은 벽자색이고 7~8월에 줄기 끝에 총상꽃차례로 달린다. 꽃잎은 3갈래이며, 가장자리에 긴 털이 있다. 열매는 삭과로 8~10mm의 도란형이며, 종자는 난형으로 윤기가 있다.

생육상토

보습성이 좋은 식양토를 사용하며, 부엽질이 적당하게 혼합된 토양을 사용하는 것이 좋다.

▲ 꽃

▲ 종자 결실

384

🖊 종자

- 종자채종: 열매가 갈변하여 완숙하는 9~10월
- 종자저장: 2~5℃ 저온저장
- 발아처리: 저온저장

🌱 재배와 관리

❶ 파종

- 파종일자: 3~7월
- 파종방법: 미세종자이므로 정선된 종자를 고운 모래와 섞어 200~406구 트레이에 파종기를 이용하여 파종
- 온도/습도: 20~25℃ / 60% 이상
- 관수: 겉흙이 마르지 않게 관수
- 시비: 육묘시기에는 발근제, 살균제 살포
- 발아 소요기간: 7~14일
- 발아율: 약 80%

❷ 정식

- 정식방법: 4~9월 8cm 포트 정식
- 온도/습도: 25~30℃ / 80% 이상
- 관수: 겉흙이 마르지 않게 관수
- 시비: 생육 초기 유안시비, 생육 중기 복합시비
- 제초: 상시

❸ 병충해

- 병충해: 병해와 충해에 강함

❹ 생산방식

- 노지: 노지생육 양호
- 컨테이너: 8cm 포트 재배

🚚 유통

- 출하시기: 지상부 생육이 좋고 뿌리 생육상태가 좋을 때 출하
- 출하단가: 물가자료(-), 조달청(-), 나라장터쇼핑몰(8cm: 1,350원)
- 유통경로: 조경회사, 공공기관, 소매

▲ 지피식물로 이용

▲ 군식하여 경관 향상

▲ 군식하여 경관 향상

▲ 흰숫잔대 군식하여 경관 향상

89 용담과(Gentianaceae)
용담

- 학명 : *Gentiana scabra* Bunge
- 분포 : 한국, 일본, 중국 동북부, 시베리아
- 서식지 : 산지의 풀밭

1월	2월	3월	4월	5월	6월	7월	8월	9월	10월	11월	12월
									종자채종		
		파종									
			정식								

생태적 특성

여러해살이풀로 산지나 들에서 자라며, 근경이나 종자로 번식한다. 근경이 짧으며 뿌리는 수염 모양이다. 줄기는 곧게 서고 높이 20~60cm이며, 가지가 갈라지고 4개의 가는 줄이 있다. 잎은 마주나며, 잎자루가 없는 경생엽은 길이 4~8cm, 너비 1~3cm의 피침형이다. 꽃은 보라색 또는 흰색으로 8~10월에 줄기 끝 잎겨드랑이에 달린다. 열매는 삭과로 좁고 길며 2갈래로 벌어지고, 종자는 피침형으로 날개가 있다.

▲ 잎

생육상토

배수가 잘되는 사양토가 좋으며, ph 5.0~5.5의 산성토양이 적당하다.

▲ 꽃

386

🌰 종자

- 종자채종: 꼬투리가 갈변하여 종자가 완숙하는 10~11월
- 종자저장: 2~5℃ 저온저장
- 발아처리: 저온저장

🌱 재배와 관리

❶ 파종
- 파종일자: 3~7월
- 파종방법: 미세종자이므로 정선된 종자를 고운 모래와 섞어 200~406구 트레이에 파종기를 이용하여 파종
- 온도/습도: 20~25℃ / 60% 이상
- 관수: 겉흙이 마르지 않게 관수
- 시비: 육묘시기에는 발근제, 살균제 살포
- 발아 소요기간: 7~14일
- 발아율: 약 90%

❷ 정식
- 정식방법: 4~9월 8cm 포트 정식
- 온도/습도: 20~33℃ / 60% 이상
- 관수: 겉흙이 마르지 않게 관수
- 시비: 생육 초기 유안시비, 생육 중기 복합시비
- 제초: 상시

❸ 병충해
- 병충해: 병해와 충해에 강함

❹ 생산방식
- 노지: 노지생육 양호
- 컨테이너: 8cm 포트 재배

🚚 유통

- 출하시기: 지상부 생육이 좋고 뿌리 생육상태가 좋을 때 출하
- 출하단가: 물가자료(-), 조달청(-), 나라장터쇼핑몰(8cm: 520원)
- 유통경로: 조경회사, 공공기관, 소매

▲ 군식하여 경관 향상

▲ 산용담

▲ 비로용담

▲ 덩굴용담

90 꿀풀과(Labiatae)
용머리

- **학명** : *Dracocephalum argunense* Fisch. ex Link
- **분포** : 한국
- **서식지** : 산지

1월	2월	3월	4월	5월	6월	7월	8월	9월	10월	11월	12월
								종자채종			
			파종								
				정식							

🌿 생태적 특성

여러해살이풀로 산지에서 자라며, 근경이나 종자로 번식한다. 원줄기는 15~40cm로 근경에서 모여나며, 전체에 털이 있고 4각이 져 있다. 잎은 마주나며 잎자루가 없고, 잎몸은 길이 2~5cm, 너비 2~5mm의 선형으로 가장자리에 톱니가 없다. 꽃은 6~8월에 보라색으로 피는데, 꽃받침은 통모양으로 5갈래로 갈라지고 피침형이며 끝이 뾰족하다.

🔧 생육상토

배수가 잘되는 사질양토가 좋으며, 반그늘이 지고 유기물이 풍부한 토양이 좋다.

▲ 잎

▲ 꽃

🍃 종자

- 종자채종: 꼬투리가 갈변하여 종자가 완숙하는 9~10월
- 종자저장: 2~5℃ 저온저장
- 발아처리: 저온저장

🌱 재배와 관리

❶ 파종

- 파종일자: 3~7월
- 파종방법: 정선된 종자를 200~406구 트레이에 파종기를 이용하여 파종
- 온도/습도: 20~25℃ / 60% 이상
- 관수: 겉흙이 마르지 않게 관수
- 시비: 육묘시기에는 발근제, 살균제 살포
- 발아 소요기간: 7~14일
- 발아율: 약 70%

❷ 정식

- 정식방법: 4~9월 8cm 포트 정식
- 온도/습도: 20~33℃ / 80% 이상
- 관수: 겉흙이 마르지 않게 관수
- 시비: 생육 초기 유안시비, 생육 중기 복합시비
- 제초: 상시

❸ 병충해

- 병충해: 병해와 충해에 강함

❹ 생산방식

- 노지: 노지생육 양호
- 컨테이너: 8cm 포트 재배

🚚 유통

- 출하시기: 지상부 생육이 좋고 뿌리 생육상태가 좋을 때 출하
- 출하단가: 물가자료(-), 조달청(-), 나라장터쇼핑몰(8cm: 570원)
- 유통경로: 조경회사, 공공기관, 소매

▲ 경계부의 지피식물로 이용

▲ 군식하여 경관 향상

▲ 군식하여 경관 향상

▲ 군식하여 경관 향상

91 장미과(Rosaceae)
찔레꽃

- 학명 : *Rosa multiflora* Thunb.
- 분포 : 한국, 일본 등지
- 서식지 : 산기슭이나 볕이 잘 드는 냇가

1월	2월	3월	4월	5월	6월	7월	8월	9월	10월	11월	12월
		삽목									
			정식								

🌲 생태적 특성

낙엽활엽관목으로 산기슭이나 하천 유역에 서식하며, 수고
는 1~2m로 자라고 줄기에 가시가 많다. 잎은 어긋나며 도
란형으로 길이 2~3cm, 너비 1~2cm이고 뒷면에 잔털이 있
다. 색깔은 흰빛을 띤 연두색이다. 꽃은 5월에 원추꽃차례
로 달리고, 지름 2cm 정도이며 흰색 또는 분홍색으로 핀다.
열매는 난상 타원형이며 10월에 붉게 익는다.

▲ 잎

🌱 생육상토

마사토 또는 산흙과 같은 토양이나 원예용 상토를 사용하
는 것이 좋다.

▲ 꽃

🖊 종자

- 종자채종: 종자파종보다는 삽목을 선호

🌳 재배와 관리

❶ 삽목

- 삽목일자: 3월
- 삽목방법: 찔레나무의 물이 오를 때쯤 2~3마디를 잘라 삽수를 준비하여 삽목상자에 삽목
- 온도/습도: 20~25℃ / 60% 이상
- 관수: 겉흙이 마르지 않게 관수
- 시비: 육묘시기에는 발근제, 살균제 살포
- 발근 소요기간: 20~30일
- 발근율: 80% 이상

❷ 정식

- 정식방법: 4~6월 8cm 포트 정식
- 온도/습도: 20~33℃ / 60% 이상
- 관수: 겉흙이 마르지 않게 관수
- 시비: 생육 초기 유안시비, 생육 중기 복합시비
- 제초: 상시

❸ 병충해

- 병충해: 병해와 충해에 강함

❹ 생산방식

- 노지: 노지생육 양호
- 컨테이너: 15cm 포트 재배

🚚 유통

- 출하시기: 지상부 생육이 좋고 뿌리 생육상태가 좋을 때 출하
- 출하단가: 물가자료(-), 조달청(-), 나라장터쇼핑몰(-)
- 유통경로: 조경회사, 공공기관, 소매

▲ 잔디밭에 식재하여 관상효과

▲ 군식하여 경관 향상

▲ 군식하여 경관 향상

▲ 군식하여 경관 향상

92 백합과(Liliaceae)
참나리

- 학명 : *Lilium lancifolium* Thunb.
- 분포 : 한국, 일본, 중국, 사할린 등지
- 서식지 : 산과 들

1월	2월	3월	4월	5월	6월	7월	8월	9월	10월	11월	12월
									종자채종		
			파종								

🌳 생태적 특성

여러해살이풀로 산이나 들에서 자라며, 주아 및 인경으로
번식한다. 줄기는 높이 100~200cm이며, 인경은 지름 4~
8cm로 둥글고 자갈색이며 끝에 털이 있다. 잎은 길이 5~
8cm, 너비 5~15mm의 피침형으로 잎자루가 없고, 잎겨드
랑이에 짙은 갈색의 주아가 달린다. 꽃은 7~8월에 피는데
줄기 끝에 2~20송이가 밑을 향해 달린다. 꽃잎은 지름 7~
10cm의 피침형으로 황적색 바탕에 흑자색의 반점이 많고,
뒤로 젖혀진다.

▲ 꽃

🌱 생육상토

물빠짐이 좋고 유기물이 풍부한 토양이 좋으며, 원예용 상
토를 사용하는 것이 좋다.

▲ 열매

392

🌱 종자

- 종자채종: 열매가 갈변하여 완숙하는 9~10월
- 종자저장: 2~5℃ 저온저장
- 발아처리: 저온저장

🌱 재배와 관리

❶ 파종
- 파종일자: 3~6월
- 파종방법: 씨앗이 넓고 납작하여 삽목상자에 흩어뿌림
- 온도/습도: 20~25℃ / 60% 이상
- 관수: 겉흙이 마르지 않게 관수
- 시비: 육묘시기에는 발근제, 살균제 살포
- 발아 소요기간: 7~15일
- 발아율: 약 80%

❷ 정식
- 정식방법: 파종상에 구근이 형성되면 다음해에 노지포장에 정식
- 온도/습도: 25~30℃ / 80% 이상
- 관수: 겉흙이 마르지 않게 관수
- 시비: 생육 초기 유안시비, 생육 중기 복합시비
- 제초: 상시

❸ 병충해
- 병충해: 병해와 충해에 강함

❹ 생산방식
- 노지: 노지재배
- 컨테이너: 개화구, 구근

🚚 유통

- 출하시기: 상시출하
- 출하단가: 물가자료(개화구: 2,500원), 조달청(10cm: 2,500원), 나라장터쇼핑몰(개화구: 800원)
- 유통경로: 조경회사, 공공기관, 소매

▲ 군식하여 경관 향상

▲ 관상효과 및 정원 분위기 연출

▲ 군식하여 경관 향상

▲ 경계부의 지피식물로 이용

93 꿀풀과(Labiatae)

배초향

- **학명** : *Agastache rugosa* (Fisch. & Mey.) Kuntze
- **분포** : 한국, 일본, 타이완, 중국 등지
- **서식지** : 양지쪽 자갈밭

1월	2월	3월	4월	5월	6월	7월	8월	9월	10월	11월	12월
								종자채종			
			파종								
			정식								

🌳 생태적 특성

여러해살이풀로 양지의 자갈밭이나 들에서 자라며, 근경이나 종자로 번식한다. 줄기는 높이 60~120cm로 곧게 서고 전체에 털이 없으며, 가지는 갈라지고 네모가 진다. 잎몸은 길이 5~10cm, 너비 3~7cm의 난상 심장형으로 가장자리에 둔한 톱니가 있고 잎자루는 길다. 꽃은 자주색으로 7~8월에 가지나 줄기의 끝부분에 윤산꽃차례로 밀집하여 핀다. 꽃차례의 길이는 5~15cm이다. 열매는 소견과로 도란상 타원형이다.

🔨 생육상토

마사토 또는 산흙과 같은 토양이나 원예용 상토를 사용하는 것이 좋다.

▲ 잎

▲ 꽃

🌰 종자

- 종자채종: 꼬투리가 갈변하여 종자가 완숙하는 9~10월
- 종자저장: 2~5℃ 저온저장
- 발아처리: 저온저장

🌱 재배와 관리

❶ 파종
- 파종일자: 3~8월
- 파종방법: 정선된 종자를 200~406구 트레이에 파종기로 파종
- 온도/습도: 20~25℃ / 60% 이상
- 관수: 겉흙이 마르지 않게 관수
- 시비: 육묘시기에는 발근제, 살균제 살포
- 발아 소요기간: 7~15일
- 발아율: 약 80%

❷ 정식
- 정식방법: 4~9월 8cm 포트 정식
- 온도/습도: 20~33℃ / 60% 이상
- 관수: 겉흙이 마르지 않게 관수
- 시비: 생육 초기 유안시비, 생육 중기 복합시비
- 제초: 상시

❸ 병충해
- 병충해: 병해와 충해에 강함

❹ 생산방식
- 노지: 노지생육 양호
- 컨테이너: 8cm 포트 재배

🚚 유통

- 출하시기: 지상부 생육이 좋고 뿌리 생육상태가 좋을 때 출하
- 출하단가: 물가자료(8cm: 1,500원), 조달청(-), 나라장터쇼핑몰(8cm: 460원)
- 유통경로: 조경회사, 공공기관, 소매

▲ 군식하여 경관 향상

▲ 군식하여 경관 향상

▲ 군식하여 경관 향상

▲ 군식하여 경관 향상

은방울꽃

- 학명 : *Convallaria keiskei* Miq.
- 분포 : 한국, 중국, 동시베리아, 일본
- 서식지 : 산지의 습지

1월	2월	3월	4월	5월	6월	7월	8월	9월	10월	11월	12월
							종자채종				
	파종										

🌳 생태적 특성

여러해살이풀로 산 가장자리의 습기가 있는 곳에서 자라며, 지하경이나 종자로 번식한다. 지하경은 옆으로 뻗어나가고 마디에서 새순이 나오며, 많은 수염뿌리가 있다. 화경은 7~15cm로 잎보다 짧다. 잎은 2~3장이 밑동에서 나오며, 잎몸은 길이 12~18cm, 너비 3~7cm로 난상 타원형이다. 잎의 표면은 짙은 녹색이고 뒷면은 흰빛이 난다. 꽃은 5~6월에 피는데, 지름은 5mm이고 종 모양이며 흰색이다. 꽃의 끝부분이 6개로 갈라지고 뒤로 젖혀진다. 장과는 둥근 모양이며 붉게 익는다.

▲ 잎

🍃 생육상토

약간 습기가 있고 유기질이 풍부한 토양이 좋으며, 부엽토, 배양토, 모래를 4:2:4로 섞어 사용하는 것이 좋다.

▲ 꽃

🥄 종자

- 종자채종: 8~9월
- 종자저장: 2~5℃ 저온저장
- 발아처리: 저온저장

🌱 재배와 관리

❶ 파종
- 파종일자: 2~3월
- 파종방법: 종자가 달리긴 하지만 양이 적다. 일반적으로
  산채가 대부분
- 온도/습도: 20~25℃ / 60% 이상
- 관수: 겉흙이 마르지 않게 관수
- 시비: 주1회 복합시비
- 발아 소요기간: 1~2일
- 발아율: 약 80%

❷ 정식
- 정식방법: 10cm 포트 정식
- 온도/습도: 20~25℃ / 60% 이상
- 관수: 겉흙이 마르지 않게 관수
- 시비: 주1회 복합시비
- 제초: 상시

❸ 병충해
- 병충해: 뿌리썩음병
- 방제법: 배수에 유의하여 사전에 발생 방지

❹ 생산방식
- 노지: 노지재배 적합하지 않음
- 컨테이너: 10cm 포트 재배

🚚 유통

- 출하시기: 10cm 포트 정식 후 1달 이후 출하
- 출하단가: 물가자료(8cm: 1,000원), 조달청(8cm: 1,000원), 나
  라장터쇼핑몰(10cm: 590원)
- 유통경로: 조경회사, 공공기관, 소매

▲ 지피식물로 이용

▲ 지피식물로 이용

▲ 지피식물로 이용

▲ 군식하여 경관 향상

95 석죽과(Caryophyllaceae)
제비동자

- 학명 : *Lychnis wilfordii* (Regel) Maxim.
- 분포 : 한국(대관령 이북), 일본, 중국
- 서식지 : 산지나 풀밭의 반그늘

1월	2월	3월	4월	5월	6월	7월	8월	9월	10월	11월	12월
									종자채종		
			파종								

생태적 특성

여러해살이풀로 산지의 습도가 높은 반그늘에서 자라며, 근경이나 종자로 번식한다. 높이 50~80cm이며, 줄기는 곧게 서고 털이 없다. 잎은 마주나고 길이 3~7cm, 너비 1~2cm로 잎자루가 없다. 모양은 피침형이며, 끝이 뾰족하고 가장자리는 밋밋하다. 6~8월에 주홍색 꽃이 줄기 끝에 우산 모양으로 피며, 꽃잎이 5개이고 끝이 2개로 갈라진다. 열매는 삭과로 타원형이고, 9~10월에 익는 종자는 짙은 회색이며 돌기가 있다.

생육상토

통기성, 보비력 및 보수력이 좋은 토양이 좋으며, 원예용 상토를 사용하는 것이 좋다.

▲ 잎

▲ 꽃

🌱 종자

- 종자채종: 10~11월
- 종자저장: 2~5℃ 저온저장
- 발아처리: 저온저장

🌿 재배와 관리

❶ 파종

- 파종일자: 이듬해 4~5월
- 파종방법: 상토에 흩어뿌림
- 온도/습도: 야간온도 14℃ 이상 / 60% 이상
- 관수: 겉흙이 마르지 않게 관수
- 시비: 주1회 복합시비
- 발아 소요기간: 20~40일
- 발아율: 80% 이상

❷ 정식

- 정식방법: 8cm 포트 정식
- 온도/습도: 야간온도 14℃ 이상 / 60% 이상
- 관수: 겉흙이 마르지 않게 관수
- 시비: 주1회 복합시비
- 제초: 상시

❸ 병충해

- 병충해: 회색곰팡이병, 줄기썩음병
- 방제법: 주기적으로 살균제 살포

❹ 생산방식

- 노지: 노지재배 적합하지 않음
- 컨테이너: 8cm 포트 재배

🚚 유통

- 출하시기: 8cm 포트 정식 후 2달 이후 출하
- 출하단가: 물가자료(-), 조달청(-), 나라장터쇼핑몰(8cm: 450원)
- 유통경로: 조경회사, 공공기관, 소매

▲ 암석원 조성에 이용

▲ 군식하여 경관 향상

96 돌나물과(Crassulaceae)
태백기린초

- 학명 : *Sedum latiovalifolium* Y. N. Lee
- 분포 : 한국 중북부의 산지
- 서식지 : 태백산, 설악산, 대암산

1월	2월	3월	4월	5월	6월	7월	8월	9월	10월	11월	12월
				파종							
								삽목			

🌳 생태적 특성

여러해살이풀로 산지의 바위틈에서 자라며, 근경이나 종자
로 번식한다. 줄기는 뭉쳐나며 높이 20cm 정도이고, 비스
듬히 선다. 잎은 마주나거나 어긋나고 길이 3~5cm, 너비 3
~4cm의 넓은 난형으로 가장자리에 톱니가 있다. 꽃은 노
란색으로 6~7월에 피는데, 5~7송이가 취산꽃차례를 이룬
다. 열매는 골돌과이다.

⛏ 생육상토

토양을 거의 가리지 않는 편이며, 배수와 통기성이 양호한
사질양토가 좋다.

▲ 잎

▲ 꽃

400

🌰 종자

- 종자채종: 7~8월
- 종자저장: 2~5℃ 저온저장
- 발아처리: 저온저장

✋ 재배와 관리

❶ 파종

- 파종일자: 4~6월
- 파종방법: 상토에 흩어뿌림
- 온도/습도: 야간온도 15℃ 이상 / 60% 이상
- 관수: 겉흙이 마르지 않게 관수
- 시비: 주1회 복합시비
- 발아 소요기간: 7~15일
- 발아율: 70% 이상

❷ 삽목

- 삽목일자: 9월
- 삽목방법: 삽목 잘되나 파종이 효율적
- 온도/습도: 야간온도 15℃ 이상 / 60% 이상
- 관수: 겉흙이 마르지 않게 관수
- 시비: 주1회 복합시비
- 발근 소요기간: 7~15일
- 발근율: 70% 이상

❸ 정식

- 정식방법: 8cm 포트 2~3개
- 온도/습도: 야간온도 15℃ 이상 / 60% 이상
- 관수: 겉흙이 마르지 않게 관수
- 시비: 주1회 복합시비
- 제초: 상시

❹ 병충해

- 병충해: 무름병
- 방제법: 주기적으로 살균제 살포

❺ 생산방식

- 노지: 노지생육 양호
- 컨테이너: 8cm 포트 재배

▲ 군식하여 경관 향상

▲ 군식하여 암석원 조성에 이용

▲ 군식하여 경관 향상

🚚 유통

- 출하시기: 8cm 포트 정식 후 2달 이후 출하
- 출하단가: 물가자료(-), 조달청(-), 나라장터쇼핑몰 (8cm: 450원)
- 유통경로: 조경회사, 공공기관, 소매

터리풀

- **학명** : *Filipendula glaberrima* Nakai
- **분포** : 한국(경남 · 경북 · 경기 · 강원)
- **서식지** : 산지

1월	2월	3월	4월	5월	6월	7월	8월	9월	10월	11월	12월
								종자채종			
			파종								
			정식								

🌳 생태적 특성

여러해살이풀로 산지에서 자라며, 근경이나 종자로 번식한다. 줄기는 곧게 서고 높이 40~80cm이며, 전체에 털이 없다. 근생엽은 1회 우상복엽이고, 정소엽은 길이 16cm, 너비 25cm이며 5개로 갈라지고, 측소엽은 크기가 작다. 꽃은 7~8월에 피는데, 희고 작은 꽃이 가지 끝에 많이 모여 취산상 산방꽃차례를 이룬다. 열매는 삭과이며 난상 타원형으로 가장자리에 털이 있다.

▲ 잎

🌱 생육상토

부엽이 적당히 섞인 보습성이 충분한 토양이 좋으며, 원예용 상토를 사용하는 것이 좋다.

▲ 꽃

🌱 종자

- 종자채종: 9~10월
- 종자저장: 2~5℃ 저온저장
- 발아처리: 저온저장

🌱 재배와 관리

❶ 파종

- 파종일자: 이듬해 3~7월
- 파종방법: 정선된 종자를 200~406구 트레이에 파종기를 이용하여 파종
- 온도/습도: 20~25℃ / 60% 이상
- 관수: 겉흙이 마르지 않게 관수
- 시비: 육묘시기에는 발근제, 살균제 살포
- 발아 소요기간: 7~15일
- 발아율: 약 70%

❷ 정식

- 정식방법: 4~9월 8cm 포트 정식
- 온도/습도: 20~30℃ / 80% 이상
- 관수: 겉흙이 마르지 않게 관수
- 시비: 생육 초기 유안시비, 생육 중기 복합시비
- 제초: 상시

❸ 병충해

- 병충해: 병해와 충해에 강함

❹ 생산방식

- 노지: 노지생육 양호
- 컨테이너: 8cm 포트 재배

🚚 유통

- 출하시기: 지상부 생육이 좋고 뿌리 생육상태가 좋을 때 출하
- 출하단가: 물가자료(-), 조달청(-), 나라장터쇼핑몰(10cm: 720원)
- 유통경로: 조경회사, 공공기관, 소매

▲ 군식하여 경관 향상

▲ 군식하여 경관 향상

▲ 군식하여 경관 향상

▲ 군식하여 경관 향상

- **학명** : *Cyperus exaltatus* var. *iwasakii* T. Koyama
- **분포** : 한국(전국 각지)
- **서식지** : 저습답 또는 고래실

1월	2월	3월	4월	5월	6월	7월	8월	9월	10월	11월	12월
								종자채종			
		파종									
			정식								

🌲 생태적 특성

한해살이풀로 논이나 연못가의 습지에서 자라며, 종자로 번식한다. 줄기는 높이 80~150cm이고 둥근 삼각형으로 속이 솜 조직으로 되어 있다. 화경은 100~200cm까지 자란다. 잎은 길고 가는 줄 모양이며, 표면에 2개의 능선이 있고 뒷면에는 주맥이 뚜렷하다. 잎몸은 너비 8~16mm이다. 꽃은 7~8월에 피며, 꽃차례는 5~10개의 가지가 갈라져 산형을 이루고, 소수는 황록색이다. 수과는 1mm 정도의 타원형으로 황갈색이며 3개의 능선이 있다.

▲ 꽃

🛠 생육상토

습기가 있고 유기질이 풍부한 토양이 좋으며, 원예용 상토를 사용하는 것이 좋다.

▲ 열매

🌰 종자

- 종자채종: 꼬투리가 갈변하여 종자가 완숙하는 9~10월
- 종자저장: 2~5℃ 저온저장
- 발아처리: 저온저장

🌱 재배와 관리

❶ 파종

- 파종일자: 3~6월
- 파종방법: 물에 항상 젖은 파종상을 만들어 정선된 종자와 고운 모래를 적당 비율로 섞어 흩어뿌림으로 파종
- 온도/습도: 20~25℃ / 60% 이상
- 관수: 겉흙이 마르지 않게 관수
- 시비: 주1회 복합시비
- 발아 소요기간: 7~15일
- 발아율: 약 80%

❷ 정식

- 정식방법: 4~7월 8cm 포트 정식(한해살이풀이므로 계획생산 필요)
- 온도/습도: 20~35℃ / 80% 이상
- 관수: 겉흙이 마르지 않게 관수
- 시비: 주1회 복합시비
- 제초: 상시

❸ 병충해

- 병충해: 병해와 충해에 강함

❹ 생산방식

- 노지: 노지생육 양호
- 컨테이너: 8cm 포트 재배

🚚 유통

- 출하시기: 지상부 생육이 좋고 뿌리 생육상태가 좋을 때 출하
- 출하단가: 물가자료(-), 조달청(-), 나라장터쇼핑몰(-)
- 유통경로: 조경회사, 공공기관, 소매

▲ 군식하여 경관 향상

▲ 조경에 이용

큰까치수염

- **학명** : *Lysimachia clethroides* Duby
- **분포** : 한국, 일본, 중국
- **서식지** : 산지의 볕이 잘 드는 풀밭

1월	2월	3월	4월	5월	6월	7월	8월	9월	10월	11월	12월
							종자채종				
				파종							
				정식							

🌲 생태적 특성

여러해살이풀로 산이나 들의 양지에서 자라며, 근경이나 종자로 번식한다. 줄기는 높이 50~100cm로 원주형이며 곧게 서고, 밑부분은 약간 붉은빛이 돌고 가지는 갈라지지 않는다. 잎은 어긋나고 길이 1~2cm이며, 잎자루가 있다. 잎몸은 길이 7~15cm, 너비 2~5cm의 긴 타원상 피침형으로 양끝이 뾰족하고 표면에만 털이 있다. 6~8월에 흰 꽃이 피는데, 촘촘한 총상꽃차례로 꽃자루가 있다. 삭과는 지름 2.5mm 정도이며, 둥근 모양으로 꽃받침보다 길다.

▲ 잎

⚒ 생육상토

토양의 비옥도에 관계없이 양지바른 곳이 좋으며, 원예용 상토를 사용하는 것이 좋다.

▲ 꽃

🍃 종자

- 종자채종: 꼬투리가 갈변하여 종자가 완숙하는 8~9월
- 종자저장: 2~5℃ 저온저장
- 발아처리: 저온저장

🌱 재배와 관리

❶ 파종

- 파종일자: 3~9월
- 파종방법: 정선된 종자를 200~406구 트레이에 파종기를 이용하여 파종
- 온도/습도: 20~25℃ / 60% 이상
- 관수: 겉흙이 마르지 않게 관수
- 시비: 육묘시기에는 발근제, 살균제 살포
- 발아 소요기간: 14~21일
- 발아율: 약 70%

❷ 정식

- 정식방법: 4~9월 8cm 포트 정식
- 온도/습도: 20~33℃ / 80% 이상
- 관수: 겉흙이 마르지 않게 관수
- 시비: 생육 초기 유안시비, 생육 중기 복합시비
- 제초: 상시

❸ 병충해

- 병충해: 병해와 충해에 강함

❹ 생산방식

- 노지: 노지생육 양호
- 컨테이너: 8cm 포트 재배

🚚 유통

- 출하시기: 지상부 생육이 좋고 뿌리 생육상태가 좋을 때 출하
- 출하단가: 물가자료(-), 조달청(-), 나라장터쇼핑몰(-)
- 유통경로: 조경회사, 공공기관, 소매

▲ 군식하여 경관 향상

▲ 군식하여 경관 향상

▲ 군식하여 경관 향상

▲ 군식하여 경관 향상

- 학명 : *Iris lactea* var. *chinensis* (Fisch.) Koidz.
- 분포 : 한국, 일본, 중국(만주)
- 서식지 : 산지의 건조한 곳

1월	2월	3월	4월	5월	6월	7월	8월	9월	10월	11월	12월
							종자채종				
			파종								
			정식								

🌲 생태적 특성

여러해살이풀로 산지나 풀밭의 건조한 곳에서 자라며, 근경이나 종자로 번식한다. 화경은 길이 15~25cm이며, 근경에서 모여난다. 잎은 선형으로 길이 30~40cm, 너비 4~8mm이며, 잎 전체가 약간 꼬인다. 색은 녹색이고 밑부분은 연한 자주색이다. 5~6월에 연한 보라색 꽃이 피며, 꽃잎은 밖으로 퍼진다. 삭과는 타원형으로 끝이 뾰족하다.

🌱 생육상토

토양조건 관계없이 잘 자라며, 약산성(pH 5.5~6.2) 토양에서 생육이 왕성하다.

▲ 꽃

▲ 열매

🖋 종자

- 종자채종: 꼬투리가 갈변하여 종자가 완숙하는 7~8월
- 종자저장: 2~5℃ 저온저장
- 발아처리: 파종 전 물에 2~3일 침지

🌱 재배와 관리

❶ 파종

- 파종일자: 3~8월
- 파종방법: 정선된 종자를 200~406구 트레이에 파종기로 파종
- 온도/습도: 20~25℃ / 60% 이상
- 관수: 겉흙이 마르지 않게 관수
- 시비: 육묘시기에는 발근제, 살균제 살포
- 발아 소요기간: 7~21일
- 발아율: 약 80%

❷ 정식

- 정식방법: 4~9월 8cm 포트 정식
- 온도/습도: 20~33℃ / 80% 이상
- 관수: 겉흙이 마르지 않게 관수
- 시비: 생육 초기 유안시비, 생육 중기 복합시비
- 제초: 상시

❸ 병충해

- 병충해: 회색곰팡이병, 줄기썩음병
- 방제법: 주기적으로 살균제 살포

❹ 생산방식

- 노지: 노지생육 양호
- 컨테이너: 8cm 포트 재배

🚜 유통

- 출하시기: 지상부 생육이 좋고 뿌리 생육상태가 좋을 때 출하
- 출하단가: 물가자료(10cm: 2,000원), 조달청(-), 나라장터쇼핑몰(8cm: 980원)
- 유통경로: 조경회사, 공공기관, 소매

▲ 군식하여 경관 향상

▲ 지피식물로 이용

▲ 군식하여 경관 향상

▲ 지피식물로 이용

제8장
정원유지예산관리
프로그램

이 장의 프로그램 소스는 푸른행복 홈페이지(www.munyei.com) 자료실에서
다운받으실 수 있습니다.

현재 많은 공동주택에서 정원 유지관리에 필요한 예산을 산정하는 데 어려움을 느끼고 있다. 이에 따라 외주업체에 용역을 맡길 경우 관리비용이 적절한지 판단할 수 있는 기준을 제시하기 위하여 「공동주택 정원 유지관리 예산 프로그램」을 개발하게 되었다. 이 프로그램은 엑셀 파일로 개발되었으며, 그 구성 및 사용방법은 다음과 같다.

01. 프로그램의 구성

① 공사원가 계산서: 관리에 필요한 총비용 및 재료비, 노무비, 경비 및 기타 비용 등을 표시한다.

공사원가 계산서					
[공사명] ○○조경관리공사			금액: 육십구만삼천육백칠십원정		₩693,670
비목			금액	구성비	비고
순공사원가	재료비	직접재료비	97,774		
		간접재료비			
		작업설,부산물(△)			
		[소계]	97,773		
	노무비	직접노무비	327,441		
		간접노무비	32,416	직접노무비*9.9%	
		[소계]	359,857		
	경비	운반비			
		기계경비			
		산재보험료	13,314	노무비*3.7%	
		고용보험료	2,842	노무비*0.79%	
		국민건강보험료	5,566	직접노무비*1.7%	
		국민연금보험료	8,153	직접노무비*2.49%	
		산업안전보건관리비	12,654	(재료비+직노)*2.48%*1.2	
		환경보전비	1,275	(재료비+직노+기계경비)*0.3%	
		기타 경비	27,915	(재료비+노무비)*6.1%	
		[소계]	71,719		
합계			529,349		
일반관리비			31,760	계*6%	
이윤			69,500	(노무비+경비+일반관리비)*15.0%	
공급가액			630,609		
부가가치세			63,061	#단위조정(~00)	
도급액			693,670		
관급자재비					
총공사비			693,670		

② 집계표: 관리공종별 비용을 표시한다.

품명	규격	단위	수량	재료비		노무비		경비		합계		비고
				단가	금액	단가	금액	단가	금액	단가	금액	
01. 수목전정		식	1	0	0	166,160	166,160	0	0	166,160	166,160	
02. 수간보호 및 월동작업		식	1	44,740	44,740	62,171	62,171	0	0	106,911	106,911	
03. 수목관수		식	1	0	0	25,245	25,245	0	0	25,245	25,245	
04. 수목 및 잔디 시비		식	1	41,419	41,419	37,911	37,911	0	0	79,330	79,330	
05. 병충해 방제		식	1	11,604	11,604	27,647	27,647	2	2	39,253	39,253	
06. 제초		식	1	2	2	7,824	7,824	34	34	7,860	7,860	
07. 잔디관리		식	1	9	9	483	483	19	19	510	510	
합계					97,774		327,441		54		425,269	

③ 내역서: 수목규격에 따른 수량을 입력하면 관리공종별/수목규격별 비용을 표시한다.

품명	규격	단위	수량	재료비		노무비		경비		합계		비고
				단가	금액	단가	금액	단가	금액	단가	금액	
01. 수목전정												
교목전정	(낙엽수, 겨울, B10cm 미만)	주	1	0	0	6,466	6,466	0	0	6,466	6,466	
	(낙엽수, 겨울, B10~19cm)	주	1	0	0	15,519	15,519	0	0	15,519	15,519	
	(낙엽수, 겨울, B20cm 이상)	주	1	0	0	25,866	25,866	0	0	25,866	25,866	
	(낙엽수, 여름, B10cm 미만)	주	1	0	0	3,192	3,192	0	0	3,192	3,192	
	(낙엽수, 여름, B10~19cm)	주	1	0	0	8,365	8,365	0	0	8,365	8,365	
	(낙엽수, 여름, B20cm 이상)	주	1	0	0	15,519	15,519	0	0	15,519	15,519	
	(상록수, B10cm 미만)	주	1	0	0	8,365	8,365	0	0	8,365	8,365	
	(상록수, B10~19cm)	주	1	0	0	12,933	12,933	0	0	12,933	12,933	
	(상록수, B20cm 이상)	주	1	0	0	22,791	22,791	0	0	22,791	22,791	
관목전정	(상록조형, H0.3m 미만)	주	1	0	0	989	989	0	0	989	989	
	(상록조형, H0.3~0.5m)	주	1	0	0	1,188	1,188	0	0	1,188	1,188	
	(상록조형, H0.6~0.8m)	주	1	0	0	1,636	1,636	0	0	1,636	1,636	
	(상록조형, H0.9~1.1m)	주	1	0	0	2,505	2,505	0	0	2,505	2,505	
	(상록조형, H1.2~1.5m)	주	1	0	0	4,353	4,353	0	0	4,353	4,353	
	(독립수, H0.3m 미만)	주	1	0	0	233	233	0	0	233	233	

품명	규격	단위	수량	재료비		노무비		경비		합계		비고
				단가	금액	단가	금액	단가	금액	단가	금액	
관목전정	(독립수, H0.3~0.5m)	주	1	0	0	249	249	0	0	249	249	
	(독립수, H0.6~0.8m)	주	1	0	0	343	343	0	0	343	343	
	(독립수, H0.9~1.1m)	주	1	0	0	541	541	0	0	541	541	
	(독립수, H1.2~1.5m)	주	1	0	0	1,332	1,332	0	0	1,332	1,332	
	(군식, H0.3m 미만)	주	1	0	0	128	128	0	0	128	128	
	(군식, H0.3~0.5m)	주	1	0	0	163	163	0	0	163	163	
	(군식, H0.6~0.8m)	주	1	0	0	207	207	0	0	207	207	
	(군식, H0.9~1.1m)	주	1	0	0	278	278	0	0	278	278	
	(군식, H1.2~1.5m)	주	1	0	0	424	424	0	0	424	424	
덩굴자르기	(H3.0m 미만)	주	1	0	0	4,886	4,886	0	0	4,886	4,886	
	(H3.0~4.9m)	주	1	0	0	5,701	5,701	0	0	5,701	5,701	
	(H5.0~6.9m)	주	1	0	0	6,515	6,515	0	0	6,515	6,515	
	(H7.0~9.9m)	주	1	0	0	7,329	7,329	0	0	7,329	7,329	
	(H10m 이상)	주	1	0	0	8,144	8,144	0	0	8,144	8,144	
합계					0		166,160		0		166,160	

02. 수간보호 및 월동작업

품명	규격	단위	수량	재료비		노무비		경비		합계		비고
수간보호(월동작업)	(설치높이 H0.3m 이하)	주	1	985	985	1,456	1,456	0	0	2,441	2,441	
	(설치높이 H0.4~0.5m)	주	1	1,155	1,155	2,143	2,143	0	0	3,298	3,298	
	(설치높이 H0.6~0.7m)	주	1	2,225	2,225	2,912	2,912	0	0	5,137	5,137	
	(설치높이 H0.8~1.0m)	주	1	3,380	3,380	4,775	4,775	0	0	8,155	8,155	
	(설치높이 H1.1~1.5m)	주	1	4,510	4,510	7,688	7,688	0	0	12,198	12,198	
	(설치높이 H1.6~2.0m)	주	1	4,765	4,765	10,600	10,600	0	0	15,365	15,365	
	(설치높이 H2.1~2.5m)	주	1	5,775	5,775	13,513	13,513	0	0	19,288	19,288	
	(설치높이 H2.6~3.0m)	주	1	5,945	5,945	17,474	17,474	0	0	23,419	23,419	
피복작업(멀칭)	(우드칩)	m²	1	16,000	16,000	1,610	1,610	0	0	17,610	17,610	
합계					44,740		62,171		0		106,911	

03. 수목관수

품명	규격	단위	수량	재료비		노무비		경비		합계		비고
인력관수	(B10cm 미만)	주	1	0	0	2,443	2,443	0	0	2,443	2,443	
	(B10~19cm)	주	1	0	0	3,257	3,257	0	0	3,257	3,257	
	(B20~29cm)	주	1	0	0	4,886	4,886	0	0	4,886	4,886	
	(B30~39cm)	주	1	0	0	6,515	6,515	0	0	6,515	6,515	
	(B40cm 이상)	주	1	0	0	8,144	8,144	0	0	8,144	8,144	
합계					0		25,245		0		25,245	

품명	규격	단위	수량	재료비		노무비		경비		합계		비고
				단가	금액	단가	금액	단가	금액	단가	금액	
04. 수목 및 잔디 시비												
교목시비	(R5cm 이하)	주	1	1,284.50	1,284.50	1,356.00	1,356.00	0.00	0.00	2,640.50	2,640.50	
	(R6~10cm)	주	1	2,557.50	2,557.50	2,108.00	2,108.00	0.00	0.00	4,665.50	4,665.50	
	(R11~15cm)	주	1	5,115	5,115	3,635	3,635	0	0	8,750	8,750	
	(R16~20cm)	주	1	7,638	7,638	6,059	6,059	0	0	13,697	13,697	
	(R21~30cm)	주	1	10,172.50	10,172.50	7,922.00	7,922.00	0.00	0.00	18,094.50	18,094.50	
	(R31~50cm)	주	1	10,172.50	10,172.50	10,600.00	10,600.00	0.00	0.00	20,772.50	20,772.50	
관목시비	(독립수, H0.3m 이하)	주	1	261.50	261.50	241.00	241.00	0.00	0.00	502.50	502.50	
	(독립수, H0.4~0.5m)	주	1	267	267	354	354	0	0	621	621	
	(독립수, H0.6~0.7m)	주	1	267	267	500	500	0	0	767	767	
	(독립수, H0.8~1.0m)	주	1	273	273	605	605	0	0	878	878	
	(독립수, H1.1~1.5m)	주	1	528.75	528.75	977.00	977.00	0.00	0.00	1,505.75	1,505.75	
	(독립수, H1.6~2.0m)	주	1	1,284.50	1,284.50	1,211.00	1,211.00	0.00	0.00	2,495.50	2,495.50	
	(군식, H0.3m이하)	주	1	261.50	261.50	220.00	220.00	0.00	0.00	481.50	481.50	
	(군식, H0.4~0.5m)	주	1	267	267	308	308	0	0	575	575	
	(군식, H0.6~0.7m)	주	1	267	267	358	358	0	0	625	625	
	(군식, H0.8~1.0m)	주	1	273	273	496	496	0	0	769	769	
	(군식, H1.1~1.5m)	주	1	528.75	528.75	961.00	961.00	0.00	0.00	1,489.75	1,489.75	
	(군식, H1.6~2.0m)	주	1	1,284.50	1,284.50	1,525.00	1,525.00	0.00	0.00	2,809.50	2,809.50	
잔디시비(인력)		m²	1	34.50	34.50	14.00	14.00	0.00	0.00	48.50	48.50	
합계					41,419		37,911		0		79,330	
05. 병충해 방제												
수목병충해방제	(수동식 분무기, 관목 군식)	주	1	42.00	42.00	2,443.00	2,443.00	0.00	0.00	2,485.00	2,485.00	
	(수동식 분무기, H2.0m 미만)	주	1	42.00	42.00	2,443.00	2,443.00	0.00	0.00	2,485.00	2,485.00	
	(수동식 분무기, H2.0m 이상)	주	1	350.00	350.00	4,886.00	4,886.00	0.00	0.00	5,236.00	5,236.00	
	(동력 분무기, 관목 군식)	주	1	44.11	44.00	154.00	154.00	0.29	0.29	198.40	198.29	
	(동력 분무기, H2.0m미만)	주	1	44.77	44.77	220.00	220.00	0.38	0.38	265.15	265.15	
	(동력 분무기, H2.0m이상)	주	1	355.14	355.00	298.00	298.00	0.70	0.70	653.84	653.70	

품명	규격	단위	수량	재료비		노무비		경비		합계		비고
				단가	금액	단가	금액	단가	금액	단가	금액	
잔디약제살포	(수동식 분무기)	m²	1	315.00	315.00	3,257.00	3,257.00	0.00	0.00	3,572.00	3,572.00	
	(동력 분무기)	m²	1	316.80	316.80	103.00	103.00	0.24	0.24	420.04	420.04	
해충잠복소설치	(B10cm이하)	주	1	1,763.16	1,763.16	1,628.00	1,628.00	0.00	0.00	3,391.16	3,391.16	
	(B11~20cm)	주	1	1,846.32	1,846.32	2,443.00	2,443.00	0.00	0.00	4,289.32	4,289.32	
	(B21~30cm)	주	1	2,769.48	2,769.48	3,257.00	3,257.00	0.00	0.00	6,026.48	6,026.48	
	(B31~50cm)	주	1	3,715.80	3,715.80	6,515.00	6,515.00	0.00	0.00	10,230.80	10,230.80	
합계					11,604		27,647		2		39,253	

06. 제초

품명	규격	단위	수량	재료비		노무비		경비		합계		비고
제초	(잡초가 많은 지역)	m²	1	0	0	6,515	6,515	0	0	6,515	6,515	
	(잡초가 보통인 지역)	m²	1	0	0	610	610	0	0	610	610	
	(잡초가 적은 지역)	m²	1	0	0	366	366	0	0	366	366	
녹지예초	(기계예취기 사용, 평지)	m²	1	0.78	0.78	160.00	160.00	16.05	16.05	176.83	176.83	
	(기계예취기 사용, 경사지)	m²	1	0.92	0.92	173.00	173.00	17.86	17.86	191.78	191.78	
합계					2		7,824		34		7,860	

07. 잔디관리

품명	규격	단위	수량	재료비		노무비		경비		합계		비고
잔디깎기	(소형삭초기 사용)	m²	1	3.11	3.11	152.00	152.00	6.48	6.48	161.59	161.59	
	(중형삭초기 사용)	m²	1	2.78	2.78	152.00	152.00	7.32	7.32	162.10	162.10	
	(대형삭초기 사용)	m²	1	2.64	2.64	179.00	179.00	4.91	4.91	186.55	186.55	
합계					9		483		19		510	

④ 일위대가 목록: 관리공종 및 규격별 일위대가 목록

번호	품명	규격	단위	재료비	노무비	경비	합계	비고
제1호표	교목전정	(낙엽수, 겨울, B10cm 미만)	주	0.00	6,466.00	0.00	6,466.00	
제2호표	교목전정	(낙엽수, 겨울, B10~19cm)	주	0.00	15,519.00	0.00	15,519.00	
제3호표	교목전정	(낙엽수, 겨울, B20cm 이상)	주	0.00	25,866.00	0.00	25,866.00	
제4호표	교목전정	(낙엽수, 여름, B10cm 미만)	주	0.00	3,192.00	0.00	3,192.00	
제5호표	교목전정	(낙엽수, 여름, B10~19cm)	주	0.00	8,365.00	0.00	8,365.00	
제6호표	교목전정	(낙엽수, 여름, B20cm 이상)	주	0.00	15,519.00	0.00	15,519.00	
제7호표	교목전정	(상록수, B10cm 미만)	주	0.00	8,365.00	0.00	8,365.00	
제8호표	교목전정	(상록수, B10~19cm)	주	0.00	12,933.00	0.00	12,933.00	
제9호표	교목전정	(상록수, B20cm 이상)	주	0.00	22,791.00	0.00	22,791.00	
제10호표	관목전정	(상록조형, H0.3m 미만)	주	0.00	989.00	0.00	989.00	
제11호표	관목전정	(상록조형, H0.3~0.5m)	주	0.00	1,188.00	0.00	1,188.00	
제12호표	관목전정	(상록조형, H0.6~0.8m)	주	0.00	1,636.00	0.00	1,636.00	
제13호표	관목전정	(상록조형, H0.9~1.1m)	주	0.00	2,505.00	0.00	2,505.00	
제14호표	관목전정	(상록조형, H1.2~1.5m)	주	0.00	4,353.00	0.00	4,353.00	
제15호표	관목전정	(독립수, H0.3m 미만)	주	0.00	233.00	0.00	233.00	
제16호표	관목전정	(독립수, H0.3~0.5m)	주	0.00	249.00	0.00	249.00	
제17호표	관목전정	(독립수, H0.6~0.8m)	주	0.00	343.00	0.00	343.00	
제18호표	관목전정	(독립수, H0.9~1.1m)	주	0.00	541.00	0.00	541.00	
제19호표	관목전정	(독립수, H1.2~1.5m)	주	0.00	1,332.00	0.00	1,332.00	
제20호표	관목전정	(군식, H0.3m 미만)	주	0.00	128.00	0.00	128.00	
제21호표	관목전정	(군식, H0.3~0.5m)	주	0.00	163.00	0.00	163.00	
제22호표	관목전정	(군식, H0.6~0.8m)	주	0.00	207.00	0.00	207.00	
제23호표	관목전정	(군식, H0.9~1.1m)	주	0.00	278.00	0.00	278.00	
제24호표	관목전정	(군식, H1.2~1.5m)	주	0.00	424.00	0.00	424.00	
제25호표	덩굴자르기	(H3.0m 미만)	주	0.00	4,886.00	0.00	4,886.00	
제26호표	덩굴자르기	(H3.0~4.9m)	주	0.00	5,701.00	0.00	5,701.00	
제27호표	덩굴자르기	(H5.0~6.9m)	주	0.00	6,515.00	0.00	6,515.00	
제28호표	덩굴자르기	(H7.0~9.9m)	주	0.00	7,329.00	0.00	7,329.00	
제29호표	덩굴자르기	(H10m 이상)	주	0.00	8,144.00	0.00	8,144.00	
제30호표	수간보호(월동작업)	(설치높이 H0.3m 이하)	주	985.00	1,456.00	0.00	2,441.00	
제31호표	수간보호(월동작업)	(설치높이 H0.4~0.5m)	주	1,155.00	2,143.00	0.00	3,298.00	
제32호표	수간보호(월동작업)	(설치높이 H0.6~0.7m)	주	2,225.00	2,912.00	0.00	5,137.00	
제33호표	수간보호(월동작업)	(설치높이 H0.8~1.0m)	주	3,380.00	4,775.00	0.00	8,155.00	
제34호표	수간보호(월동작업)	(설치높이 H1.1~1.5m)	주	4,510.00	7,688.00	0.00	12,198.00	
제35호표	수간보호(월동작업)	(설치높이 H1.6~2.0m)	주	4,765.00	10,600.00	0.00	15,365.00	
제36호표	수간보호(월동작업)	(설치높이 H2.1~2.5m)	주	5,775.00	13,513.00	0.00	19,288.00	
제37호표	수간보호(월동작업)	(설치높이 H2.6~3.0m)	주	5,945.00	17,474.00	0.00	23,419.00	

번호	품명	규격	단위	재료비	노무비	경비	합계	비고
제38호표	피복작업(멀칭)	(우드칩)	m²	16,000.00	1,610.00	0.00	17,610.00	
제39호표	식재면 고르기		m²	0.00	755.00	0.00	755.00	
제40호표	인력관수	(B10cm 미만)	주	0.00	2,443.00	0.00	2,443.00	
제41호표	인력관수	(B10~19cm)	주	0.00	3,257.00	0.00	3,257.00	
제42호표	인력관수	(B20~29cm)	주	0.00	4,886.00	0.00	4,886.00	
제43호표	인력관수	(B30~39cm)	주	0.00	6,515.00	0.00	6,515.00	
제44호표	인력관수	(B40cm 이상)	주	0.00	8,144.00	0.00	8,144.00	
제45호표	교목시비	(R5cm 이하)	주	1,284.50	1,356.00	0.00	2,640.50	
제46호표	교목시비	(R6~10cm)	주	2,557.50	2,108.00	0.00	4,665.50	
제47호표	교목시비	(R11~15cm)	주	5,115.00	3,635.00	0.00	8,750.00	
제48호표	교목시비	(R16~20cm)	주	7,638.00	6,059.00	0.00	13,697.00	
제49호표	교목시비	(R21~30cm)	주	10,172.50	7,922.00	0.00	18,094.50	
제50호표	교목시비	(R31~50cm)	주	10,172.50	10,600.00	0.00	20,772.50	
제51호표	관목시비	(독립수, H0.3m 이하)	주	261.50	241.00	0.00	502.50	
제52호표	관목시비	(독립수, H0.4~0.5m)	주	267.25	354.00	0.00	621.25	
제53호표	관목시비	(독립수, H0.6~0.7m)	주	267.25	500.00	0.00	767.25	
제54호표	관목시비	(독립수, H0.8~1.0m)	주	273.00	605.00	0.00	878.00	
제55호표	관목시비	(독립수, H1.1~1.5m)	주	528.75	977.00	0.00	1,505.75	
제56호표	관목시비	(독립수, H1.6~2.0m)	주	1,284.50	1,211.00	0.00	2,495.50	
제57호표	관목시비	(군식, H0.3m 이하)	주	261.50	220.00	0.00	481.50	
제58호표	관목시비	(군식, H0.4~0.5m)	주	267.25	308.00	0.00	575.25	
제59호표	관목시비	(군식, H0.6~0.7m)	주	267.25	358.00	0.00	625.25	
제60호표	관목시비	(군식, H0.8~1.0m)	주	273.00	496.00	0.00	769.00	
제61호표	관목시비	(군식, H1.1~1.5m)	주	528.75	961.00	0.00	1,489.75	
제62호표	관목시비	(군식, H1.6~2.0m)	주	1,284.50	1,525.00	0.00	2,809.50	
제63호표	잔디시비(인력)		m²	34.50	14.00	0.00	48.50	
제64호표	수목병충해 방제	(수동식분무기, 관목군식)	주	42.00	2,443.00	0.00	2,485.00	
제65호표	수목병충해 방제	(수동식분무기, H2.0m 미만)	주	42.00	2,443.00	0.00	2,485.00	
제66호표	수목병충해 방제	(수동식분무기, H2.0m 이상)	주	350.00	4,886.00	0.00	5,236.00	
제67호표	잔디약제 살포	(수동식분무기)	m²	315.00	3,257.00	0.00	3,572.00	
제68호표	수목병충해 방제	(동력분무기, 관목군식)	주	44.11	154.00	0.29	198.40	
제69호표	수목병충해 방제	(동력분무기, H2.0m 미만)	주	44.77	220.00	0.38	265.15	
제70호표	수목병충해 방제	(동력분무기, H2.0m 이상)	주	355.14	298.00	0.70	653.84	
제71호표	잔디약제 살포	(동력분무기)	m²	316.80	103.00	0.24	420.04	
제72호표	해충잠복소 설치	(B10cm 이하)	주	1,763.16	1,628.00	0.00	3,391.16	
제73호표	해충잠복소 설치	(B11~20cm)	주	1,846.32	2,443.00	0.00	4,289.32	
제74호표	해충잠복소 설치	(B21~30cm)	주	2,769.48	3,257.00	0.00	6,026.48	
제75호표	해충잠복소 설치	(B31~50cm)	주	3,715.80	6,515.00	0.00	10,230.80	

번호	품명	규격	단위	재료비	노무비	경비	합계	비고
제76호표	제초	(잡초가 많은 지역)	m²	0.00	6,515.00	0.00	6,515.00	
제77호표	제초	(잡초가 보통인 지역)	m²	0.00	610.00	0.00	610.00	
제78호표	제초	(잡초가 적은 지역)	m²	0.00	366.00	0.00	366.00	
제79호표	녹지예초	(기계예취기 사용, 평지)	m²	0.78	160.00	16.05	176.83	
제80호표	녹지예초	(기계예취기 사용, 경사지)	m²	0.92	173.00	17.86	191.78	
제81호표	잔디깎기	(소형삭초기 사용)	m²	3.11	152.00	6.48	161.59	
제82호표	잔디깎기	(중형삭초기 사용)	m²	2.78	152.00	7.32	162.10	
제83호표	잔디깎기	(대형삭초기 사용)	m²	2.64	179.00	4.91	186.55	

⑤ 일위대가: 관리공종 및 규격별 일위대가 세부 내용

품명	규격	단위	수량	재료비		노무비		경비		합계		비고
				단가	금액	단가	금액	단가	금액	단가	금액	
제1호표 교목전정 (낙엽수, 겨울, B10cm 미만)				(주당)		⟨2013 표준품셈 p.1254~5~1.일반전정⟩						
조경공		인	0.05			104,904	5,245				5,245	
보통인부		인	0.015			81,443	1,221				1,221	
계							6,466				6,466	
제2호표 교목전정 (낙엽수, 겨울, B10~19cm)				(주당)		⟨2013 표준품셈 p.1254~5~1.일반전정⟩						
조경공		인	0.12			104,904	12,588				12,588	
보통인부		인	0.036			81,443	2,931				2,931	
계							15,519				15,519	
제3호표 교목전정 (낙엽수, 겨울, B20cm 이상)				(주당)		⟨2013 표준품셈 p.1254~5~1.일반전정⟩						
조경공		인	0.20			104,904	20,980				20,980	
보통인부		인	0.06			81,443	4,886				4,886	
계							25,866				25,866	
제4호표 교목전정 (낙엽수, 여름, B10cm 미만)				(주당)		⟨2013 표준품셈 p.1254~5~1.일반전정⟩						
조경공		인	0.025			104,904	2,622				2,622	
보통인부		인	0.007			81,443	570				570	
계							3,192				3,192	
제5호표 교목전정 (낙엽수, 여름, B10~19cm)				(주당)		⟨2013 표준품셈 p.1254~5~1.일반전정⟩						
조경공		인	0.065			104,904	6,818				6,818	

품명	규격	단위	수량	재료비 단가	재료비 금액	노무비 단가	노무비 금액	경비 단가	경비 금액	합계 단가	합계 금액	비고
보통인부		인	0.019			81,443	1,547				1,547	
계							8,365				8,365	
제6호표 교목전정 (낙엽수, 여름, B20cm 이상)				(주당)		〈2013 표준품셈 p.1254~5~1. 일반전정〉						
조경공		인	0.12			104,904	12,588				12,588	
보통인부		인	0.036			81,443	2,931				2,931	
계							15,519				15,519	
제7호표 교목전정 (상록수, B10cm미만)				(주당)		〈2013 표준품셈 p.1254~5~1. 일반전정〉						
조경공		인	0.065			104,904	6,818				6,818	
보통인부		인	0.019			81,443	1,547				1,547	
계							8,365				8,365	
제8호표 교목전정 (상록수, B10~19cm)				(주당)		〈2013 표준품셈 p.1254~5~1. 일반전정〉						
조경공		인	0.10			104,904	10,490				10,490	
보통인부		인	0.03			81,443	2,443				2,443	
계							12,933				12,933	
제9호표 교목전정 (상록수, B20cm 이상)				(주당)		〈2013 표준품셈 p.1254~5~1. 일반전정〉						
조경공		인	0.18			104,904	18,882				18,882	
보통인부		인	0.048			81,443	3,909				3,909	
계							22,791				22,791	
제10호표 관목전정 (상록조형, H0.3m 미만)				(주당)		〈2013 도로공사 유지보수 공종별 단가집〉						
조경공		인	0.008			104,904	786				786	
보통인부		인	0.003			81,443	203				203	
계							989				989	
제11호표 관목전정 (상록조형, H0.3~0.5m)				(주당)		〈2013 도로공사 유지보수 공종별 단가집〉						
조경공		인	0.009			104,904	944				944	
보통인부		인	0.003			81,443	244				244	
계							1,188				1,188	
제12호표 관목전정 (상록조형, H0.6~0.8m)				(주당)		〈2013 도로공사 유지보수 공종별 단가집〉						
조경공		인	0.013			104,904	1,311				1,311	

품명	규격	단위	수량	재료비		노무비		경비		합계		비고
				단가	금액	단가	금액	단가	금액	단가	금액	
보통인부		인	0.004			81,443	325				325	
계							1,636				1,636	
제13호표 관목전정 (상록조형, H0.9~1.1m)				(주당)		〈2013 도로공사 유지보수 공종별 단가집〉						
조경공		인	0.02			104,904	2,098				2,098	
보통인부		인	0.005			81,443	407				407	
계							2,505				2,505	
제14호표 관목전정 (상록조형, H1.2~1.5m)				(주당)		〈2013 도로공사 유지보수 공종별 단가집〉						
조경공		인	0.033			104,904	3,409				3,409	
보통인부		인	0.012			81,443	944				944	
계							4,353				4,353	
제15호표 관목전정 (독립수, H0.3m 미만)				(주당)		〈2013 도로공사 유지보수 공종별 단가집〉						
조경공		인	0.002			104,904	209				209	
보통인부		인	0.000			81,443	24				24	
계							233				233	
제16호표 관목전정 (독립수, H0.3~0.5m)				(주당)		〈2013 도로공사 유지보수 공종별 단가집〉						
조경공		인	0.002			104,904	209				209	
보통인부		인	0.001			81,443	40				40	
계							249				249	
제17호표 관목전정 (독립수, H0.6~0.8m)				(주당)		〈2013 도로공사 유지보수 공종별 단가집〉						
조경공		인	0.003			104,904	262				262	
보통인부		인	0.001			81,443	81				81	
계							343				343	
제18호표 관목전정 (독립수, H0.9~1.1m)				(주당)		〈2013 도로공사 유지보수 공종별 단가집〉						
조경공		인	0.004			104,904	419				419	
보통인부		인	0.002			81,443	122				122	
계							541				541	
제19호표 관목전정 (독립수, H1.2~1.5m)				(주당)		〈2013 도로공사 유지보수 공종별 단가집〉						
조경공		인	0.011			104,904	1,153				1,153	

품명	규격	단위	수량	재료비		노무비		경비		합계		비고
				단가	금액	단가	금액	단가	금액	단가	금액	
보통인부		인	0.002			81,443	179				179	
계							1,332				1,332	
제20호표 관목전정 (군식, H0.3m미만)			(주당)			〈2013 도로공사 유지보수 공종별 단가집〉						
조경공		인	0.001			104,904	104				104	
보통인부		인	0.000			81,443	24				24	
계							128				128	
제21호표 관목전정 (군식, H0.3~0.5m)			(주당)			〈2013 도로공사 유지보수 공종별 단가집〉						
조경공		인	0.001			104,904	131				131	
보통인부		인	0.000			81,443	32				32	
계							163				163	
제22호표 관목전정 (군식, H0.6~0.8m)			(주당)			〈2013 도로공사 유지보수 공종별 단가집〉						
조경공		인	0.002			104,904	167				167	
보통인부		인	0.001			81,443	40				40	
계							207				207	
제23호표 관목전정 (군식, H0.9~1.1m)			(주당)			〈2013 도로공사 유지보수 공종별 단가집〉						
조경공		인	0.002			104,904	230				230	
보통인부		인	0.001			81,443	48				48	
계							278				278	
제24호표 관목전정 (군식, H1.2~1.5m)			(주당)			〈2013 도로공사 유지보수 공종별 단가집〉						
조경공		인	0.003			104,904	262				262	
보통인부		인	0.002			81,443	162				162	
계							424				424	
제25호표 덩굴자르기 (H3.0m 미만)			(주당)			〈2013 도로공사 유지보수 공종별 단가집〉						
보통인부		인	0.06			81,443	4,886				4,886	
계							4,886				4,886	
제26호표 덩굴자르기 (H3.0~4.9m)			(주당)			〈2013 도로공사 유지보수 공종별 단가집〉						
보통인부		인	0.07			81,443	5,701				5,701	
계							5,701				5,701	

품명	규격	단위	수량	재료비		노무비		경비		합계		비고
				단가	금액	단가	금액	단가	금액	단가	금액	
제27호표 덩굴자르기 (H5.0~6.9m)				(주당)		〈2013 도로공사 유지보수 공종별 단가집〉						
보통인부		인	0.08			81,443	6,515				6,515	
계							6,515				6,515	
제28호표 덩굴자르기 (H7.0~9.9m)				(주당)		〈2013 도로공사 유지보수 공종별 단가집〉						
보통인부		인	0.09			81,443	7,329				7,329	
계							7,329				7,329	
제29호표 덩굴자르기 (H10m 이상)				(주당)		〈2013 도로공사 유지보수 공종별 단가집〉						
보통인부		인	0.100			81,443	8,144				8,144	
계							8,144				8,144	
제30호표 수간보호 (월동작업, 설치높이 0.3m 이하)				(주당)		〈2013 도로공사 유지보수 공종별 단가집〉						
조경공		인	0.01			104,904	1,049				1,049	
보통인부		인	0.005			81,443	407				407	
거적		매	0.15	6,000	900						900	
새끼		m	1.00	85	85						85	
계					985		1,456				2,356	
제31호표 수간보호 (월동작업, 설치높이 0.4~0.5m)				(주당)		〈2013 도로공사 유지보수 공종별 단가집〉						
조경공		인	0.015			104,904	1,573				1,573	
보통인부		인	0.007			81,443	570				570	
거적		매	0.15	6,000	900						900	
새끼		m	3.00	85	255						255	
계					1,155		2,143				3,043	
제32호표 수간보호 (월동작업, 설치높이 0.6~0.7m)				(주당)		〈2013 도로공사 유지보수 공종별 단가집〉						
조경공		인	0.02			104,904	2,098				2,098	
보통인부		인	0.01			81,443	814				814	
거적		매	0.30	6,000	1,800						1,800	
새끼		m	5.00	85	425						425	
계					2,225		2,912				4,712	
제33호표 수간보호 (월동작업, 설치높이 0.8~1.0m)				(주당)		〈2013 도로공사 유지보수 공종별 단가집〉						

품명	규격	단위	수량	재료비		노무비		경비		합계		비고
				단가	금액	단가	금액	단가	금액	단가	금액	
조경공		인	0.03			104,904	3,147				3,147	
보통인부		인	0.02			81,443	1,628				1,628	
거적		매	0.45	6,000	2,700						2,700	
새끼		m	8.00	85	680						680	
계					3,380		4,775				7,475	
제34호표 수간보호 (월동작업, 설치높이 1.1~1.5m)				(주당)		〈2013 도로공사 유지보수 공종별 단가집〉						
조경공		인	0.05			104,904	5,245				5,245	
보통인부		인	0.03			81,443	2,443				2,443	
거적		매	0.61	6,000	3,660						3,660	
새끼		m	10.00	85	850						850	
계					4,510		7,688				11,348	
제35호표 수간보호 (월동작업, 설치높이 1.6~2.0m)				(주당)		〈2013 도로공사 유지보수 공종별 단가집〉						
조경공		인	0.07			104,904	7,343				7,343	
보통인부		인	0.04			81,443	3,257				3,257	
거적		매	0.61	6,000	3,660						3,660	
새끼		m	13.00	85	1,105						1,105	
계					4,765		10,600				14,260	
제36호표 수간보호 (월동작업, 설치높이 2.1~2.5m)				(주당)		〈2013 도로공사 유지보수 공종별 단가집〉						
조경공		인	0.09			104,904	9,441				9,441	
보통인부		인	0.05			81,443	4,072				4,072	
거적		매	0.75	6,000	4,500						4,500	
새끼		m	15.00	85	1,275						1,275	
계					5,775		13,513				18,013	
제37호표 수간보호 (월동작업, 설치높이 2.6~3.0m)				(주당)		〈2013 도로공사 유지보수 공종별 단가집〉						
조경공		인	0.120			104,904	12,588				12,588	
보통인부		인	0.06			81,443	4,886				4,886	
거적		매	0.75	6,000	4,500						4,500	
새끼		m	17.00	85	1,445						1,445	
계					5,945		17,474				21,974	
제38호표 피복작업 (멀칭)				(m²당)		〈2013 도로공사 유지보수 공종별 단가집〉						

품명	규격	단위	수량	재료비 단가	재료비 금액	노무비 단가	노무비 금액	경비 단가	경비 금액	합계 단가	합계 금액	비고
우드칩		m³	0.10	160,000	16,000		—				16,000	
보통인부		인	0.011			81,443	855				855	
식재면 고르기		m²	1.00			755	755				755	
계					16,000		1,610				17,610	
제39호표 식재면 고르기				(m²당)		〈2013 도로공사 유지보수 공종별 단가집〉						
조경공		인	0.001			104,904	104				104	
보통인부		인	0.008			81,443	651				651	
계					—		755				755	
제40호표 인력관수 (B10cm 미만)				(주당)		〈2013 도로공사 유지보수 공종별 단가집〉						
보통인부		인	0.03			81,443	2,443				2,443	
계							2,443				2,443	
제41호표 인력관수 (B10~19cm)				(주당)		〈2013 도로공사 유지보수 공종별 단가집〉						
보통인부		인	0.04			81,443	3,257				3,257	
계							3,257				3,257	
제42호표 인력관수 (B20~29cm)				(주당)		〈2013 도로공사 유지보수 공종별 단가집〉						
보통인부		인	0.06			81,443	4,886				4,886	
계							4,886				4,886	
제43호표 인력관수 (B30~40cm)				(주당)		〈2013 도로공사 유지보수 공종별 단가집〉						
보통인부		인	0.08			81,443	6,515				6,515	
계					—		6,515				6,515	
제44호표 인력관수 (B40cm이상)				(주당)		〈2013 도로공사 유지보수 공종별 단가집〉						
보통인부		인	0.10			81,443	8,144				8,144	
계					—		8,144				8,144	
제45호표 교목시비 (R5cm 미만)				(주당)		〈2013 도로공사 유지보수 공종별 단가집〉						
조경공		인	0.01			104,904	1,153				1,153	
보통인부		인	0.003			81,443	203				203	
복합비료		kg	0.03	1,150	34.50						35	

품명	규격	단위	수량	재료비		노무비		경비		합계		비고
				단가	금액	단가	금액	단가	금액	단가	금액	
유기질비료		kg	5.00	250	1,250.00						1,250	
계					1,284.50		1,356.00				2,640.50	
제46호표 교목시비 (R6~10cm)				(주당)		〈2013 도로공사 유지보수 공종별 단가집〉						
조경공		인	0.017			104,904	1,783				1,783.00	
보통인부		인	0.004			81,443	325				325.00	
복합비료		kg	0.05	1,150	57.50						57.50	
유기질비료		kg	10.00	250	2,500.00						2,500.00	
계					2,557.50		2,108				4,665.50	
제47호표 교목시비 (R11~15cm)				(주당)		〈2013 도로공사 유지보수 공종별 단가집〉						
조경공		인	0.03			104,904	3,147				3,147	
보통인부		인	0.006			81,443	488				488	
복합비료		kg	0.10	1,150	115						115	
유기질비료		kg	20.00	250	5,000						5,000	
계					5,115		3,635				8,750	
제48호표 교목시비 (R16~20cm)				(주당)		〈2013 도로공사 유지보수 공종별 단가집〉						
조경공		인	0.05			104,904	5,245				5,245	
보통인부		인	0.01			81,443	814				814	
복합비료		kg	0.12	1,150	138						138	
유기질비료		kg	30.00	250	7,500						7,500	
계					7,638		6,059				13,697	
제49호표 교목시비 (R121~30cm)				(주당)		〈2013 도로공사 유지보수 공종별 단가집〉						
조경공		인	0.06			104,904	6,294				6,294.00	
보통인부		인	0.02			81,443	1,628				1,628.00	
복합비료		kg	0.150	1,150	172.50						172.50	
유기질비료		kg	40.00	250	10,000.00						10,000.00	
계					10,172.50		7,922				18,094.50	
제50호표 교목시비 (R31~50cm)				(주당)		〈2013 도로공사 유지보수 공종별 단가집〉						
조경공		인	0.07			104,904	7,343				7,343.00	
보통인부		인	0.04			81,443	3,257				3,257.00	
복합비료		kg	0.15	1,150	172.50						172.50	

품명	규격	단위	수량	재료비		노무비		경비		합계		비고
				단가	금액	단가	금액	단가	금액	단가	금액	
유기질비료		kg	40.00	250	10,000.00						10,000.00	
계					10,172.50		10,600				20,772.50	
제51호표 관목시비 (독립수, H0.3m 이하)				(주당)		〈2013 도로공사 유지보수 공종별 단가집〉						
조경공		인	0.002			104,904	209				209.00	
보통인부		인	0.000			81,443	32				32.00	
복합비료		kg	0.01	1,150	11.50						11.50	
유기질비료		kg	1.00	250	250.00						250.00	
계					261.50		241				502.50	
제52호표 관목시비 (독립수, H0.4~0.5m)				(주당)		〈2013 도로공사 유지보수 공종별 단가집〉						
조경공		인	0.003			104,904	314				314	
보통인부		인	0.001			81,443	40				40	
복합비료		kg	0.015	1,150	17						17	
유기질비료		kg	1.00	250	250						250	
계					267		354				621	
제53호표 관목시비 (독립수, H0.6~0.7m)				(주당)		〈2013 도로공사 유지보수 공종별 단가집〉						
조경공		인	0.004			104,904	419				419	
보통인부		인	0.001			81,443	81				81	
복합비료		kg	0.015	1,150	17						17	
유기질비료		kg	1.00	250	250						250	
계					267		500				767	
제54호표 관목시비 (독립수, H0.8~1.0m)				(주당)		〈2013 도로공사 유지보수 공종별 단가집〉						
조경공		인	0.005			104,904	524				524	
보통인부		인	0.001			81,443	81				81	
복합비료		kg	0.020	1,150	23						23	
유기질비료		kg	1.00	250	250						250	
계					273		605				878	
제55호표 관목시비 (독립수, H1.1~1.5m)				(주당)		〈2013 도로공사 유지보수 공종별 단가집〉						
조경공		인	0.008			104,904	839				839.00	
보통인부		인	0.002			81,443	138				138.00	
복합비료		kg	0.025	1,150	28.75						28.75	

품명	규격	단위	수량	재료비 단가	재료비 금액	노무비 단가	노무비 금액	경비 단가	경비 금액	합계 단가	합계 금액	비고
유기질비료		kg	2.00	250	500.00						500.00	
계					528.75		977				1,505.75	
제56호표 관목시비 (독립수, H1.6~2.0m)			(주당)			〈2013 도로공사 유지보수 공종별 단가집〉						
조경공		인	0.010			104,904	1,049				1,049.00	
보통인부		인	0.002			81,443	162				162.00	
복합비료		kg	0.030	1,150	34.50						34.50	
유기질비료		kg	5.00	250	1,250.00						1,250.00	
계					1,284.50		1,211				2,495.50	
제57호표 관목시비 (군식, H0.3m 이하)			(주당)			〈2013 도로공사 유지보수 공종별 단가집〉						
조경공		인	0.002			104,904	188				188	
보통인부		인	0.000			81,443	32				32	
복합비료		kg	0.010	1,150	12						12	
유기질비료		kg	1.00	250	250						250	
계					262		220				482	
제58호표 관목시비 (군식, H0.4~0.5m)			(주당)			〈2013 도로공사 유지보수 공종별 단가집〉						
조경공		인	0.003			104,904	272				272	
보통인부		인	0.000			81,443	36				36	
복합비료		kg	0.015	1,150	17						17	
유기질비료		kg	1.00	250	250						250	
계					267		308				575	
제59호표 관목시비 (군식, H0.6~0.7m)			(주당)			〈2013 도로공사 유지보수 공종별 단가집〉						
조경공		인	0.003			104,904	314				314	
보통인부		인	0.001			81,443	44				44	
복합비료		kg	0.015	1,150	17						17	
유기질비료		kg	1.00	250	250						250	
계					267		358				625	
제60호표 관목시비 (군식, H0.8~1.0m)			(주당)			〈2013 도로공사 유지보수 공종별 단가집〉						
조경공		인	0.004			104,904	419				419	
보통인부		인	0.001			81,443	77				77	
복합비료		kg	0.020	1,150	23						23	

품명	규격	단위	수량	재료비 단가	재료비 금액	노무비 단가	노무비 금액	경비 단가	경비 금액	합계 단가	합계 금액	비고
유기질비료		kg	1.00	250	250						250	
계					273		496				769	
제61호표 관목시비 (군식, H1.1~1.5m)				(주당)		〈2013 도로공사 유지보수 공종별 단가집〉						
조경공		인	0.008			104,904	839				839.00	
보통인부		인	0.002			81,443	122				122.00	
복합비료		kg	0.025	1,150	28.75						28.75	
유기질비료		kg	2.00	250	500.00						500.00	
계					528.75		961				1,489.75	
제62호표 관목시비 (군식, H1.6~2.0m)				(주당)		〈2013 도로공사 유지보수 공종별 단가집〉						
조경공		인	0.013			104,904	1,363				1,363.00	
보통인부		인	0.002			81,443	162				162.00	
복합비료		kg	0.030	1,150	34.50						34.50	
유기질비료		kg	5.000	250	1,250.00						1,250.00	
계					1,284.50		1,525				2,809.50	
제63호표 잔디시비 (인력)				(m²당)		〈2013 도로공사 유지보수 공종별 단가집〉						
보통인부		인	0.000			81,443	14				14.00	
복합비료		kg	0.030	1,150	34.50						34.50	
계					34.50		14				48.50	
제64호표 수목병충해 방제 (수동식분무기, 관목군식)				(주당)		〈2013 도로공사 유지보수 공종별 단가집〉						
특별인부		인	0.01			97,951	979					
보통인부		인	0.03			81,443	2,443				2,443	
살충제		㎖	1.20	20	24						24	
살균제		g	1.20	15	18						18	
계					42		2,443				2,485	
제65호표 수목병충해 방제 (수동식분무기, H2.0m 미만)				(주당)		〈2013 도로공사 유지보수 공종별 단가집〉						
특별인부		인	0.01			97,951	979					
보통인부		인	0.03			81,443	2,443				2,443	
살충제		㎖	1.20	20	24						24	
살균제		g	1.20	15	18						18	

품명	규격	단위	수량	재료비		노무비		경비		합계		비고
				단가	금액	단가	금액	단가	금액	단가	금액	
계					42		2,443				2,485	
제66호표 수목병충해 방제 (수동식분무기, H2.0m 이상)				(주당)		〈2013 표준품셈 p.1284~5~6.약제 살포공〉						
특별인부		인	0.02			97,951	1,959					
보통인부		인	0.06			81,443	4,886				4,886	
살충제		㎖	10.00	20	200						200	
살균제		g	10.00	15	150						150	
계					350		4,886				5,236	
제67호표 잔디약제 살포 (수동식분무기)				(m²당)		〈2013 표준품셈 p.1284~5~6.약제 살포공〉						
특별인부		인	0.02			97,951	1,959					
보통인부		인	0.04			81,443	3,257				3,257	
살충제		㎖	9.00	20	180						180	
살균제		㎖	9.00	15	135						135	
계					315		3,257				3,572	
제68호표 수목병충해 방제 (동력분무기3.0hp, 관목군식)				(주당)		〈2013 도로공사 유지보수 공종별 단가집〉						
특별인부		인	0.000			97,951	20				20.00	
보통인부		인	0.001			81,443	57				57.00	
동력분무기	850주/ HR기준	주	1.00	2.11	2	77.57	77	0.29	0.29		79.40	
살충제		㎖	1.20	20	24						24.00	
살균제		g	1.20	15	18						18.00	
계					44		154		0.29		198.40	
제69호표 수목병충해 방제 (동력분무기3.0HP, H2.0m 미만)				(주당)		〈2013 도로공사 유지보수 공종별 단가집〉						
특별인부		인	0.000			97,951	29				29.00	
보통인부		인	0.001			81,443	81				81.00	
동력분무기	650주/ HR기준	주	1.00	2.77	2.77	110.82	110	0.38	0.38		113.15	
살충제		㎖	1.20	24.00							24.00	
살균제		g	1.20	15	18.00						18.00	
계					44.77		220		0.38		265.15	
제70호표 수목병충해 방제 (동력분무기3.0HP, H2.0m 이상)				(주당)		〈2013 도로공사 유지보수 공종별 단가집〉						

품명	규격	단위	수량	재료비		노무비		경비		합계		비고
				단가	금액	단가	금액	단가	금액	단가	금액	
특별인부		인	0.000			97,951	20				20.00	
보통인부		인	0.001			81,443	57				57.00	
동력분무기	850주/HR기준	주	1.00	5.14	5	221.65	221	0.70	0.70		226.84	
살충제		㎖	10.00	20	200						200.00	
살균제		g	10.00	15	150						150.00	
계					355		298		0.70		653.84	
제71호표 잔디약제 살포 (동력분무기3.0HP)			(㎡당)			〈2013 도로공사 유지보수 공종별 단가집〉						
특별인부		인	0.000			97,951	19				19.00	
보통인부		인	0.000			81,443	32				32.00	
동력분무기	1000㎡/HR기준	주	1.00	1.80	1.80	52.16	52.00	0.24	0.24		54.04	
살충제		㎖	9.00	20	180						180.00	
살균제		㎖	9.00	15	135						135.00	
계					317		103		0.24		420.04	
제72호표 해충잠복소 설치 (B10cm 이하)			(주당)			〈2013 도로공사 유지보수 공종별 단가집〉						
보통인부		인	0.02			81,443	1,628				1,628	
거적	1.8*0.9	매	0.28	6,000.00	1,680.00	—		—			1,680.00	
비닐끈		m	1.32	63	83						83	
계					1,763		1,628				3,391	
제73호표 해충잠복소 설치 (B11~20cm)			(주당)			〈2013 도로공사 유지보수 공종별 단가집〉						
보통인부		인	0.03			81,443	2,443				2,443	
거적	1.8*0.9	매	0.28	6,000.00	1,680.00	—		—			1,680.00	
비닐끈		m	2.64	63	166						166	
계					1,846		2,443				4,289	
제74호표 해충잠복소 설치 (B21~30cm)			(주당)			〈2013 도로공사 유지보수 공종별 단가집〉						
보통인부		인	0.04			81,443	3,257				3,257	
거적	1.8*0.9	매	0.42	6,000.00	2,520.00	—		—			2,520.00	
비닐끈		m	3.96	63	249						249	
계					2,769		3,257				6,026	

품명	규격	단위	수량	재료비		노무비		경비		합계		비고
				단가	금액	단가	금액	단가	금액	단가	금액	
제75호표 해충잠복소 설치 (B31~50cm)				(주당)		〈2013 도로공사 유지보수 공종별 단가집〉						
보통인부		인	0.08			81,443	6,515				6,515	
거적	1.8*0.9	매	0.55	6,000.00	3,300.00		—		—		3,300.00	
비닐끈		m	6.60	63	416						416	
계					3,716		6,515				10,231	
제76호표 제초(잡초가 많은 지역) (인력)				(m²당)		〈2013 도로공사 유지보수 공종별 단가집〉						
보통인부		인	0.01			81,443	814				814	
계					—		814				814	
제77호표 제초(잡초가 보통인 지역) (인력)				(m²당)		〈2013 도로공사 유지보수 공종별 단가집〉						
보통인부		인	0.008			81,443	610				610	
계					—		610				610	
제78호표 제초(잡초가 적은 지역) (인력)				(m²당)		〈2013 도로공사 유지보수 공종별 단가집〉						
보통인부		인	0.005			81,443	366				366	
계					—		366				366	
제79호표 녹지예초 (기계예취기, 평지) 33.6cc				(m2당)		〈2013 도로공사 유지보수 공종별 단가집〉						
특별인부		인	0.001			97,951	118.00				118	
보통인부		인	0.000			81,443	32.00				32	
예취기	33.6cc	m²	1.00		—		—	11.85	11.85		11.85	
작업차량	2.5ton 더블캡	m²	1.00	0.58	0.58	5.47	5.00	3.14	3.14		8.72	
작업차량	12인승 봉고	m²	1.00	0.20	0.20	5.47	5.00	1.06	1.06		6.26	
계					0.78		160.00		16.05		170.57	
제80호표 녹지예초 (기계예취기, 경사지) 33.6cc				(m²당)		〈2013 도로공사 유지보수 공종별 단가집〉						
특별인부		인	0.0011			97,951	129.00				129	
보통인부		인	0.0004			81,443	32.00				32	
예취기	33.6cc	m²	1.00		—		—	12.92	12.92		12.92	
작업차량	2.5ton 더블캡	m²	1.00	0.69	0.69	6.43	6.00	3.69	3.69		10.38	
작업차량	12인승 봉고	m²	1.00	0.23	0.23	6.43	6.00	1.25	1.25		7.48	
계					0.92		173.00		17.86		184.30	

품명	규격	단위	수량	재료비		노무비		경비		합계		비고
				단가	금액	단가	금액	단가	금액	단가	금액	
제81호표 잔디깎기 (기계사용, 소형삭초기) 5.5HP(21")				(m²당)		〈2013 도로공사 유지보수 공종별 단가집〉						
보통인부		인	0.00175			81,443	142.00				142	
소형삭초기	5.5HP, 21"	m²	1.00	2.33	2.33		—	2.28	2.28		4.61	
작업차량	2.5ton 더블캡	m²	1.00	0.58	0.58	5.47	5.00	3.14	3.14		8.72	
작업차량	12인승 봉고	m²	1.00	0.20	0.20	5.47	5.00	1.06	1.06		6.26	
계					3.11		152.00		6.48		155.33	
제82호표 잔디깎기 (기계사용, 중형삭초기) 6.2HP				(m²당)		〈2013 도로공사 유지보수 공종별 단가집〉						
보통인부		인	0.00175			81,443	142.00				142	
중형삭초기	5.5HP, 21"	m²	1.00	2.00	2.00		—	3.12	3.12		5.12	
작업차량	2.5ton 더블캡	m²	1.00	0.58	0.58	5.47	5.00	3.14	3.14		8.72	
작업차량	12인승 봉고	m²	1.00	0.20	0.20	5.47	5.00	1.06	1.06		6.26	
계					2.78		152.00		7.32		155.84	
제83호표 잔디깎기 (기계사용, 대형삭초기) 15HP				(m²당)		〈2013 도로공사 유지보수 공종별 단가집〉						
보통인부		인	0.00175			81,443	171.00				171	
대형삭초기	5.5HP, 21"	m²	1.00	2.00	2.00		—	1.41	1.41		3.41	
작업차량	2.5ton 더블캡	m²	1.00	0.48	0.48	4.55	4.00	2.61	2.61		7.09	
작업차량	12인승 봉고	m²	1.00	0.16	0.16	4.55	4.00	0.89	0.89		5.05	
계					2.64		179.00		4.91		181.50	

⑥ **병충해 방제 산출**: 병충해 방제 산출내용

산출근거	재료비	노무비	경비	합계	비고
수목병충해 방제(동력분무기3.0HP) H2.0 미만(군식 또는 열식 관목) / 주					
1. 특별인부: 0.00021인*97,951 = 20.56		20.56		20.56	
2. 보통인부: 0.0007인* 81,443 = 57.01		57.01		57.01	
3. 재료비 (별도계상) ~ 동력분무기(3.0HP) 능력: 850주/hr 기준 1,801 / 850 = 2.11	2.11			2.11	
4. 경비: 247 / 850 = 0.29 ※해충명, 약제의 종류, 희석배수에 따라 약제비 변경적용 요함			0.29	0.29	
합계	2.11	77.57	0.29	79.97	

산출근거	재료비	노무비	경비	합계	비고
수목병충해 방제(동력분무기3.0HP) H2.0 미만 / 주					
1. 특별인부: 0.0003인*97,951 = 29.38		29.38		29.38	
2. 보통인부: 0.001인*81,443 = 81.44		81.44		81.44	
3. 재료비 (별도계상) 동력분무기(3.0HP) 능력: 850주/hr 기준 1,801 / 650 = 2.77	2.77			2.77	
4. 경비: 247 / 650 = 0.38			0.38	0.38	
※해충명, 약제의 종류, 희석배수에 따라 약제비 변경적용 요함					
합계	2.77	110.82	0.38	113.97	
수목병충해 방제(동력분무기3.0HP) H2.0 이상 / 주					
1. 특별인부: 0.0006인*97,951 = 58.77		58.77		58.77	
2. 보통인부: 0.002인*81,443 = 162.88		162.88		162.88	
3. 재료비 (별도계상) 동력분무기(3.0HP) 능력: 350주/hr 기준 1,801 /350=5.14	5.14			5.14	
4. 경비: 247 / 350 = 0.70 ※해충명, 약제의 종류, 희석배수에 따라 약제비 변경적용 요함			0.70	0.70	
합계	5.14	221.65	0.70	227.49	
잔디약제 살포(동력분무기3.0HP) / m²					
1. 특별인부: 0.0002인*97,951 = 19.59		19.59		19.59	
2. 보통인부: 0.0004인* 81,443 = 32.57		32.57		32.57	
3. 살균제~재료비(별산) #동력분무기(3.0HP) 능력: 1000m²/hr 기준 1,801 / 1000 = 1.8	1.80			1.80	
4. 경비: 247 / 1000 = 0.24 ※해충명, 약제의 종류, 희석배수에 따라 약제비 변경적용 요함			0.24	0.24	
합계	1.80	52.16	0.24	54.20	

⑦ 제초 및 잔디 산출: 제초 및 잔디 산출내용

산출근거	재료비	노무비	경비	합계	비고
녹지대 예초(기계예취기, 평지) 33.6CC/m²	0.78	162.03	16.05	178.86	
견착식 예초기 사용 풀깎기				—	
특별인부: 0.0011인*97,951*≪1.10≫= 118.52		118.52		118.52	
풀모으기 및 제거(인력풀 모으기 및 적재) 보통인부: 0.0004인*81,443 = 32.57		32.57		32.57	
예취기(33.6cc)~(삭초능력: 2,000m²/일) 기계경비				—	
풀깎기 품의 10%: 11.85			11.85	11.85	

산출근거	재료비	노무비	경비	합계	비고
작업차량(2.5ton 더블캡) ~ (작업량 30,000㎡/일, 예취기 투입 15대/일)				—	
경비: 11,780/(30,000㎡/8hr) = 3.14			3.14	3.14	
노무비(운전자): 20,519 / (30,000㎡/8hr) = 5.47		5.47		5.47	
재료비: 5,878 / (30,000㎡/3hr) = 0.58	0.58			0.58	
작업차량(12인승 봉고) ~ (작업량 30,000㎡/일, 예취기 투입 15대/일)				—	
경비: 4,009 / (30,000㎡/8hr) = 1.06			1.06	1.06	
노무비(운전자): 20,519 / (30,000㎡/8hr) = 5.47		5.47		5.47	
재료비: 2,019 / (30,000㎡/3hr) = 0.2	0.20			0.20	
*정기적인 예초작업 미시행으로 풀의 밀도가 높고 길이가 길게 자란 경우 적용: 10% 할증					
합계	0.78	162.03	16.05	178.86	
녹지대 예초(기계예취기, 경사지) 33.6CC/㎡					
견착식 예초기 사용 풀깎기					
특별인부: 0.0011인*97,951*≪1.20≫ = 129.29		129.29		129.29	
풀모으기 및 제거(인력풀 모으기 및 적재)					
보통인부: 0.0004인*81,443 = 32.57		32.57		32.57	
예취기(33.6cc) ~ (삭초능력: 1,700㎡/일) 기계경비					
풀깎기 품의 10%: 12.92			12.92	12.92	
작업차량 (2.5ton 더블캡) ~ (작업량 25,500㎡/일, 예취기 투입 15대/일)					
경비: 11,780 / (25,500㎡/8hr) = 3.69			3.69	3.69	
노무비(운전자): 20,519 / (25,500㎡/8hr) = 6.43		6.43		6.43	
재료비: 5,878 / (25,500㎡/3hr) = 0.69	0.69			0.69	
*정기적인 예초작업 미시행으로 풀의 밀도가 높고 길이가 길게 자란 경우 적용: 10% 할증 *경사구간 할증 적용: 10%					
합계	0.92	174.72	17.86	193.50	
기계사용 잔디깎기(소형삭초기) 5.5HP(21")/㎡	3.11	153.46	6.48	163.05	
보통인부: 0.00175인*81,443 = 142.52		142.52		142.52	
소형삭초기(5.5HP~21") ~ (삭초능력: 3,000㎡/일)				—	
경비: 858.00 / (3,000㎡/8hr) = 2.28			2.28	2.28	
재료비: 1401.00 / 3,000㎡/5hr) = 2.33	2.33			2.33	

산출근거	재료비	노무비	경비	합계	비고
작업차량(2.5ton 더블캡) ~ (작업량 30,000m²/일, 소형삭초기 투입 10대/일)					
경비: 11,780 / (30,000m²/8hr) = 3.14			3.14	3.14	
노무비(운전자): 20,519 / (30,000m²/8hr) = 5.47		5.47		5.47	
재료비: 5,878 / (30,000m²/3hr) = 0.58	0.58			0.58	
작업차량(12인승 봉고) ~ (작업량 30,000m²/일, 소형삭초기 투입 10대/일)				—	
경비: 4,009 / (30,000m²/8hr) = 1.06			1.06	1.06	
노무비(운전자): 20,519 / (30,000m²/8hr) = 5.47		5.47		5.47	
재료비: 2,019 / (30,000m²/3hr) = 0.20	0.20			0.20	
※잔디포지, 축구장 등 넓은 면적의 잔디관리 지역 기계사용 깎기에 적용 ※돌이 섞여 있는 지역에는 보통 인부 0.001인/m² 별도계상 가능					
합계	3.11	153.46	6.48	163.05	
기계사용 잔디깎기(중형삭초기) 5.5HP(21")/m²	2.78	153.46	7.32	163.56	
보통인부: 0.00175인*81,443 = 142.52		142.52		142.52	
중형삭초기(6.2HP) ~ (삭초능력: 5,000m²/일)				—	
경비: 1,956 / (5,000m²/8hr) = 3.12			3.12	3.12	
재료비: 2,001 / 5,000m²/5hr) = 2.00	2.00			2.00	
작업차량(2.5ton 더블캡) ~ (작업량 30,000m²/일, 중형삭초기 투입 6대/일)					
경비: 11,780 / (30,000m²/8hr) = 3.14			3.14	3.14	
노무비(운전자): 20,519 / (30,000m²/8hr) = 5.47		5.47		5.47	
재료비: 5,878 / (30,000m²/3hr) = 0.58	0.58			0.58	
작업차량(12인승 봉고) ~ (작업량 30,000m²/일, 중형삭초기 투입 6대/일)				—	
경비: 4,009 / (30,000m²/8hr) = 1.06			1.06	1.06	
노무비(운전자): 20,519 / (30,000m²/8hr) = 5.47		5.47		5.47	
재료비: 2,019 / (30,000m²/3hr) = 0.20	0.20			0.20	
※잔디포지, 축구장 등 넓은 면적의 잔디관리 지역 기계사용 깎기에 적용 ※돌이 섞여 있는 지역에는 보통인부 0.001인/m² 별도계상 가능					
합계	2.78	153.46	7.32	163.56	
기계사용 잔디깎기(대형삭초기)5.5HP(21")/m²					
보통인부: 0.00175인*81,443*≪1.20≫ = 142.52		142.52		142.52	
대형삭초기(15hp) ~ (삭초능력: 12,000m²/일)				—	
경비: 2,127 / (12,000m²/8hr) = 1.41			1.41	1.41	
재료비: 4,803 / 12,000m²/5hr) = 2.00	2.00			2.00	

산출근거	재료비	노무비	경비	합계	비고
작업차량(2.5ton 더블캡) ~ (작업량 36,000㎡/일, 대형삭초기 투입 3대/일)				―	
경비: 11,780 / (36,000m²/8hr) = 2.61			2.61	2.61	
노무비(운전자): 20,519 / (36,000m²/8hr) = 4.55		4.55		4.55	
재료비: 5,878 / (36,000m²/3hr) = 0.48	0.48			0.48	
작업차량(12인승 봉고) ~ (작업량 36,000㎡/일, 대형삭초기 투입 3대/일)				―	
경비: 4,009 / (36,000m²/8hr) = 0.89			0.89	0.89	
노무비(운전자): 20,519 / (36,000m²/8hr) = 4.55		4.55		4.55	
재료비: 2,019 / (36,000m²/3hr) = 0.16	0.16			0.16	
※잔디포지, 축구장 등 넓은 면적의 잔디관리 지역 기계사용 깎기에 적용 ※돌이 섞여 있는 지역에는 보통인부 0.001인/m² 별도계상 가능					
합계	2.64	151.62	4.91	159.17	

⑧ 중기 사용료 목록

공종명	규격	수량	단위	재료비	노무비	경비	합계	비고
동력전정기	22.5cc	1	HR	1,401.00		212	1,613.00	
예취기	33.6cc	1	HR	1,000.00		188	1,188.00	
소형삭초기	5.5HP(21")	1	HR	1,401.00		858	2,259.00	
중형삭초기	6.2HP	1	HR	2,001.00		1,956	3,957.00	
대형삭초기	15HP	1	HR	4,803.00		2,127	6,930.00	
작업차	2.5ton WCAP	1	HR	5,878.00	20,519	11,780	38,177.00	
작업차량	12인승	1	HR	2,019.00	20,519	4,009	26,547.00	
물탱크	5500L	1	HR	17,760.00	20,519	7,823	46,102.00	
동력분무기	3.0HP	1	HR	1,801.00		247	2,048.00	
작업차	1ton WCAP	1	HR	2,108.00	20,519	4,835	27,462.00	

⑨ 장비 및 기계 사용료(시간당): 중기 사용료 내용

장비명: 동력전정기 22.5cc   장비가격: 620천 원

구분	규격	단위	수량	재료비		노무비		경비		합계	
				단가	금액	단가	금액	단가	금액	단가	금액
경비	동력전정기	천 원	0.343	—		—		620.00	212.70		212.70
소계									212.70		212.70
재료비	휘발유	ℓ	0.7	1,668.00	1,167.60		—		—		1,167.60
	잡유(유류비의 20%)	%	20%	1,167.60	233.50						233.50
소계					1,401.10		—		—		1,401.10
노무비					—						—
소계					—						—
계					1,401		—		212		1,613

장비명: 예취기 33.6cc   장비가격: 550천 원

구분	규격	단위	수량	재료비		노무비		경비		합계	
				단가	금액	단가	금액	단가	금액	단가	금액
경비	예취기	천 원	0.343	—		—		550.00	188.70		188.70
소계					—				188.70		188.70
재료비	휘발유	ℓ	0.5	1,668.00	834.00		—		—		834.00
	잡유(유류비의 20%)	%	20%	834.00	166.80						166.80
소계					1,000.80		—		—		1,000.80
노무비					—		—				—
소계					—		—				—
계					1,000		—		188		1,188

장비명: 소형삭초기 5.5HP(21")   장비가격: 2,500천 원

구분	규격	단위	수량	재료비		노무비		경비		합계	
				단가	금액	단가	금액	단가	금액	단가	금액
경비	소형삭초기	천 원	0.343	—		—		2,500.00	858.00		858.00
소계					—				858.00		858.00
재료비	휘발유	ℓ	0.7	1,668.00	1,167.60		—		—		1,167.60
	잡유(유류비의 20%)	%	20%	1,167.60	233.50						233.50
소계					1,401.10		—		—		1,401.10
노무비					—		—		—		—
소계					—		—		—		—
계					1,401		—		858		2,259

장비명: 중형삭초기 6.2HP 　　　　　　　　　　　　　　　　　　　　　　　　　　　　　　**장비가격: 5,700천 원**

구분	규격	단위	수량	재료비 단가	재료비 금액	노무비 단가	노무비 금액	경비 단가	경비 금액	합계 단가	합계 금액
경비	중형삭초기	천 원	0.343		—		—	5,700.00	1,956.20		1,956.20
소계					—				1,956.20		1,956.20
재료비	휘발유	ℓ	1.0	1,668.00	1,668.00		—		—		1,668.00
	잡유(유류비의 20%)	%	20%	1,668.00	333.60		—				333.60
소계					2,001.60		—		—		2,001.60
노무비						—					
소계					—		—		—		—
계					2,001		—		1,956		3,957

장비명: 대형삭초기 15HP 　　　　　　　　　　　　　　　　　　　　　　　　　　　　　　**장비가격: 6,200천 원**

구분	규격	단위	수량	재료비 단가	재료비 금액	노무비 단가	노무비 금액	경비 단가	경비 금액	합계 단가	합계 금액
경비	대형삭초기	천 원	0.343		—		—	6,200.00	2,127.80		2,127.80
소계					—				2,127.80		2,127.80
재료비	휘발유	ℓ	2.4	1,668.00	4,003.20		—		—		4,003.20
	잡유(유류비의 20%)	%	20%	4,003.20	800.60		—				800.60
소계					4,803.80		—				4,803.80
노무비											
소계					—		—		—		—
계					4,803		—		2,127		6,930

장비명: 작업차 2.5ton WCAP 　　　　　　　　　　　　　　　　　　　　　　　　　　　　**장비가격: 40,610천 원**

구분	규격	단위	수량	재료비 단가	재료비 금액	노무비 단가	노무비 금액	경비 단가	경비 금액	합계 단가	합계 금액
경비	작업차	천 원	0.290		—		—	40,610.00	11,780.90		11,780.90
소계					—		—		11,780.90		11,780.90
재료비	경유	ℓ	2.9	1,469.00	4,260.10		—		—		4,260.10
	잡품	%	38%	4,260.10	1,618.80		—		—		1,618.80
소계					5,878.90		—		—		5,878.90
노무비	화물차운전사	인	1		—	20,519.01	20,519.00		—		20,519.00
소계					—		20,519.00		—		20,519.00
계					5,878		20,519		11,780		38,177

장비명: 작업차량 12인승   장비가격: 23,500천 원

구분	규격	단위	수량	재료비		노무비		경비		합계	
				단가	금액	단가	금액	단가	금액	단가	금액
경비	작업차량 (뉴그레이스 고급형)	천 원	0.171	—		—		23,500.00	4,009.10		4,009.10
소계					—		—		4,009.10		4,009.10
재료비	경유	ℓ	1.25	1,469.00	1,836.20		—		—		1,836.20
	잡유	%	10%	1,836.20	183.60		—		—		183.60
소계					2,019.80		—		—		2,019.80
노무비	화물차운전사	인	1		—	20,519.01	20,519.00		—		20,519.00
소계					—		20,519.00		—		20,519.00
계					2,019		20,519		4,009		26,547

장비명: 물탱크 5,500L   장비가격: 38,257천 원

구분	규격	단위	수량	재료비		노무비		경비		합계	
				단가	금액	단가	금액	단가	금액	단가	금액
경비	물탱크	천 원	0.205		—		—	38,257.00	7,823.50		7,823.50
소계					—		—		7,823.50		7,823.50
재료비	경유	ℓ	9.30	1,469.00	13,661.70		—		—		13,661.70
	잡품	%	30%	13,661.70	4,098.50		—		—		4,098.50
소계					17,760.20		—		—		17,760.20
노무비	운전사(운반차)	인	1		—	20,519.01	20,519.00		—		20,519.00
소계					—		20,519.00		—		20,519.00
계					17,760		20,519		7,823		46,102

장비명: 동력분무기 3.0HP   장비가격: 720천 원

구분	규격	단위	수량	재료비		노무비		경비		합계	
				단가	금액	단가	금액	단가	금액	단가	금액
경비	동력분무기	천 원	0.343		—		—	720.00	247.10		247.10
소계					—		—		247.10		247.10
재료비	휘발유	ℓ	0.9	1,668.00	1,501.20		—		—		1,501.20
	잡유 (유류비의 20%)	%	20%	1,501.20	300.24		—		—		300.24
소계					1,801.44		—		—		1,801.44
노무비					—		—		—		—
소계					—		—		—		—
계					1,801		—		247		2,048

440

장비명: 작업차 1ton WCAP   장비가격: 16,670천 원

구분	규격	단위	수량	재료비		노무비		경비		합계	
				단가	금액	단가	금액	단가	금액	단가	금액
경비	작업차	천 원	0.290	—		—		16,670.00	4,835.90		4,835.90
소계				—		—			4,835.90		4,835.90
재료비	경유	ℓ	1.04	1,469.00	1,527.70	—		—			1,527.70
	잡품	%	38%	1,527.70	580.50	—					580.50
소계					2,108.20	—					2,108.20
노무비	운전사(운반차)	인	1	—		20,519.01	20,519.00			—	20,519.00
소계					—		20,519.00			—	20,519.00
계					2,108		20,519		4,835		27,462

※장비 및 기계 사용료(시간당) 계산법 = 장비가격(원)*기계경비계수(당해년도 품셈)*0.0000001
                           = [장비가격(원)*0.001]*[기계경비계수(당해년도 품셈)*0.0001]

⑩ 단가대비표: 관리에 필요한 재료 단가 리스트

구분	품명	규격	단위	가격정보		물가자료		물가정보		거래가격		견적가	적용단가	비고
				단가	Page	단가	Page	단가	Page	단가	Page	단가		
재료단가	우드칩		m³			160,000.00	360						160,000.00	물가자료/360
	로프 (비닐끈)	P.P 6mm	m							63.00	121		63.00	거래가격/121
	복합비료	21~17~17	kg			1,150.00	24						1,150.00	물가자료/24(하)
	유기질비료	부엽토	kg			250.00	24						250.00	물가자료/24(하)
	살균제	만코치/다이센엠45	g			7,500.00	22						7,500.00	물가자료/22(하)
	살균제	만코치/다이센엠45	g			15.00							15.00	7,500원/500g
	살충제	스미치온/메프치온	㎖			10,000.00	22						10,000.00	물가자료/22(하)
	살충제	스미치온/메프치온	㎖			20.00							20.00	10,000원/500㎖
	가마니 (거적)	상품 (매출가)	장			6,000.00	48						6,000.00	물가자료/48(하)
	새끼	매출가	m			85.00	48						85.00	물가자료/48(하)
	휘발유	무연 (주유소)	L	1,668									1,668.00	조달청
	경유	저유황 0.001% (주유소)	L	1,469									1,469.00	조달청

구분	품명	규격	단위	가격정보 단가	가격정보 Page	물가자료 단가	물가자료 Page	물가정보 단가	물가정보 Page	거래가격 단가	거래가격 Page	견적가 단가	적용단가	비고
재료단가	중유	저유황(0.5%)B~B	L	922									922.00	조달청
	물탱크(탱크로리)	5,500L	대			38,257,000		38,257,000					38,257,000.0	상반기 중기기초자료
	동력전정기	22.5cc	대			620,000	1,378	620,000					620,000.0	물가자료/1,378
	예취기	33.6cc	대			550,000	1,378	550,000					550,000.0	물가자료/1,378
	소형삭초기	5.5HP (21")	대			2,500,000	1,378	2,500,000					2,500,000.0	물가자료/1,378
	중형삭초기	6.2HP	대			5,700,000	1,378	5,700,000					5,700,000.0	물가자료/1,378
	대형삭초기	15HP	대							6,200,000			6,200,000.0	거래가격/
	동력분무기	3.0HP	대			720,000	1,378						720,000.0	물가자료/1378
	W 캡	2.5ton	대					40,610,000					40,610,000.0	인터넷(현대차)
	W 캡	1ton	대					16,670,000					16,670,000.0	물가정보/ I .600
	작업차량	12인승	대					23,500,000					23,500,000.0	물가정보/ I .598
	녹화마대	20cm×20m	R/L			3,900.00	347						3,900.00	물가자료/347
	녹화마대	20cm×20m	m			195.00							195.00	물가자료/347

※기준환율: 1,071.1원/$ (조달청 고시 2013.1.2)

⑪ 노임: 관리에 필요한 노임 리스트

명칭	규격	단위	단가	비고
조경공		인	104,904	
벌목부		인	105,911	
특별인부		인	97,951	
보통인부		인	81,443	
형틀목공		인	115,082	
콘크리트공		인	117,989	
건설기계운전사		인	108,713	(구)건설기계운전기사
화물차운전사		인	98,507	(구)운전사(운반차)
건설기계조장		인	96,741	
도장공		인	109,720	

시간당 노임산정(보통 작업의 시간당 노임)
● 산출기준: 노무비×적용계수×1/8 = 노무비×1.6664×1/8
※ 적용계수: 16/12(상여계수 – 400%적용)×25/20(휴지계수 – 상시고용환산) = 1.6664
 • 특별인부 시간당 노임 산출
   97,951×1.6664×1/8 = 20,403.19
 • 건설기계운전사 시간당 노임 산출
   108,713×1.6664×1/8 = 22,644.92
 • 건설기계조장 시간당 노임 산출
   96,741×1.6664×1/8=20,151.15
 • 화물차운전사 시간당 노임 산출
   98,507×1.6664×1/8=20,519.01

442

⑫ **공정표**: 연중 유지관리 공정표 샘플

구분	3월			4월			5월			6월			7월			8월			9월			10월			11월			비고
	10	20	30	10	20	30	10	20	30	10	20	30	10	20	30	10	20	30	10	20	30	10	20	30	10	20	30	
잔디깎기											■		■			■												3회
잔디제초 (인력)								■		■		■	■		■	■		■		■								8회
잔디제초 (약제 살포)					■																							1회
관목전정		■																							■			2회
교목전정		■																								■		2회
병해충 종합방제 (관목, 낙엽수)											■			■														2회
병해충 종합방제 (소나무)							■				■			■					■									4회
유기질비료 시비																						■						1회
월동																										■		1회

02. 프로그램 사용 방법

01 마이크로소프트 엑셀 프로그램 실행 파일을 실행시킨다.

02 프로그램이 실행되면 아래와 같은 화면이 표시된다. 하단부에 프로그램을 구성하고 있는 워크시트들이 표시되어 있다.

03 유지관리 예산을 얻기 위해 [내역서]를 클릭한다.

04 [내역서]에는 공종별로 내용이 구분되어 있다. (01.수목전정, 02.수간보호 및 월동작업, 03.수목 관수, 04.수목 및 잔디 시비, 05.병충해 방제, 06.제초, 07.잔디관리)

예산작성프로그램(최종).xlsx - Microsoft Excel

C138   ='일위대가목록 '!B74

[공사명] 00 조경 관리 공사

품 명	규 격	단위	수량	재 료 비 단가	금액	노 무 비 단가	금액	경 비 단가	금액	합 계 단가	금액
01 수목전정											
교목전정	(낙엽수-겨울, B10cm미만)	주	1	0	0	6,466	6,466	0	0	6,466	6,466
교목전정	(낙엽수-겨울, B10~19cm)	주	1	0	0	15,519	15,519	0	0	15,519	15,519
교목전정	(낙엽수-겨울, B20cm이상)	주	1	0	0	25,866	25,866	0	0	25,866	25,866
교목전정	(낙엽수-여름, B10cm미만)	주	1	0	0	3,192	3,192	0	0	3,192	3,192
교목전정	(낙엽수-여름, B10~19cm)	주	1	0	0	8,365	8,365	0	0	8,365	8,365
교목전정	(낙엽수-여름, B20cm이상)	주	1	0	0	15,519	15,519	0	0	15,519	15,519
교목전정	(상록수, B10cm미만)	주	1	0	0	8,365	8,365	0	0	8,365	8,365
교목전정	(상록수, B10~19cm)	주	1	0	0	12,933	12,933	0	0	12,933	12,933
교목전정	(상록수, B20cm이상)	주	1	0	0	22,791	22,791	0	0	22,791	22,791
관목전정	(상록류, H0.3m미만)	주	1	0	0	989	989	0	0	989	989
관목전정	(상록류, H0.3~0.6m)	주	1	0	0	1,188	1,188	0	0	1,188	1,188
관목전정	(상록류, H0.6~0.8m)	주	1	0	0	1,636	1,636	0	0	1,636	1,636
관목전정	(상록류, H0.9~1.1m)	주	1	0	0	2,505	2,505	0	0	2,505	2,505

> 스크롤바를 내리면 원하는 공종을 확인할 수 있다.

[공사명] 00 조경 관리 공사

품 명	규 격	단위	수량	재 료 비 단가	금액	노 무 비 단가	금액	경 비 단가	금액	합 계 단가	금액
07 잔디관리											
잔디 깎기	(소형 잔디깍기 사용)	m2	1	3.11	3.11	152.00	152.00	6.48	6.48	161.59	161.59
잔디 깎기	(중형 잔디깍기 사용)	m2	1	2.78	2.78	152.00	152.00	7.32	7.32	162.10	162.10
잔디 깎기	(대형 잔디깍기 사용)	m2	1	2.64	2.64	179.00	179.00	4.91	4.91	186.55	186.55
[합 계]					8		483		19		510

05 [내역서]의 「품명」과 「규격」을 확인한 후 우측의 「수량」 부분에 알맞은 값을 입력한다.

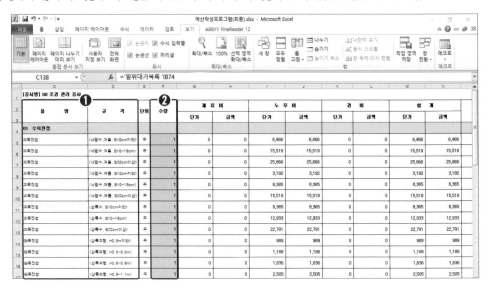

06 얻고자 하는 관리공종에 알맞은 수량을 전부 입력하면 [집계표]를 클릭한다. 집계표 내용을 보면 각 관리공종별로 관리비가 나타나게 된다. 기본적으로 각 공종별 1회 실시하는 비용으로 설정되어 있으며, 자신이 원하는 연간관리비를 산출하기 위해서는 각 공종별로 연간 실시 횟수를 결정하여 수량 부분에 입력하여야 한다.

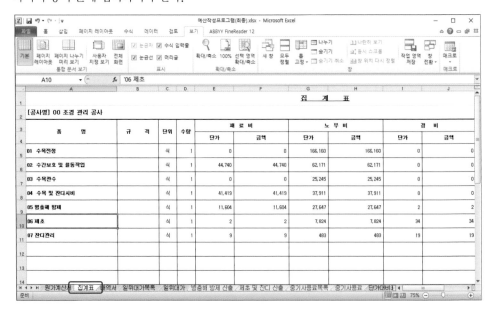

07 [원가계산서]를 클릭하면 공사의 세부비용 및 총비용이 나타난다.

		비 목	금 액	구 성 비	비 고
순공사원가	재료비	직 접 재 료 비	97,774		
		간 접 재 료 비			
		작업설, 부산물(△)			
		[소 계]	97,773		
	노무비	직 접 노 무 비	327,441		
		간 접 노 무 비	32,416	직접노무비 * 9.9%	
		[소 계]	359,857		
	경비	운 반 비			
		기 계 경 비			
		산 재 보 험 료	13,314	노무비 * 3.7%	
		고 용 보 험 료	2,842	노무비 * 0.79%	
		국 민 건 강 보 험 료	5,566	직접노무비 * 1.7%	
		국 민 연 금 보 험 료	8,153	직접노무비 * 2.49%	
		산업안전보건관리비	12,654	(재료비+직노) * 2.49%*1.2	
		환 경 보 전 비	1,275	(재료비+직노+기계경비) * 0.3%	
		기 타 경 비	27,915	(재료비+노무비) * 6.1%	
		[소 계]	71,719		
		합 계	529,349		
		일 반 관 리 비	31,760	계 * 6%	
		이 윤	69,500	(노무비+경비+일반관리비) * 15.0%	
		공 급 가 액	630,609		
		부 가 가 치 세	63,061	#단위조정(-00)	
		도 급 액	693,670		
		관 급 자 재 비			
		총 공 사 비	693,670		

공 사 원 가 계 산 서

[공사명] 00 조경 관리 공사 금액: 육십구만삼천육백칠십원정 ₩693,670

탭: 원가계산서 | 집계표 | 내역서 | 일위대가목록 | 일위대가 | 병충해 방제 산출 | 제초 및 잔디 산출 | 중기사용료목록 | 중기사용료 | 단가대비

03. 프로그램 업데이트 방법

본 프로그램은 2013년 전반기 물가를 적용하였으므로, 프로그램 이용 시 당년도의 물가를 대입하고자 할 경우에는 다음과 같이 새로운 물가를 적용시켜야 한다.

▶재료단가 업데이트

① 프로그램의 하단부에 위치한 [단가대비표] 탭을 클릭한다.

② '가격정보', '물가자료', '물가정보', '거래가격'의 서적 최신판을 구입하여 각 정보에 맞는 위치를 확인한다.

③ 품명을 확인하고 각 정보에 따라 아래쪽 단가 넣는 부분에 새로운 금액을 입력한다.

참고 | 한 가지 재료에 여러 자료의 단가를 넣을 수 있으나, 적용단가는 최저금액으로 계산된다.

▶노임 업데이트

① 프로그램의 하단부에 위치한 [노임] 탭을 클릭한다.
② 단가 부분에 새로운 노임을 입력한다.

참고 | 노임단가는 각 연도별로 두 번(상반기 · 후반기) 고시된다.

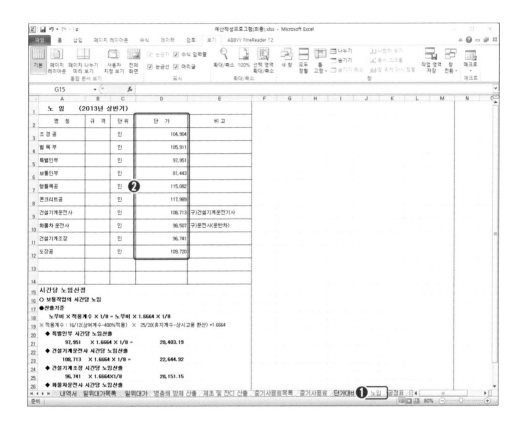

찾아보기

참고문헌

American Nursery & landscape Association(2004), American Standard for Nursery Stock : ANSI Z 60.1-2004. American Nursery & landscape Association, DC.

Bettin, Andreas(Hrsg.)(2011), Kulturtechniken im Zierpflanzenbau, Eugen Ulmer KG, Stuttgart, p. 359.

Canadian Nursery & landscape Association(2006), Canadian Standards for Nursery Stock. 8th Edition.

Christoph Brickell, Wilhelm Barthlott(Hrsg.)(2004), The Royal Horticultural Society. Die große Pflanzenenzyklopädie A-Z. Doriling Kindersley.

Gütebestimmungen für Baumschulpflanzen(2004), Forschungsgesellschaft landschaftsentwicklung landschaftsbau e. V.(FLL), Germany.

Gütebestimmungen für Stauden(2004), Forschungsgesellschaft landschaftsentwicklung landschaftsbau e. V.(FLL), Germany.

Möller, Hans Heinrich(Hrsg.)(2011), BdB-Ausbildungsbuch, Ausbildung zum Baumschulgärtner. avBuch im Cadmos Verlag, p. 216.

Qualitätsbestimmungen für Baumschulpflanzen(2005), Verbandes Schweizerischer Baumschulen, Jardin Suisse.

Qualitätsbestimmungen für Forstpflanzen(2006), Verbandes Schweizerischer Baumschulen, Jardin Suisse.

강병화(2013), 우리 주변식물 생태도감. 한국학술정보㈜.

곽병화(1997), 화훼원예각론, 향문사.

구자옥, 이도진, 국용인, 천상욱(2008), 한국의 수생식물과 생활주변식물 도감, 자원식물보호연구회, 학술정보센터.

김성수(2007), 한국의 조경수목, 기문당.

김성식(2011), 우리나라 자생식물 특성 및 관리요령, 국립수목원.

농촌진흥청(2003), 관상 화목류재배, 농촌진흥청.

농촌진흥청(2003), 우리 꽃 기르기, 농촌진흥청.

박용진 외(2003), 조경수목학, 향문사.

방광자(2009), 지피식물학, 조경.

송정섭 외(2009), 4대강 생태복원을 위한 자생식물 식재가이드북, 농촌진흥청.

오구균 외(2008), 조경식물 소재도감, 광일문화사.

이경준, 이승제(2002), 조경수 식재관리기술, 서울대학교출판부.

이수원 외(2009), 주요 조림수종의 양묘기술, 국립산림과학원.

이영노(2002), 한국 식물 도감, ㈜교학사.

이정석, 이계환, 오찬진(2010), 새로운 한국수목 대백과 도감, 학술정보센터.

장선영, 최일홍, 윤영호(2003), 국내외 옥상녹화 조성사례 및 관련제도 고찰, 「주택도시」 제76호.

장형태(2011), 지피식물도감, 숲길.

정연옥 외(2016), 한국 야생화 식물도감(봄), 푸른행복.

정연옥 외(2017), 한국 야생화 식물도감(여름), 푸른행복.

정연옥 외(2017), 한국 야생화 식물도감(가을), 푸른행복.

조경설계기준(2010), SH공사.

조경설계기준(2013), (사)한국조경학회.

조경공사 표준시방서(2008), (사)한국조경학회.

조경공사 표준시방서(2003), 건설교통부.

최영전(2007), 관상수 재배기술, 오성출판사.

한국조경학회(2002), 조경수목학, 문운당.

한국토지주택공사(2013), 설계지침(조경).

한국화훼연구회(2012), 화훼원예학총론, 문운당.

(財)日本綠化センター. 2009. 公共用綠化樹木等品質寸法規格基準(案)の解說. 東京: (財)日本綠化センター.

◎ 웹사이트

American Nursery & landscape Association: www.americanhort.org

Baumschule Kessler GmbH(Schweiz): www.baumschule-kessler.ch

Baumschule Hügle(Teningen-Heimbach, Germany): www.huegle-gartenwelt.de

Baumschule Brossmer(Ettenheim, Germany): www.brossmer.de

Canadian Nursery & landscape Association: www.canadanursery.com

Forschungsgesellschaft landschaftsentwicklung landschaftsbau e.V.: www.fll.de

Hils-Koop GartenBaumschule & Floristik(Freiburg, Germany): www.hils-koop.de

Köhler Baumschulen(Bruchköbel, Germany): www.baumschule-koehler.de

Verbandes Schweizerischer Baumschulen(Jardin Suisse): www.jardinsuisse.ch

국가건설기준센터, www.kcsc.re.kr

일본녹화센터, http://www.jpgreen.or.jp

조달청, www.pps.go.kr

공동주거단지 및 단독주택을 가꾸기 위한

정원수 유지관리 매뉴얼

공동주거단지나 단독주택에 심어지는 정원수 및 정원이라는 공간을 유지, 관리할 수 있는 방법과 지침을 사진과 함께 해설한 정원수 유지관리 매뉴얼이다. 공동주거단지나 단독주택에서 정원수로 가장 많이 이용되고 있는 50종의 나무를 선별하여 담고 있으며, 수종별로 형태적·생태적 특성, 번식, 이식, 전정, 병충해관리, 이용사례 및 연간 관리표를 중심으로 수종별로 매뉴얼이 작성되어 시각적으로 쉽게 이해하고 응용할 수 있도록 하였다.

권영휴, 김현준, 이태영, 염하정 공저 | 408쪽 | 4×6배판 | 올 컬러 | 값 28,600원

공동 및 개인주택

정원관리 매뉴얼

공동 및 개인주택의 정원을 가꾸는데 있어 초보자도 쉽게 이해하고 활용할 수 있도록 구성했다. 기초이론부터 실제 현장에서 필요한 구체적인 지침들이 들어 있다. 총 10개의 장으로 '수목식재, 전정관리, 시비관리, 제초관리, 관수 및 배수관리, 월동관리, 병충해관리, 비전염성 병관리, 잔디관리, 식재공간 변화에 따른 관리'의 내용을 담았다.

권영휴, 김현준, 이태영 공저 | 280쪽 | 4×6배판 | 올 컬러 | 값 21,000원

귀농·귀촌·부농이 되기 위한 가이드북

돈이 되는 나무

조경수를 처음 재배하고자 하는 분들에게 도움이 될 수 있도록 조경수 생산과 유통, 농장조성기법, 농장경영의 사업성 분석, 조경수 번식 및 식재기술 등과 향후 조경수 시장에서 수요가 많을 것으로 예상되는 수목 55종을 선정하여 각 수목의 생태적 특성과 재배기술, 판매와 유통 등에 관하여 다양한 사진 자료와 함께 상세히 설명하였다.

권영휴, 이선아, 김현준, 이태영 공저 | 464쪽 | 4×6배판 | 올 컬러 | 값 32,000원

휴면 농지를 이용한 새로운 비전과 귀농·귀촌 고소득을 위한

조경수 컨테이너 재배 신기술

조경의 가장 주요한 소재 중의 하나는 조경수라고 할 수 있다. 쾌적하고 아름다운 공간을 조성하려면 고품질의 조경수가 안정적으로 공급되는 것이 필수적이다. 이를 위해서는 균일한 품질의 수목을 적기에 생산하여 공급할 수 있는 재배 기술과 공사 현장에 적합한 규격화 및 표준화, 효율적인 유통 체계가 필요하다. 미국, 캐나다, 독일, 네덜란드 등 해외 조경 선진국에서는 조경수 생산에 컨테이너 재배 기술을 적극적으로 도입하여 계절적 한계를 극복하고 연중 수목을 판매한다. 아울러 농장에서 이루어지는 대부분의 작업을 기계화하여 규격화된 고품질의 조경수를 생산하고, 조경수 생산의 산업화를 확고하게 구축하고 있다. 이에 본 저서는 조경수 품질의 고급화, 균일화, 표준화와 계절적인 요인에 장애를 받지 않고 식재가 가능한 컨테이너 재배에 대해 생산 기술을 중심으로 기술하였다.

권영휴, 김석진, 김수진, 권윤구, 한상균, 정준래 공저 |
220쪽 | 신국판 | 올 컬러 | 값 18,000원

테마별로 정리한

정원 유지관리 실내식물 기르기

실내외 정원과 식물에 대해 꼭 필요한 그림과 현장 사진을 제공함으로써 초보자도 쉽게 이해할 수 있게 구성한 것이 특징이다. 총 4개의 장으로 구성하였으며, 첫 번째 장은 실외 정원의 유지 관리에 꼭 필요한 내용, 두 번째 장에서는 실내식물의 재배 번식과 관리 방법으로 구성하였으며, 세 번째 장에서는 야생에서 자라는 야생화 가운데 가꾸기 쉽고 관리하기 쉬운 야생화를 선정하였으며, 네 번째 장은 실내 정원 꾸미기에 대해 다양한 사진과 함께 상세히 설명하였다.

권영휴, 김영아, 정연옥, 정미숙 공저 | 500쪽 | 4×6배판 | 올 컬러 | 값 29,800원

나무의 모든 생장과정 수록

계절별 나무 생태도감

우리나라가 원산지이거나 외국에서 들여와 식재한 총 323분류군의 주요 나무들이 계절별로 수록되어 있는 나무 백과사전이라고 할 수 있다. 나무들을 계절별로 나누고, 나무의 수형, 수피, 잎, 꽃, 열매 등 부위별 생장 사진을 함께 실어 나무의 생태와 특징을 한눈에 관찰할 수 있게 하였다. 식물 분류는 엥글러(Engler) 시스템을 참고하였고, 학명 및 국명은 국가생물종지식정보시스템을 기준으로 하였다. 언제 어디서든 필요에 따라 손쉽게 이용할 수 있도록 만들었다.

오찬진, 장경수 공저 | 672쪽 | 4×6판 | 올 컬러 | 값 25,800원